"十四五"职业教育国家规划教材

"十三五"职业教育国家规划教材

全国机械行业职业教育优质规划教材（高职高专）

经全国机械职业教育教学指导委员会审定

"十二五"江苏省高等学校重点教材

# 逆向工程与快速成型技术应用

## 第3版


主　编　陈雪芳　孙春华

副主编　黄益华　杜建红

参　编　李耀辉　刘小波　魏梦京

主　审　王　霄

机械工业出版社

本书是“十三五”和“十四五”职业教育国家规划教材。

本书从逆向工程及快速成型技术实际应用所需的素质、知识和能力要求出发，以典型产品的快速开发为项目，依据产品逆向设计快速成型流程设计任务，结合职业技能标准要求梳理本书的结构体系，着眼于素质养成、知识应用、技能培养，“理论”与“实践”融为一体。

本书分为两篇，共有五个项目，每个项目又由多个任务构成。项目一、项目二、项目三为逆向工程篇，介绍了逆向工程技术的相关知识。本篇基于逆向设计工作的流程，以三种扫描设备为例，介绍了数据三维扫描的方法；根据数据类型和数模要求，详细介绍了在 Geomagic Studio 2012 逆向设计软件中数据处理和数模重构的方法。项目四、项目五为快速成型篇，介绍了快速成型流程、快速成型常见的工艺。本篇基于快速成型流程，以三种典型的成型工艺为例，介绍了快速成型过程的基本知识和原型快速制作的过程。三个典型案例的三维数据扫描→数模重构→快速制造贯穿于本书。

本书可作为高职高专院校机械设计与制造、数字化设计与制造、机械制造及自动化、模具设计与制造等专业，以及职教本科院校机械设计及其自动化、材料成型及控制工程、工业设计等专业的教材，也可作为从事逆向工程及快速成型技术应用的技术人员的培训教程或参考书。

本书配有授课电子课件、实操录像、练习数据，凡使用本书作为教材的教师可登录机械工业出版社教育服务网（http：//www. cmpedu. com）注册后免费下载。咨询电话：010-88379375。

**图书在版编目（CIP）数据**

逆向工程与快速成型技术应用/陈雪芳，孙春华主编．—3 版．—北京：机械工业出版社，2019.9（2024.8 重印）
全国机械行业职业教育优质规划教材．高职高专　经全国机械职业教育教学指导委员会审定　“十二五”江苏省高等学校重点教材
ISBN 978-7-111-63878-0

Ⅰ. ①逆…　Ⅱ. ①陈…②孙…　Ⅲ. ①工业产品—计算机辅助设计—高等职业教育—教材②快速成型技术—高等职业教育—教材　Ⅳ. ①TB472-39②TB4

中国版本图书馆 CIP 数据核字（2019）第 214530 号

机械工业出版社（北京市百万庄大街 22 号　邮政编码 100037）
策划编辑：王英杰　责任编辑：王英杰
责任校对：佟瑞鑫　封面设计：鞠　杨
责任印制：单爱军
北京中科印刷有限公司印刷
2024 年 8 月第 3 版第 12 次印刷
184mm×260mm · 13.5 印张 · 323 千字
标准书号：ISBN 978-7-111-63878-0
定价：49.90 元

电话服务
客服电话：010－88361066
010－88379833
010－68326294

网络服务
机　工　官　网：www. cmpbook. com
机　工　官　博：weibo. com/cmp1952
机　工　官　网：www. golden-book. com
机工教育服务网：www. cmpedu. com

# 关于“十四五”职业教育
# 国家规划教材的出版说明

为贯彻落实《中共中央关于认真学习宣传贯彻党的二十大精神的决定》《习近平新时代中国特色社会主义思想进课程教材指南》《职业院校教材管理办法》等文件精神，机械工业出版社与教材编写团队一道，认真执行思政内容进教材、进课堂、进头脑要求，尊重教育规律，遵循学科特点，对教材内容进行了更新，着力落实以下要求：

1. 提升教材铸魂育人功能，培育、践行社会主义核心价值观，教育引导学生树立共产主义远大理想和中国特色社会主义共同理想，坚定“四个自信”，厚植爱国主义情怀，把爱国情、强国志、报国行自觉融入建设社会主义现代化强国、实现中华民族伟大复兴的奋斗之中。同时，弘扬中华优秀传统文化，深入开展宪法法治教育。

2. 注重科学思维方法训练和科学伦理教育，培养学生探索未知、追求真理、勇攀科学高峰的责任感和使命感；强化学生工程伦理教育，培养学生精益求精的大国工匠精神，激发学生科技报国的家国情怀和使命担当。加快构建中国特色哲学社会科学学科体系、学术体系、话语体系。帮助学生了解相关专业和行业领域的国家战略、法律法规和相关政策，引导学生深入社会实践、关注现实问题，培育学生经世济民、诚信服务、德法兼修的职业素养。

3. 教育引导学生深刻理解并自觉实践各行业的职业精神、职业规范，增强职业责任感，培养遵纪守法、爱岗敬业、无私奉献、诚实守信、公道办事、开拓创新的职业品格和行为习惯。

在此基础上，及时更新教材知识内容，体现产业发展的新技术、新工艺、新规范、新标准。加强教材数字化建设，丰富配套资源，形成可听、可视、可练、可互动的融媒体教材。

教材建设需要各方的共同努力，也欢迎相关教材使用院校的师生及时反馈意见和建议，我们将认真组织力量进行研究，在后续重印及再版时吸纳改进，不断推动高质量教材出版。

**机械工业出版社**

# 前言

逆向工程、快速成型技术（又称增材制造、3D打印）已成为产品快速开发的一种重要手段，被广泛应用于家电行业、汽车行业、航空航天领域、生物医学制造、建筑和艺术等领域。随着工业4.0时代的到来，我国工业由传统制造业不断向数字化和智能化的方向发展，越来越多的企业将逆向工程和快速成型技术引入产品创新设计制造，对具备逆向设计和快速成型知识及能力的高素质技术技能型人才的需求日益迫切。

为全面贯彻落实党的二十大报告中"深入实施人才强国战略""制造强国"的战略部署，推动三维数字化和快速成型技术的普及，提升产业创新驱动能力，支撑装备制造业转型升级，践行创新型国家建设的人才需求，本书以逆向工程与快速成型技术应用为背景，融逆向设计与快速制造为一体，以技术应用为重点，从逆向工程与快速成型技术的应用能力要求出发，遵循"项目引领、任务实施"的高职课程改革理念，按照典型案例"数据采集→数模重构→快速制造"的快速开发流程，规划项目实施任务，达到掌握和应用逆向工程与快速成型技术知识和能力的课程目标。本书具有如下的特色：

（1）重视素养教育，落实立德树人根本任务。

贯彻"弘扬科学家精神、涵养优良学风"的理念，深入挖掘装备制造领域技术发展中科学家和大国工匠的家国情怀、科学思维、工匠精神等，作为教学育人元素，培养学生的民族自信、组织管理、团队协作、规范操作、问题分析、质量控制、创新意识等职业素养。

（2）紧扣项目任务实施，融"知识学习、技能提升、素质培养"于一体。

以典型产品为载体，按照产品快速开发流程，以项目下达、任务实施、结果评价构建内容，使学生对产品的快速开发有整体的认识。通过知识链接、任务实施、实际操作的有机结合，将知识和技能、重点和难点贯穿于项目布置和任务实施中，做到"做中学，学中做"，培养学生产品快速开发的技术应用能力。

（3）紧跟新技术发展，及时动态更新教材内容。

内容选取上，力求反映逆向工程与快速成型技术的最新发展与应用，将逆向设计和数据采集的新方法、快速成型新技术和新工艺、增材制造行业新标准等融入教材内容。结合1+X证书制度的落实，实现书证融通，并将相关的新技术、新工艺、新方法发布于课程网站（http：//wzk.36ve.com/），便于教学内容的及时更新。

（4）校企合作共同开发教学资源，教材内容呈现多样化。

与企业工程师和协会会员共选教学案例、协同录制视频。视频以二维码的形式置于教材相关内容处，便于学生利用碎片化时间，随时随地扫描观看。课程网站的内容既有对教材的延伸，也有对教材内容的补充，并配有设备操作说明、软件使用说明、案例操作视频及案例数据模型。

本书编写团队由一线骨干教师和企业资深工程人员组成，技术能力强，经验丰富。本书是在作者多年教学与工程实践基础上编写而成的。参加本书编写的主要有陈雪芳、孙春华、黄益华、杜建红等。其中陈雪芳编写了项目四、项目五，孙春华编写了项目三，黄益华、杜建红编写了项目一、项目二，李耀辉、刘小波、魏梦京协助提供了相关案例。全书由陈雪芳统稿、定稿。

本书由江苏大学王霄教授担任主审，他对本书提出了许多有益的建议和意见。此外，在本书的编写过程中，还得到了苏州西博三维科技有限公司、昆山市奇迹三维有限公司、无锡易维模型设计制造有限公司、中瑞机电科技有限公司、苏州市职业大学机电工程学院相关老师的帮助，在此一并表示衷心的感谢！

由于作者水平有限，书中难免存在疏漏及不足之处，恳请广大读者批评指正，多提出宝贵意见。

# 二维码索引

| 页码 | 名称 | 图形 | 页码 | 名称 | 图形 |
| --- | --- | --- | --- | --- | --- |
| 3 | 1-1　逆向工程技术的定义 | | 9 | 1-2　逆向工程技术的应用和发展 | |
| 13 | 1-3　了解逆向工程对产品创新的作用 | | 14 | 2-1　了解三维数据扫描的方法 | |
| 20 | 2-2　储蓄罐测量 | | 25 | 2-3　灯罩的数据扫描 | |
| 35 | 2-4　Sense 3D Scanner 扫描仪软件安装 | | 35 | 2-5　Sense 3D Scanner 扫描仪的使用 | |
| 36 | 3-1　Geomagic Studio 软件简介 | | 40 | 3-2　GM 软件基本操作 | |
| 46 | 3-3　储蓄罐的数据处理及数模重构 | | 74 | 3- 4　灯罩的多边形数据处理 | |
| 81 | 3-5　灯罩的参数曲面构建 | | 107 | 3-6　凸台点云的数据处理与数模重构 | |
| 137 | 3-7　猪存钱罐多边形阶段数据处理 | | 137 | 3-8　摩托车挡泥板点云数据处理 | |
| 137 | 3-9　摩托车挡泥板多边形数据处理 | | 137 | 3-10　机械件多边形数据处理 | |

续表

| 页码 | 名称 | 图形 | 页码 | 名称 | 图形 |
|---|---|---|---|---|---|
| 141 | 4-1　3D打印原理与工艺 |  | 141 | 4-2　3D打印技术应用与发展 |  |
| 166 | 4-3　了解金属增材制造 |  | 179 | 5-1　储蓄罐的打印 |  |
| 186 | 5-2　车灯灯罩3D打印 |  | 203 | 5-3　Miracle 3D分层切片软件的使用 |  |
| 203 | 5-4　Miracle 3D打印机的自动调平 |  | 203 | 5-5　Miracle 3D打印机的装料 |  |
| 203 | 5-6　Miracle 3D打印机的基本操作 |  | 203 | 5-7　Miracle 3D打印机的卸料 |  |
| 203 | 5-8　Miracle 3D打印机的设备润滑 |  | 203 | 5-9　Miracle 3D打印机的喷头疏通 |  |
| 203 | 5-10　FDM工艺的后处理方法及步骤 |  |  |  |  |

# 目 录

## 第二篇　快速成型技术应用

# 第一篇 逆向工程技术应用

# 项目一 逆向工程技术认知

【学习目标】

通过本项目的学习，掌握逆向工程技术的概念和工作流程，理解逆向工程技术的关键技术及实施的软硬件条件，了解逆向工程技术的应用领域及应用方法。

通过本项目的学习，读者会对逆向工程技术有一个整体的认识，为项目二、项目三的学习奠定基础。

| 能力要求 | 知识要点 |
| --- | --- |
| 掌握逆向工程技术的概念 | 逆向工程定义 |
| 掌握逆向工程的工作流程 | 数据扫描、数据处理、模型重构 |
| 了解逆向工程系统的组成 | 逆向工程技术实施的软硬件条件 |
| 了解逆向工程技术的应用及应用方法 | 逆向工程技术的应用领域 |

逆向工程技术目前已应用于产品的复制、仿制、改进及创新设计，是消化吸收先进技术和缩短产品设计开发周期的重要支撑手段，广泛应用于机械、航空、汽车、医疗、艺术等领域。本项目通过阐述逆向工程技术的概念、逆向工程的工作流程和系统组成，以及展示逆向工程应用的成功案例，阐明逆向工程的应用意义，使读者对逆向工程技术有整体的认识。

## 任务一 初识逆向工程技术

1-1

逆向工程（Reverse Engineering，RE），也称反求工程、反向工程，其思想最初来自从油泥模型到产品实物的设计过程。作为产品设计制造的一种手段，在20世纪90年代初，逆向工程技术开始引起各国工业界和学术界的高度重视。从此，有关逆向工程技术的研究和应用受到政府、企业和研究者的关注，特别是随着现代计算机技术及测试技术的发展，逆向工程技术已成为CAD/CAM领域的一个研究热点，并发展成为一个相对独立的技术领域。

传统的产品设计（正向设计）通常是从概念设计到图样、再制造出产品。产品的逆向设计与此相反，它是根据零件（或原型）生成图样，再制造出产品，它是一种以实物、样件、软件或影像作为研究对象，应用现代设计方法学、生产工程学、材料学和有关专业知识进行系统分析和研究、探索掌握其关键技术，进而开发出同类的更为先进的产品的技术，是针对消化吸收先进技术采取的一系列分析方法和应用技术的结合。广义的逆向工程包括影像逆向、软件逆向和实物逆向等。目前，大多数有关“逆向工程”技术的研究和应用都集中在几何形状，即重建产品实物的CAD模型和最终产品的制造方面，称为“实物逆向工程”。正向设计与逆向设计的流程如图1-1所示。

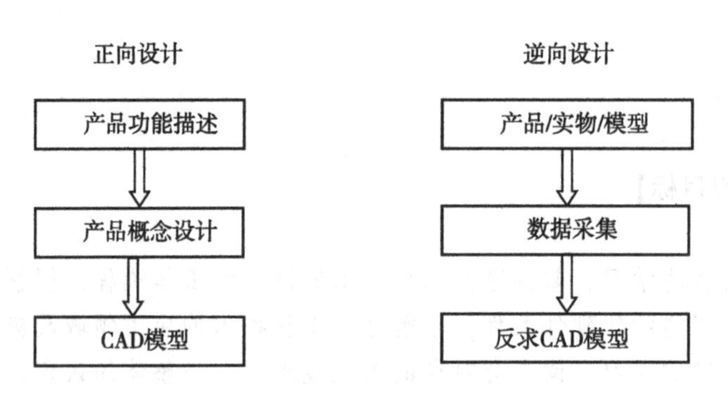


图1-1 正向设计与逆向设计工作流程

实物的逆向工程是从实物样件获取产品数据模型并制造得到新产品，即“从有到新”的过程。在这一意义下，“实物逆向工程”（简称逆向工程）可定义为：逆向工程是将实物转变为CAD模型的数字化技术、几何模型重构技术和产品制造技术的总称，是将已有产品或实物模型转化为工程设计模型和概念模型，在此基础上对已有产品进行解剖、深化和再创造的过程。当前，国内外对逆向工程关键技术的研究主要集中在实物转变为CAD模型的数字化技术（数据采集技术）及几何模型重构技术方面。

实物逆向工程技术产生的背景主要有两个方面：一方面，作为研究对象，产品实物是面向消费市场最广、数量最多的一类设计成果，也是最容易获得的研究对象；另一方面，在产品开发和制造过程中，虽已广泛使用了计算机几何造型技术，但是仍有许多产品，由于种种原因，最初无法用计算机辅助设计模型描述，设计和制造者面对的是实物模型。例如，在汽车、航空等工业领域中复杂外形的设计，目前CAD软件还很难满足形状设计的要求，仍然需要根据由黏土、木头或石膏等制成的手工模型，对模型进行评估，评估通过后采用逆向工程的手段将实物模型转化为CAD模型，实现对象数字化，从而建立起产品的数字化模型。

图1-2所示为汽车仪表盘逆向设计开发的过程。整个过程经历了从最初的概念产品，到油泥实物模型，然后利用测量仪测量获得实物数据，再根据实物数据进行模型重构与结构设计，最后再制造出产品几个阶段。

逆向工程改变了CAD系统从图纸到实物的传统设计模式，为产品的快速开发设计提供了一条新途径。逆向工程技术并不是简单意义上的仿制，而是综合运用现代工业设计的理论方法、工程学、材料学和相关的专业知识，进行系统分析，运用各种专业人员的工程设计经验、知识和创新思维，对已有新产品进行解剖、深化和再创造，是已有设计的设计，这就是逆向工程的含义。需要特别强调的是，再创造是逆向设计的灵魂。

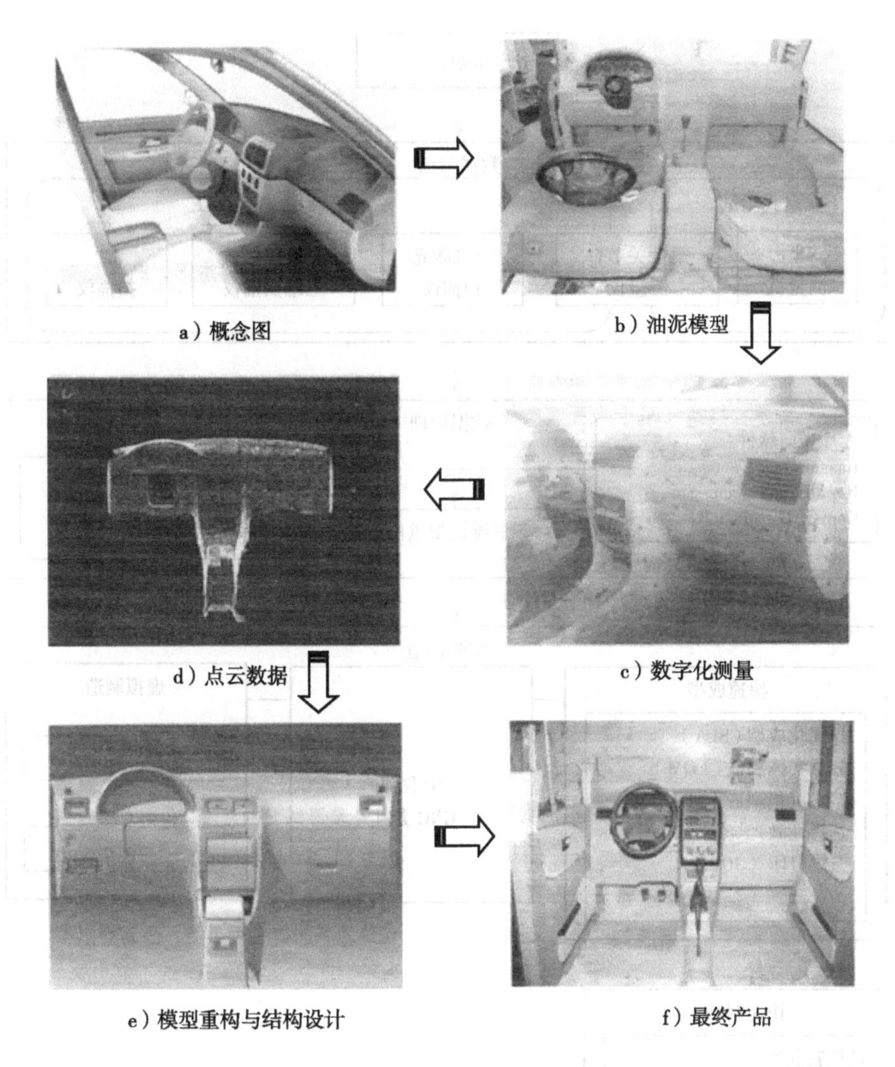

a）概念图

b）油泥模型

d）点云数据

c）数字化测量

e）模型重构与结构设计

f）最终产品

图 1-2　汽车仪表盘逆向设计开发的过程

## 任务二　再识逆向工程技术

### 一、逆向工程的工作流程

逆向工程的一般过程可分为实物的数据扫描、数据处理与数模重构、模型制造几个阶段。图 1-3 为逆向工程的工作流程。

**1. 数据扫描**

数据扫描是指通过特定的测量方法和设备，将物体表面形状转化成几何空间坐标点，从而得到逆向建模以及尺寸评价所需数据的过程，这是逆向工程的第一步，是非常重要的阶段，也是后续工作的基础。数据扫描设备的方便、快捷，操作的简易程度，数据的准确性、完整性是衡量测量设备的重要指标，也是保证后续工作高质量完成的重要前提。目前样件三

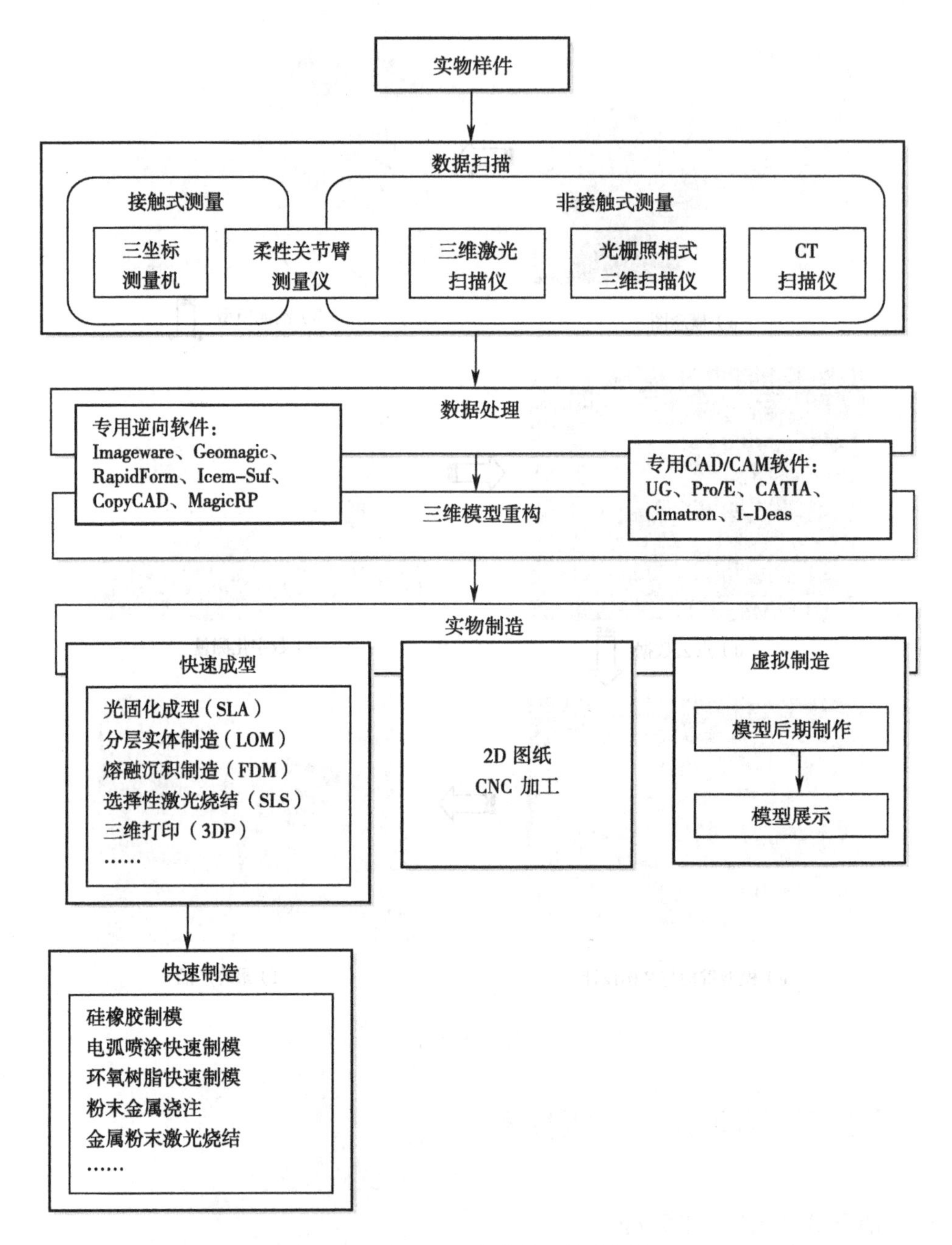


图1-3　逆向工程工作流程及其系统框架

维数据的获取主要通过三维测量技术来实现，通常采用三坐标测量机（CMM）、三维激光扫描仪、结构光测量仪等来获取样件的三维表面坐标值。数据扫描的精度除了与扫描设备的精度有关外，还与扫描软件的精度有关。

**2. 数据处理**

数据处理的关键技术包括杂点的删除、多视角数据拼合、数据简化、数据填充和数据平滑等，可为曲面重构提供有用的三角面片模型或者特征点、线、面。

（1）杂点的删除　由于在测量过程中常需要一定的支撑或夹具，在非接触光学测量时，会把支撑或夹具扫描进去，这些都是体外的杂点，需要删除。

（2）多视角数据拼合 无论是接触式或非接触式的测量方法，要获得样件表面所有的数据，需要进行多方位扫描，得到不同坐标下的多视角点云。多视角数据拼合就是把不同视角的测量数据对齐到同一坐标下，从而实现多视角数据的合并。数据对齐方式一般有扫描过程中自动对齐和扫描后通过手动注册对齐，如果是扫描过程中自动对齐，一般必须在扫描件表面贴上专用的拼合标记点。数据扫描设备自带的扫描软件一般有多视角数据拼合的功能。

（3）数据简化 当测量数据的密度很高时，光学扫描设备常会采集到几十万、几百万甚至更多的数据点，存在大量的冗余数据，严重影响后续算法的效率，因此需要按一定要求减少数据量。这种减少数据的过程就是数据简化。

（4）数据填充 由于被测实物本身的几何拓扑原因或者在扫描过程中受到其他物体的阻挡，会存在部分表面无法测量，所采集的数字化模型存在数据缺损的现象，因而需要对数据进行填充补缺。例如，某些深孔类零件可能无法测全；另外，在测量过程中常需要一定的支撑或夹具，模型与夹具接触的部分无法获得真实的坐标数据。

（5）数据平滑 由于实物表面粗糙，或扫描过程中发生轻微震动等原因，扫描的数据中包含一些噪音点。这些噪音点将影响曲面重构的质量。通过数据的平滑处理，可提高数据的光滑程度，改善曲面重构质量。

### 3. 模型重构

三维模型重构是在获取了处理好的测量数据后，根据实物样件的特征重构出三维模型的过程。一般有两种重构方法：对于精度要求较低、形面复杂的如玩具、艺术品等的逆向设计，常采用基于三角面片直接建模；对于精度要求较高的，形面复杂产品的逆向开发，常采用拟合 NURBS 或参数曲面建模的方法，以点云为依据，通过构建点、线、面，还原初始三维模型。三维模型的重构是后续处理的关键步骤，设计人员不仅需要熟练掌握软件，还要熟悉逆向造型的方法步骤，并且要洞悉产品原设计人员的设计思路，然后再结合实际情况有所创新。

### 4. 模型制造

模型制造可采用快速成型制造技术、数控加工技术、模具制造技术等。快速成型制造，也称为快速成型，是制造技术的一次飞跃，它从成型原理上提出了一个全新的思维模式。自从这种材料累加成型思想产生以来，研究人员开发出了多种快速成型工艺方法，如光固化成型（SLA）、选择性激光烧结（SLS）、分层实体制造（LOM）、熔融沉积制造（FDM）等，多达几十余种。快速成型技术详见项目四。

逆向工程过程中，实物三维数据的测量是基础，也是逆向工程整个过程的首要前提，是其余各阶段工作的重要保证，因为测量数据的好坏直接影响到原型 CAD 模型重构的质量。数据处理是关键。从测量设备所获取的点云数据，不可避免地会带入误差和噪声，而且数据量庞大，只有通过数据处理才能提高精度和曲面重构算法的效率。实物的三维 CAD 模型重构是整个过程最关键、最复杂的一环，是后续产品加工制造、工程分析和产品再设计等的基础。

## 二、逆向工程技术实施的条件

随着计算机辅助几何设计理论和技术的发展应用，以及 CAD/CAE/CAM 集成系统的开发和商业化，产品实物的逆向设计首先通过测量扫描仪以及各种先进的数据处理手段获得产品数字信息，然后充分利用成熟的逆向工程软件或者正向设计软件，快速、准确地建立实体几何模型。在工程分析的基础上，最后制成产品，形成逆向工程与CAD/CAE/CAM集成的产品或模型→设计→产品的开发流程。该技术实施的条件包括硬件、软件两大类。

1. 逆向工程技术实施的硬件条件

逆向工程技术实施的硬件包含前期的三维扫描设备和后期的产品制造设备。产品制造设备主要有切削加工设备，还有近几年发展迅速的快速成型设备（详见项目四）。

三维扫描设备为产品三维数字化信息的获取提供了硬件条件。不同的测量方式，决定了扫描本身的精度、速度和经济性，还造成了测量数据类型及后续处理方式的不同。数字化方法的精度决定CAD模型的精度及反求的质量，测量速度也在很大程度上影响反求过程的快慢。目前常用的测量方法在这两方面各有优缺点，并且有一定的适用范围，所以在应用时应根据被测物体的特点及对测量精度的要求来选择对应的测量设备。

2. 逆向工程技术实施的软件条件

随着逆向工程及其相关技术理论研究的深入进行，其成果的商业应用也日益受到重视。在专用的逆向工程软件问世之前，CAD模型的重建都依赖于正向的CAD/CAM软件，如UG、IDES、Pro/E等。由于逆向建模的特点，正向的CAD/CAM软件不能满足快速、准确的模型重建需要，伴随着对逆向工程及其相关技术理论的深入研究及其成果的广泛应用，大量的商业化专用逆向工程CAD建模系统日益涌现。当前，市场上提供逆向建模功能的系统达数十种之多，具有代表性的专业逆向软件有Imageware、Geomagic Studio、RapidForm、Copy-CAD等。在一些流行的CAD/CAM集成系统中也开始集成了逆向设计模块，如CATIA中的DES、QUS模块，Pro/E中的Pro/SCAN功能，Cimatron中的Reverse Engineering功能模块等，UG软件已将Imageware集成为其专门的逆向模块。而这些系统的出现，极大地方便了逆向工程设计人员，为逆向工程的实施提供了软件支持。下面就专用的逆向造型软件作一介绍。

1）Imageware软件由美国EDS公司出品，是最著名的逆向工程软件，正被广泛应用于汽车、航空、航天、消费家电、模具、计算机零部件等设计与制造领域。Imageware采用NURBS技术，功能强大，处理数据的流程遵循点—曲线—曲面原则，流程清晰，并且易于使用。Imagerware软件在计算机辅助曲面检查、曲面造型及快速样件等方面具有其他软件无可匹敌的强大功能，当之无愧地成为逆向工程领域的领导者。

2）Geomagic Studio软件是美国Geomagic公司出品的逆向工程和三维检测软件。其数据处理流程遵循点阶段—多边形阶段—曲面阶段，可轻易地从扫描所得的点云数据创建出完美的多边形模型和网格，并可自动转换为NURBS曲面。Geomagic Studio可根据任何实物零部件自动生成准确的数字模型。Geomagic Studio在确保完美无缺的多边形和NURBS模型处理复杂形状或自由曲面形状的同时，处理速度比传统CAD软件提高十倍。自动化特征和简化的工作流程，使软件方便使用，可缩短培训时间。Geomagic Studio软件在数字化扫描后的数据处理方面具有明显的优势，受到使用者广泛青睐。

3）Delcam Copy CAD Pro软件是世界知名的专业化逆向/正向混合设计CAD系统，采用全球首个Tribrid Modelling三角形、曲面和实体三合一混合造型技术，集三种造型方式为一体，创造性地引入逆向/正向混合设计的理念，成功地解决了传统逆向工程中不同系统相互切换、烦琐耗时等问题，为工程人员提供了人性化的创新设计工具，从而使得“逆向重构＋分析检验＋外形修饰＋创新设计”在同一系统下完成。Copy CAD Pro 软件为各个领域的逆向/正向设计提供了快速、高效的解决方案。

4）RapidForm 软件是全球四大逆向工程软件之一。RapidForm 软件提供了新一代运算模式，多点云处理技术、快速点云转换成多边形曲面的计算方法、彩色点云数据处理等功能，可实时将点云数据运算出无接缝的多边形曲面，成为 3D 扫描后处理最佳的接口。彩色点云数据处理功能，将颜色信息映像在多边形模型中。在曲面设计过程中，颜色信息将完整保存，也可以运用 RP 成型设备制作出有颜色信息的模型。RapidForm 软件也提供上色功能，通过实时上色编辑工具，使用者可以直接对模型编辑喜欢的颜色。

## 任务三　了解逆向工程技术的应用

1-2

逆向工程的应用可分为三个层次：①仿制，这是逆向工程应用的低级阶段。像文物、艺术品的复制，产品原始设计图文件缺少或遗失、部分零件的重新设计，或是委托厂商交付一件样品或产品，如木鞋模、高尔夫球头等。②改进设计，这是一个基于逆向工程的典型设计过程。利用逆向工程技术，直接在已有的国内外先进的产品基础上，进行结构性能分析、设计模型重构、再设计优化与制造，吸收并改进国内外先进的产品和技术，极大地缩短了产品开发周期，有效地占领市场。这是逆向工程的中级应用。③创新设计，这是逆向工程的高级应用。在飞机、汽车和模具等行业的设计和制造过程中，产品通常由复杂的自由曲面拼接而成，在此情况下，设计者通常先设计出概念图，再以油泥、黏土模型或木模代替 3D-CAD 设计，并用测量设备测量产品外形，建构 CAD 模型，在此基础上进行设计，最终制造出产品。具体来说有以下几个方面：

（1）新产品开发　现在产品的工业美学设计逐渐纳入创新设计的范畴。为实现创新设计，可将工业设计和逆向工程结合起来共同开发新产品。首先由外形设计师使用油泥、木模或泡沫塑料做成产品的比例模型，从审美角度评价并确定产品的外形，然后通过逆向工程技术将其转化为 CAD 模型，如图 1-4 所示。这不仅可以充分利用 CAD 技术的优势，还大大加快了创新设计的实现过程。在航空业、汽车业、家用电器制造业以及某些玩具制造行业等都得到不同程度的应用和推广。

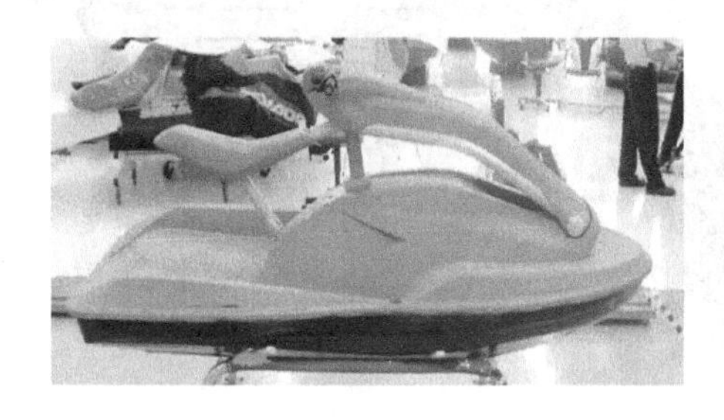

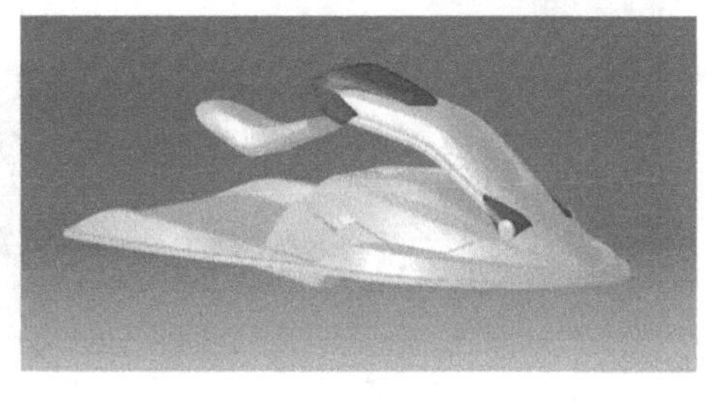

图 1-4　基于油泥模型的逆向设计

（2）产品的仿制和改型设计　在只有实物而缺乏相关技术资料（图纸或 CAD 模型）的情况下，利用逆向工程技术进行数据测量和数据处理，重建与实物相符的 CAD 模型，并在此基础上进行后续的工作，如模型修改、零件设计、有限元分析、误差分析、数控加工指令生成等，最终实现产品的仿制和改进。该方法可广泛应用于摩托车、家用电器、玩具等产品外形的修复、改造和创新设计，提高了产品的市场竞争能力。汽车的仿制和改型设计如图1-5所示。

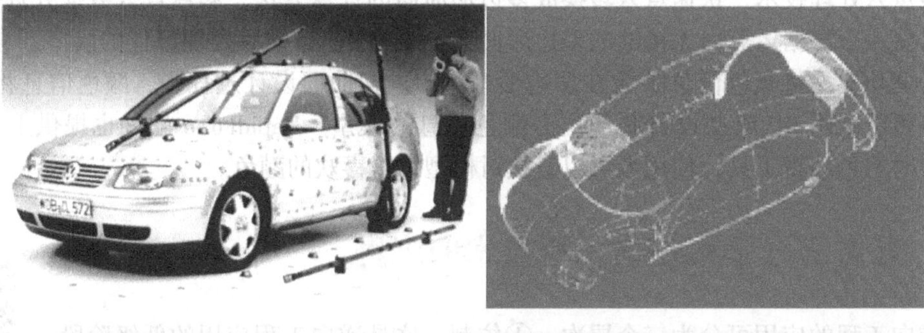

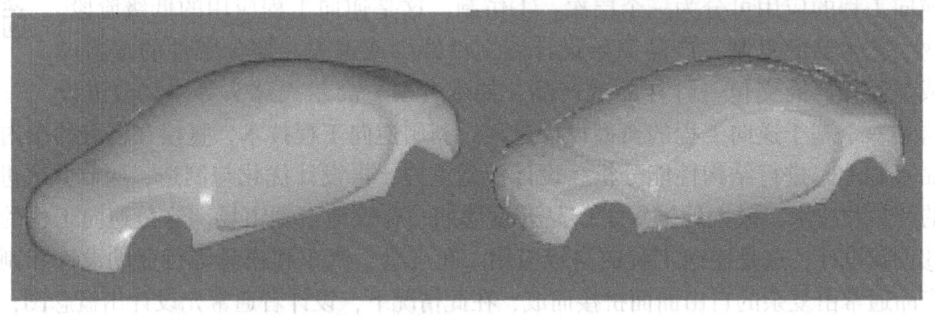

图1-5　汽车的仿制和改型设计

（3）快速模具制造　逆向工程技术在快速模具制造中的应用主要体现在三个方面：一是以样本模具为对象，对已符合要求的模具进行测量，重建其CAD模型，并在此基础上生成模具加工程序；二是以实物零件为对象，首先将实物转化为CAD模型，并在此基础上进行模具设计；三是建立或修改在制造过程中变更过的模具设计模型，如破损模具的制成控制与快速修补，如图1-6所示。

图1-6　模具的三维数模重构及模具的快速修补

（4）快速原型制造　快速原型制造（Rapid Prototyping Manufacturing，RPM），综合了机械、CAD、数控、激光以及材料科学等各种技术，已成为新产品开发、设计和生产的有效手段，其制作过程是在CAD模型的直接驱动下进行的。逆向工程恰好可为其提供上游的CAD

模型。两者相结合组成产品测量、建模、制造、再测量的闭环系统，可实现产品的快速开发。

（5）产品的数字化检测　这是逆向工程一个新的发展方向。对加工后的零部件进行扫描测量，获得产品实物的数字化模型，并将该模型与原始设计的几何模型在计算机上进行数据比较，可以有效地检测制造误差，提高检测精度，如图 1-7 所示。另外，通过 CT 扫描技术，还可以对产品进行内部结构诊断及量化分析等，从而实现无损检测。

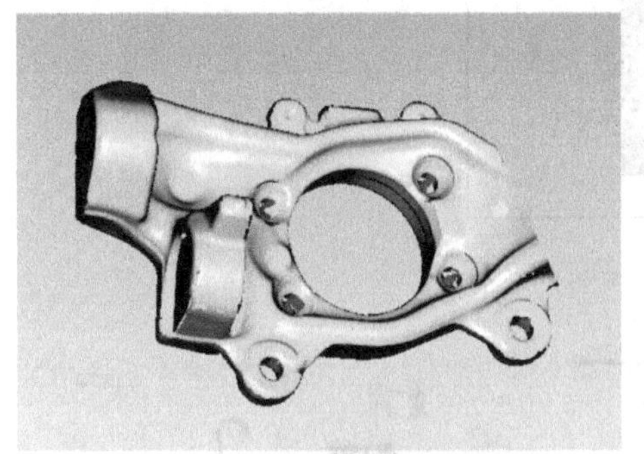

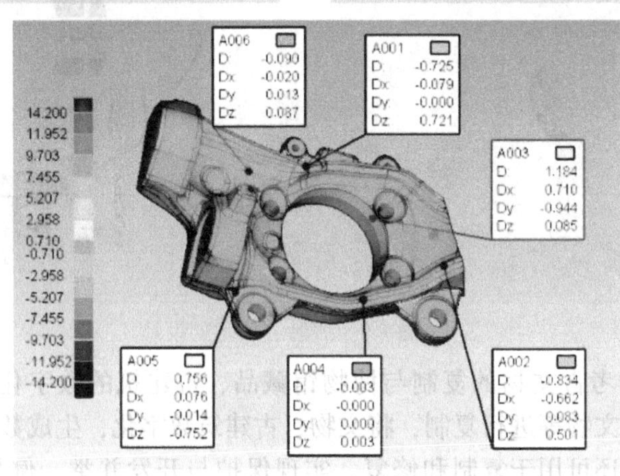


图 1-7　零件的数字化检测

（6）医学领域断层扫描　先进的医学断层扫描仪器，如 CT、MRI（核磁共振）数据等能够为医学研究与诊断提供高质量的断层扫描信息，利用逆向技术将断层扫描信息转换为 CAD 数字模型后，即可为后期假体或组织器官的设计和制作、手术辅助、力学分析等提供参考数据。在反求人体器官 CAD 模型的基础上，利用快速成型（RP）技术可以快速、准确地制作硬组织器官替代物、体外构建软组织或器官应用的三维骨架以及器官模型，为组织工程进入定制阶段奠定基础，同时也为疾病医治提供辅助手段。图 1-8 所示为头颅骨的反求。

（7）服装、头盔等的设计制作　根据个人形体的差异，采用先进的扫描设备和曲面重构软件，快速建立人体的数字化模型，从而设计制作出头盔、鞋、服装等产品，如图 1-9 所示，使人们在互联网上就能定制自己所需的产品。同样，在航空航天领域，宇航服装的制作要求非常高，需要根据不同体形特制。逆向工程中参数化特征建模为实现批量头盔和衣服的制作提供了新思路。

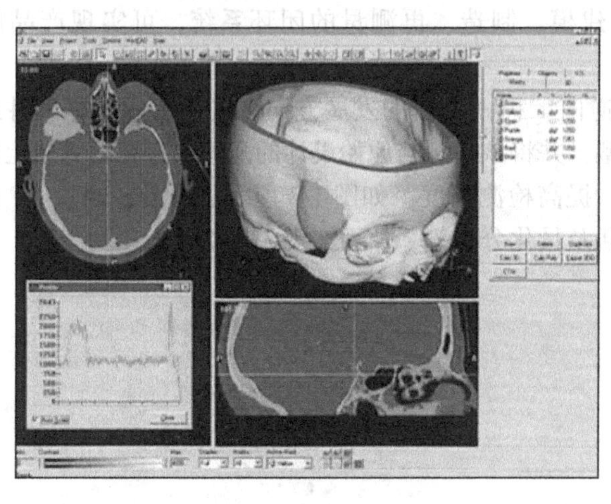
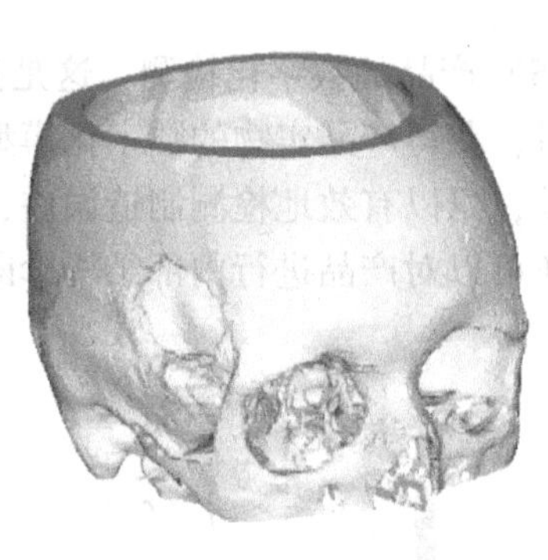

图 1-8　头颅骨的反求

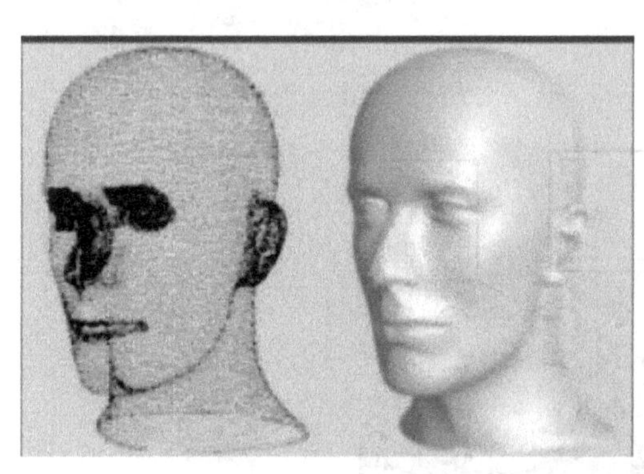

图 1-9　服装、头盔的设计

（8）艺术品、考古文物的复制与博物馆藏品、古建筑的数字化　应用逆向工程技术，还可以对艺术品、文物等进行复制，将文物、古建筑数字化，生成数字模型库，不但可降低文物的保护成本，还可用于复制和修复，实现保护与开发并举。例如，故宫博物院“古建筑数字化测量技术研究项目组”应用三维激光扫描技术先后对太和殿、太和门、神武门、慈宁宫和寿康宫院落等重要古代建筑进行了完整的三维数据采集，为古建筑的保护和修复提供了完全逼真的数字模型。博物馆藏品的数字化是对藏品进行三维扫描，对扫描后的数据进行处理和修复，对数字藏品进行分类管理，从而建立数字博物馆。苏州9座世界遗产园林的建筑物三维激光扫描已基本完成，为保护和修复工程采集到了基础数据。

（9）影视动画角色、场景、道具等三维虚拟物体的设计和创建制作　随着计算机技术的发展，影视动画的数字化程度日益提高，三维扫描技术也广泛应用于影视动画领域。在影视动画的角色创建过程中，三维扫描技术主要表现在数字替身和精细模型创建两方面。通过三维扫描仪对地形、地貌、建筑等场景的复制和创建，为影视动画场景的拍摄和搭建节省了资金、提高了效率。对于真实历史形态的道具创作，通过三维扫描结合三维打印等技术，实现其原型还原，例如对兵器、装饰品、室内摆件等进行扫描和还原制作，从而获得与原型一模一样的逼真道具。例如《侏罗纪公园》、《玩具总动员》、《泰坦尼克号》、《蝙蝠侠Ⅱ》

等，那些令人震撼、叹为观止的特技效果，都有三维扫描技术的参与；《侏罗纪公园》中的恐龙、《玩具总动员》中的玩偶形象、《Jungle Book》中的蛇、《Dragon Heart》中的飞龙等，都是三维扫描技术神奇效果的展现。

## 小结

逆向工程是将实物样件或手工模型转化为数据模型（简称数模），包含数据扫描、数据处理与数模重构、模型制造几个阶段。逆向工程技术应用的重大意义在于：逆向工程不是简单地把原有物体还原，而是在还原的基础上进行二次创新。逆向工程作为一种新的创新技术，现已广泛应用于许多领域，并取得了重大的经济和社会效益。

## 思考题

1-1　何谓逆向工程？与传统的正向设计相比有何区别与联系？

1-2　简述逆向工程的主要技术工作流程和应用意义。

## 课外任务

1-3　上网查阅相关资料，以某一产品开发为例，阐述逆向设计的流程，并完成项目报告。

## 拓展任务

1-4　了解逆向工程对产品创新的作用。

1-3

# 项目二　三维数据扫描

【学习目标】

通过本项目的学习，了解逆向工程数据扫描系统的分类及相应的测量原理，掌握接触式测量与非接触式测量技术的不同特点。通过三个不同的数据扫描案例，阐述三维数据扫描的流程及方法，读者能对非接触光学三维数据扫描过程有一个更深入的认识。

| 能力要求 | 知识要点 |
| --- | --- |
| 了解逆向工程数据扫描的方法及种类 | 数据扫描方法及分类 |
| 能正确选择三维扫描仪 | 接触式和非接触式测量设备的工作原理及特点 |
| 了解数据扫描的流程 | 扫描前处理、扫描规划、扫描 |
| 了解扫描仪使用的基本方法及技巧 | 三种非接触式光学扫描设备的基本操作 |

三维数据扫描是逆向工程的基础，采集数据的质量直接影响最终模型的质量，也直接影响到整个工程的效率和质量。在实际应用中，常常因为模型表面数据的问题而影响重构模型的质量。所采集的模型表面数据的质量除了与扫描设备、软件有关外，还与相关人员的操作水平有关。

## 任务一　了解三维数据扫描

2-1

数据扫描，又称为产品表面数字化，是指通过特定的测量设备和测量方法，将物体的表面形状转换成离散的几何点坐标数据。在此基础上，就可以进行复杂曲面的重构、评价、改进和制造。所以，高效、高精度地实现样件表面的数据采集，是逆向工程实现的基础和关键技术之一，是逆向工程中最基本、最不可缺少的步骤。

### 一、数据采集方法的分类

目前，用来采集物体表面数据的测量设备和方法多种多样，其原理也各不相同。不同的测量方法，不但决定了测量本身的精度、速度和经济性，还使得测量数据类型和后续处理方式不尽相同。根据测量探头是否接触物体表面，数据的采集方法可以分为接触式数据采集和非接触式数据采集两大类。接触式分为基于力—变形原理的触发式和连续式；非接触式按其原理不同，分为光学式和非光学式，其中光学式包括三角形法、结构光法、激光干涉法、计算机视觉法等，如图 2-1 所示。

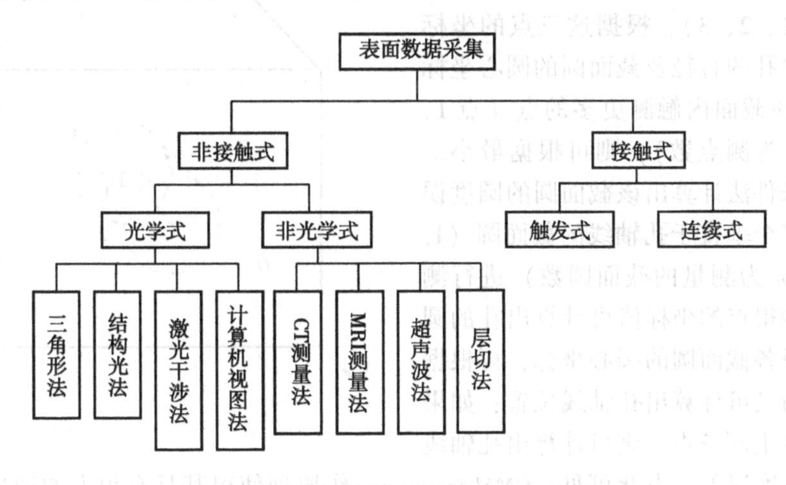


图 2-1　物体表面数据各种采集方法的分类

## 二、接触式数据扫描

接触式三维数据测量设备，是利用测量探头与被测量物体的接触，触发一个记录信息，并通过相应的设备记录下当时的标定传感器数值，从而获得三维数据信息。在接触式测量设备中，三坐标测量机（Coordinate Measuring Machining，CMM）是应用最为广泛的一种测量设备。图 2-2 所示为两种结构的三坐标测量机，一种是框架式，另一种是关节式。

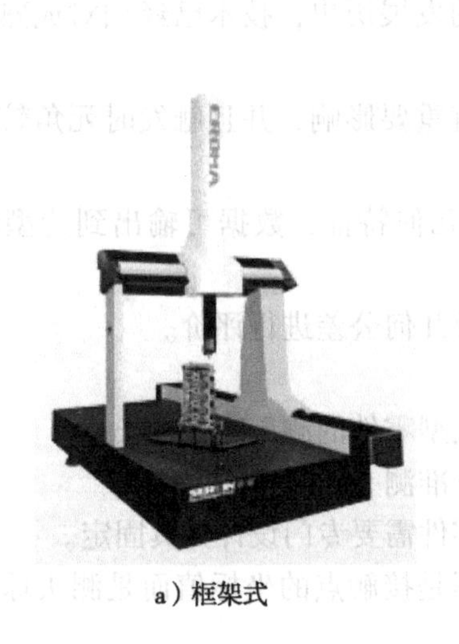

a）框架式

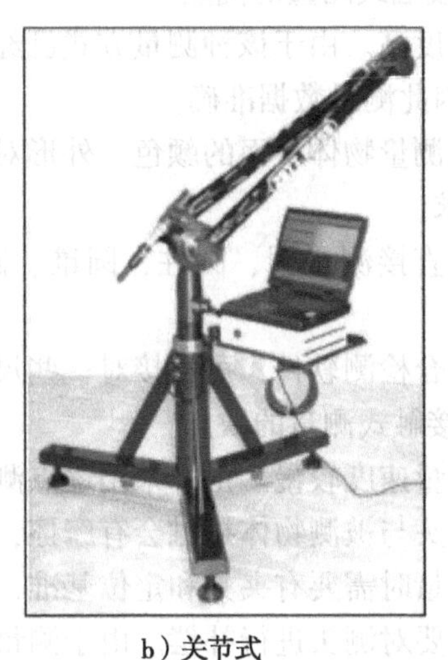

b）关节式

图 2-2　三坐标测量机

1．三坐标测量机的工作原理

三坐标测量原理是将被测物体置于三坐标测量机的测量空间中，测得被测物体上各测点的坐标位置，再根据这些点的空间坐标值，经过数学运算求出其尺寸和形位误差。如图2-3所示，要测量工件上一圆柱孔的直径，可以在垂直于孔轴线的截面Ⅰ内，触测内孔壁上三个点（点1、2、3），根据这三点的坐标值就可计算出孔的直径及截面圆的圆心坐标$O_{\mathrm{I}}$；如果在该截面内触测更多的点（点1，2，…，$n$，$n$为测点数），则可根据最小二乘法或最小条件法计算出该截面圆的圆度误差；如果对多个垂直于孔轴线的截面圆（Ⅰ，Ⅱ，…，$m$，$m$为测量的截面圆数）进行测量，则根据测得点的坐标值可计算出孔的圆柱度误差以及各截面圆的圆心坐标，再根据各圆心坐标值又可计算出孔轴线位置；如果再在孔端面$A$上测三点，则可计算出孔轴线对端面的位置度误差。由此可见，CMM的这一工作原理使得其具有很大的通用性与柔性。从原理上说，它可以测量任何工件的任何几何元素的任何参数。

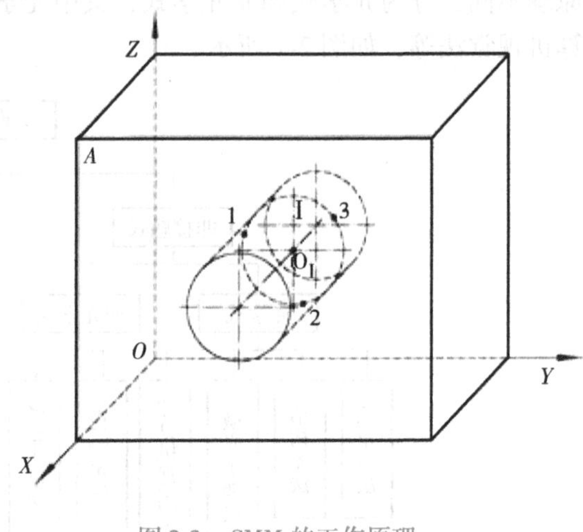


图2-3　CMM的工作原理

目前，CMM已广泛用于机械制造业、汽车工业、电子工业、航空航天工业和国防工业等各领域，成为现代工业检测和质量控制不可缺少的万能测量设备。现代CMM不仅能在计算机控制下完成各种复杂测量，而且可以通过与数控机床交换信息，实现对加工的控制，并且还可以根据测量数据，实现逆向工程。

2．接触式测量的特点

（1）接触式测量的优点

1）精度高。由于该种测量方式已经有几十年的发展历史，技术已经相对成熟，机械结构稳定，因此测量数据准确。

2）被测量物体表面的颜色、外形对测量均没有重要影响，并且触发时死角较小，对光强没有要求。

3）可直接测量圆、圆柱、圆锥、圆槽、球等几何特征，数据可输出到造型软件后期处理。

4）配合检测软件，可直接对一些尺寸和角度及几何公差进行评价。

（2）接触式测量的缺点

1）测量速度较慢。由于采用逐点测量，对于大型零件的测量时间较长。

2）测头与被测物体接触会有摩擦，需要定期校准测头。

3）测量时需要有夹具和定位基准，有些特殊零件需要专门设计夹具固定。

4）需要对测头进行补偿。由于测量时得到的不是接触点的坐标值而是测头球心的坐标值，因此需要通过软件进行补偿，会有一定的误差。

5）在测量一些橡胶制品、油泥模型之类的产品时，测力会使被测物体表面发生变形从而产生误差，另外对被测物体本身也有损害。

6）测头触发的延迟及惯性，会给测量带来误差。

## 三、非接触式光学扫描

非接触扫描方法由于其高效性和广泛的适应性，并且克服了接触式测量的一些缺点，在逆向工程领域应用和研究日益广泛。非接触式扫描设备是利用某种与物体表面发生互相作用的物理现象，如光、声和电磁等，来获取物体表面的三维坐标信息。其中，以应用光学原理发展起来的测量方法应用最为广泛，如激光三角法、结构光法等。由于其测量迅速，并且不与被测物体接触，因而具有能测量柔软质地物体等优点，越来越受到人们的重视。

### 1. 激光三角法

激光三角法根据光学三角测距原理，如图 2-4 所示，利用光源和光敏元件之间的位置和角度关系来计算被测物体表面点的坐标数据。用一束激光以某一角度聚焦在被测物体表面，然后从另一角度对物体表面上的激光光斑进行成像，物体表面激光照射点的位置高度不同，所接受散射或反射光线的角度也不同，用 CCD 光电探测器测出光斑像的位置，就可以计算出主光线的角度，从而计算出物体表面激光照射点的位置高度。当物体沿激光线方向发生移动时，测量结果就将发生改变，从而实现用激光测量物体的位移。

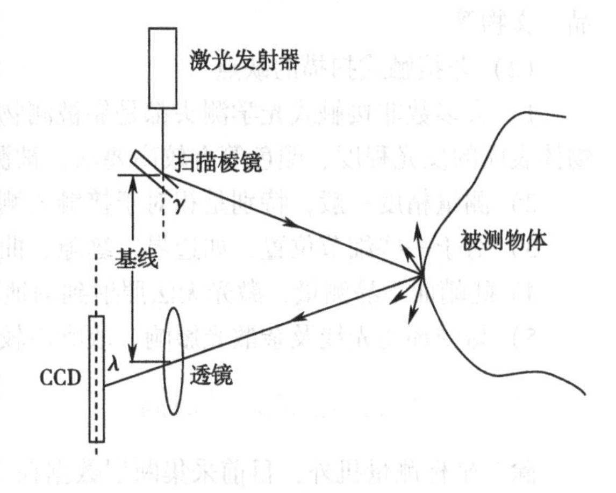

图 2-4 三角测距原理

### 2. 结构光法

结构光三维扫描是采用集结构光技术、相位测量技术、计算机视觉技术于一体的复合三维非接触式测量技术。结构光扫描的原理采用的是照相式三维扫描技术，是一种结合相位和立体视觉技术，在物体表面投射光栅，用两架摄像机拍摄发生畸变的光栅图像，利用编码光和相移方法获得左右摄像机拍摄图像上每一点的相位。利用相位和外极线实现两幅图像上的点的匹配技术，计算点的三维空间坐标，以实现物体表面三维轮廓的测量。结构光测量原理如图 2-5 所示。

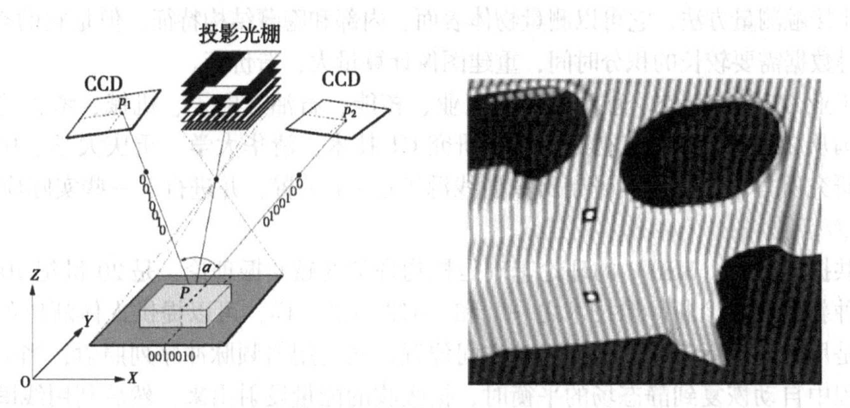

图 2-5 结构光测量原理

基于结构光法的扫描设备是目前测量速度和精度最高的扫描测量系统，特别是分区测量技术的进步，使光栅投影测量的范围不断扩大，成为目前逆向测量领域中使用最广泛和最成熟的测量系统。德国 GOM 公司 ATOS 测量系统是这种方法的典型代表。在国内，北京天远三维科技有限公司和清华大学合作、上海数造机电科技有限公司和上海交通大学合作、苏州西博三维科技有限公司与西安交通大学模具与先进成型研究所合作，已成功研制出具有国际先进水平、拥有自主知识产权的照相式三维扫描系统。

#### 3. 非接触式扫描的优缺点

（1）非接触式扫描的优点

1）不需要进行测头半径补偿。

2）测量速度快，不需要逐点测量，测量面积大，数据较为完整。

3）可以直接测量材质较软以及不适合直接接触测量的物体，如橡胶、纸制品、工艺品、文物等。

（2）非接触式扫描的缺点

1）大多数非接触式光学测头都是靠被测物体表面对光的反射接收数据的，因此对被测物体表面的反光程度、颜色等有较高要求，被测物体表面的明暗程度会影响测量的精度。

2）测量精度一般，特别是相对于接触式测头测量数据而言。

3）对于一些细节位置，如边界、缝隙、曲率变化较大的曲面容易丢失数据。

4）陡峭面不易测量，激光无法照射到的地方无法测量。

5）易受环境光线及杂散光影响，故噪声较高，噪声信号的处理比较困难。

### 四、非接触式的非光学扫描

除三坐标测量机外，目前采集断层数据在实物外形的测量中呈增长趋势。断层数据的采集方法分为非破坏性测量和破坏性测量两种。非破坏性测量主要有 CT 测量法、MRI 测量法、超声波测量法等，破坏性测量法主要有铣削层去扫描法。

#### 1. CT 测量法

CT 测量是对被测物体进行断层截面扫描。基于 X 射线的 CT 扫描以测量物体对 X 射线的衰减系数为基础，用数学方法经过计算机处理而重建断层图像。这种方法最早用于医学上，目前开始用于工业领域，形成工业 CT（ICT），特别用于中空物体的无损检测。这种方法是目前最先进的非接触测量方法，它可以测量物体表面、内部和隐藏结构特征。但是它的空间分辨率较低，获得数据需要较长的积分时间，重建图像计算量大，造价高。

目前工业 CT 已在航空、航天、军事工业、核能、石油、电子、机械、考古等领域广泛应用。我国从 20 世纪 80 年代初期也开始研究 CT 技术，清华大学、重庆大学、中国科学院高能物理研究所等单位已陆续研制出 γ 射线源工业 CT 装置，并进行了一些实际应用。

#### 2. MRI 测量法

核磁共振成像术（MRI）的理论基础是核物理学的磁共振理论，是 20 世纪 70 年代末后发展的十种新式医疗诊断影像技术之一，和 X-CT 扫描一样，可以提供人体断层的影像。其基本原理是用磁场来标定人体某层面的空间位置，然后用射频脉冲序列照射，当被激发的核在动态过程中自动恢复到静态场的平衡时，把吸收的能量发射出来，然后利用线圈来检测这种信号。信号输入计算机，经过处理转换，在屏幕上显示图像。它能深入物体内部且不破坏物体，对生物没有损害，在医疗上具有广泛应用。但这种方法造价高，空间分辨率不及 CT，且目前对非生物材料不适用。核磁共振成像自20世纪80年代初临床应用以来，发展迅速，并且还在蓬勃发展中。

3. 超声波测量法

超声波测量的原理是当超声波脉冲到达被测物体时，在被测物体的两种介质边界表面会发生回波反射，通过测量回波与零点脉冲的时间间隔，即可计算出各面到零点的距离。这种方法相对CT和MRI而言，设备简单，成本较低，但测量速度较慢，且测量精度不稳定。目前主要用于物体的无损检测和壁厚测量。

4. 层去扫描法

以上三种方法为非破坏性测量方法，其设备造价比较昂贵，近来发展起来的层去扫描法相对成本较低。该方法用于测量物体截面轮廓的几何尺寸，其工作过程为：将被测物体用专用树脂材料（填充石墨粉或颜料）完全封装，待树脂固化后，把它装夹到铣床上，进行微进刀量平面铣削，得到包含有被测物体与树脂材料的截面，然后由数控铣床控制工作台移动到CCD摄像机下，位置传感器向计算机发出信号，计算机收到信号后，触发图像采集系统驱动CCD摄像机对当前截面进行采样、量化，从而得到三维离散数字图像。由于封装材料与被测物体截面存在明显边界，利用滤波、边缘提取、纹理分析、二值化等数字图像处理技术进行边界轮廓提取，就能得到边界轮廓图像。通过物像坐标关系的标定，并对此轮廓图像进行边界跟踪，便可获得被测物体该截面上各轮廓点的坐标值。每次图像摄取与处理完成后，再次使用数控铣床把被测物铣去很薄一层（如0.1mm），又得到一个新的横截面，并完成前述的操作过程，如此循环就可以得到物体上相邻很小距离的每一截面轮廓的位置坐标。层去法可对具有孔及内腔的物体进行测量，测量精度高，数据完整，不足之处是这种测量是破坏性的。美国CGI公司已生产出层去扫描测量机。在国内，海信技术中心工业设计所和西安交通大学合作，研制成功具有国际领先水平的层析式三维数字化测量机（CMS系列）。

## 五、各种数据扫描方法的比较

实物样件表面的数据采集，是逆向工程实现的基础。从国内外的研究来看，研制高精度、多功能和快速的测量系统是目前数据扫描的研究重点。从应用情况来看，随着光学测量设备在精度与测量速度方面越来越具有优势，光学扫描仪测量得到了更为广泛的应用。常用测量方法的性能比较见表2-1。

表2-1　常用测量方法的性能比较

| 测量方法 | 测量精度 | 测量速度 | 有无形状限制 | 有无材料限制 | 测量成本 |
|---|---|---|---|---|---|
| 三坐标法 | 0.6～30μm | 慢 | 有 | 有 | 高 |
| 激光三角形法 | ±5μm | 一般 | 有 | 无 | 较高 |
| 结构光法 | ±1μm～±3μm | 快 | 有 | 无 | 一般 |
| 工业CT | 1mm | 较慢 | 无 | 无 | 高 |
| 超声波测量法 | 1mm | 较慢 | 无 | 无 | 较低 |
| 层去扫描法 | 25μm | 较慢 | 无 | 无 | 高 |

从表2-1可以看出，各种数据扫描方法都有一定的局限性。对于逆向工程而言，数据扫描的方式应满足以下要求：

1）扫描精度应满足实际的需要。

2）扫描速度快，尽量减少测量在整个逆向过程中所占用的时间。

3）数据扫描要完整，以减少数模重构时由于数据缺失带来的误差。

4）数据扫描过程中不能破坏原型。

5）降低数据扫描成本。

所以，应根据扫描件的实际情况，选择适合的测量方式，或者同时采用不同的测量方法进行互补，以得到精度高并且完整的扫描数据。例如，对自由曲面形状物体的数据扫描一般用非接触光学测量的方法，对规则形状物体的数据扫描一般用接触式测量。如果被测物体除不规则形状外，还有许多规则的细节特征，则用接触式和非接触式扫描的组合。如图2-6所示的零件，外形和型腔不规则，但具有许多凸台、孔的特征。如果仅用非接触式的光学测量方法，孔的边缘数据不够准确，会影响拟合后孔的位置，而这些孔是螺钉固定的配合孔，其位置很重要，所以用接触式测量方法来测定这些孔的相对位置关系更为合适。

图2-6　箱体

## 任务二　使用RANGE7非接触三维扫描仪测量储蓄罐外形

2-2

【任务要求】采用RANGE7非接触三维扫描仪完成储蓄罐外形的三维数据扫描，为项目三中储蓄罐数模重构提供较好的数据。

【任务分析】

储蓄罐造型为一卡通龙形状，细节特征多且不规则，较好的扫描方法应选非接触式的，储蓄罐造型只需处理外形数据后抽壳即可。此处选用RANGE7非接触三维扫描仪，分片多次扫描，后续借助零件本身特征手工完成注册拼接。

### 一、RANGE7非接触三维扫描仪简介

RANGE7非接触三维扫描仪是日本柯尼卡美能达公司研发的产品，其外观如图2-7所示。该系列产品从1997年第一台VIVID700制成至今，不断地更新发展，最新的产品RANGE7继承了柯尼卡美能达公司传统卓越的光学技术，并结合新的AF/AE（自动聚焦/自动曝光）功能，为非接触三维测量提供了更高的精度、更好的操作性、更方便的携带性。

图2-7　RANGE7非接触三维扫描仪

RANGE7扫描仪使用激光三角法原理，通过光源孔发射出一束水

平的激光束来扫描物体。该激光线经过旋转平面镜的作用，改变角度，使得激光线发射到物体表面。物体表面反射激光束，每一条激光线都通过 CCD 传感器采集一帧数据。根据物体表面不同的形状，每条激光线反射回来的信息中包含了表面等高线数据。其主要特点如下：

（1）精度高、可靠性好　全新设计的 40μm 精度及使用一个 131 万像素 CMOS 传感器，为非接触照相式扫描仪提供了高质量的精度保证（按照 VDI/VDE 2634 标准下的球规检测精度为 ±40μm）。

（2）快速准确　单幅的扫描时间仅为 2s。另外，RANGE7 扫描仪更设有三维预览功能，可使用户预先评估测量结果，检查由于被测表面不平整等因素带来的扫描区域深度、死角角度等，大大减少了扫描错误。

（3）先进的 AF 功能　通过更换远景和广角镜头，可以按照物体提供不同的扫描范围。自动对焦功能（AF）是柯尼卡美能达最新推出的专利，根据到被测物的距离、反射率自动调整焦距和激光的强度，多次对焦功能对于有深度的测量物可以得到高精度的数据。此外，全新的传感器和测量计算法提供了延伸的动态范围，也可以测量一些有光泽的物体（例如金属表面等）。

（4）简洁轻便的设计　RANGE7 扫描仪的尺寸和重量都不足以前型号的二分之一。紧凑、轻便的设计，照相和控制集成为一体，整个机身只有约 6.7kg，以上这些优点使得其在工作测量环境中的移动性大大提高。另外，配合特殊操作台（可选件）使用，RANGE7 扫描仪可以轻松的移动（当然，也可以使用三脚架）。

## 二、扫描前处理

采用非接触式光学扫描仪扫描，物体表面明暗程度会影响扫描数据的质量，另外要获得物体表面完整的数据，需要多方位数据扫描。所以扫描前处理主要有表面处理、贴标记点或标识点。

### 1. 表面处理

被测物体表面的材质、色彩及反光透光等可能对测量结果有一定的影响，而被测物体表面的灰尘、切屑等更会带来测量数据的噪声，造成点云数据不佳。所以首先要对扫描件清洗，对黑色锈蚀表面、透明表面、反光面做表面处理。物体最适合进行三维光学扫描的理想表面状况是亚光白色，因此通常做表面处理的方法是在物体表面喷一薄层白色物质。根据被测物体的要求不同，选用的喷涂物也不同。对于一些不需要清除喷涂物的被测物体，一般可以选择白色的亚光漆、白色显像剂等；而对于一些需要清除喷涂物的被测物体，只能使用白色显像剂，以便测量完成后容易去除，还物体以本来面目。

物体表面喷涂时应注意如下几点：

1）不要喷得太厚，只要均匀的薄薄一层就行，否则会带来表面处理误差。

2）贵重物体最好先试喷一小块，以确认不会对表面造成破坏。

3）不可对人体进行喷涂。皮肤一般可直接扫描，如果确实需要，那么可以敷适量化妆粉底。

### 2. 贴标记点或标识点

对于一些大型物体（比如汽车覆盖件），或者需要进行多幅测量后再拼接时，则要根据视角在物体的表面贴上一些标记点。标记点用于协助坐标转换，是多视觉注册拼合的特征点。标记点可以是扫描物体本身的特征点、也可以用笔画在纸上的标记、或用橡皮泥捏成的标记点。如果自动拼合，标记点是一个个黑白的专用标记点，如图2-8所示。

图2-8　专用标记点

3. 扫描规划

为了精确而又高效地扫描数据，在扫描前必须进行扫描规划。精确扫描是指所扫描的数据足够反映样件的特性，对曲率变化大的地方数据尽量采集完整；高效扫描是指在能够正确反映物体特性的情况下，数据扫描的次数少、数据量尽量少、扫描时间尽量短。

## 三、储蓄罐外形的数据扫描

Step 1　扫描前处理

储蓄罐形如卡通龙，其表面有足够明显的细节特征，这些特征作为多视觉数据扫描拼合时的标记点已足够，所以不需要再加标记点。但储蓄罐表面金色、反光，所以需要喷上白色的显像剂。扫描前处理后的卡通龙储蓄罐如图2-9所示。

图2-9　储蓄罐

Step 2　扫描规划

如果按图所示的储蓄罐姿态，从上往下扫描时，脖颈部及招财牌下面的数据都扫描不到，所以按图2-9所示的姿态先扫描一圈，然后再倒过来或横过来扫描脖颈部和招财牌下面的数据，最后再扫描头顶和脚底。在扫描头顶和脚底时，要把侧面的特征也一起扫描，便于数据的拼合。

Step 3　启动扫描系统

先启动RENGE7三维扫描仪，再启动电脑。扫描现场连接如图2-10所示。

图2-10　扫描现场连接

**Step 4 调节被扫描件和RANGE 7扫描仪的摆放位置和姿态**

调节时应观察监控窗口中被扫描件的显示效果，使待扫描区域位于监控窗口中，并使绿色竖线（绿线表示镜头中心）处于窗口中间位置，如图2-11所示。如果线未对齐，那么应调节被扫描件的位置和姿态，单击 AE/AF 按钮。

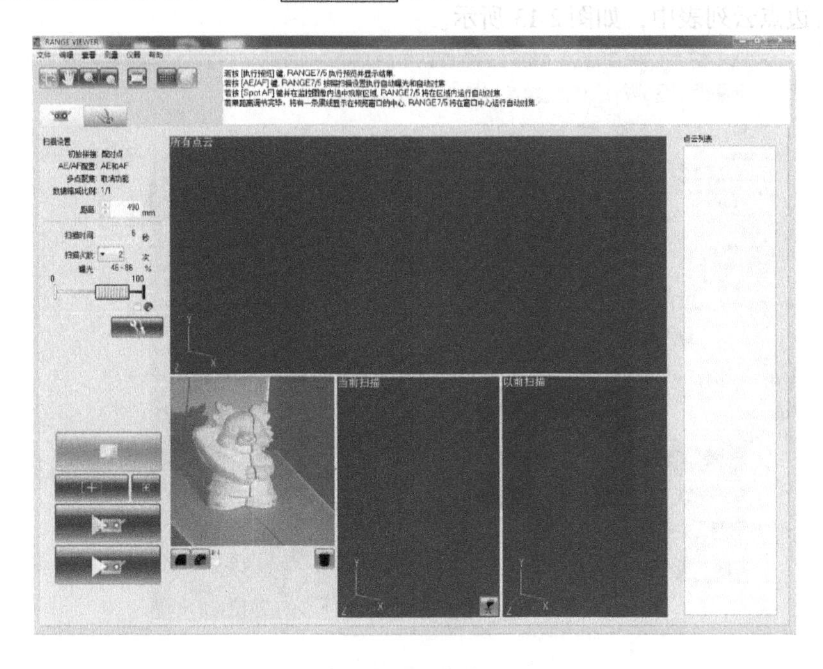

图2-11 扫描对焦

**Step 5 检查预览图像**

以高于实际扫描速度的速度扫描后，工件预览效果将显示在监控窗口中，如图2-12所示。

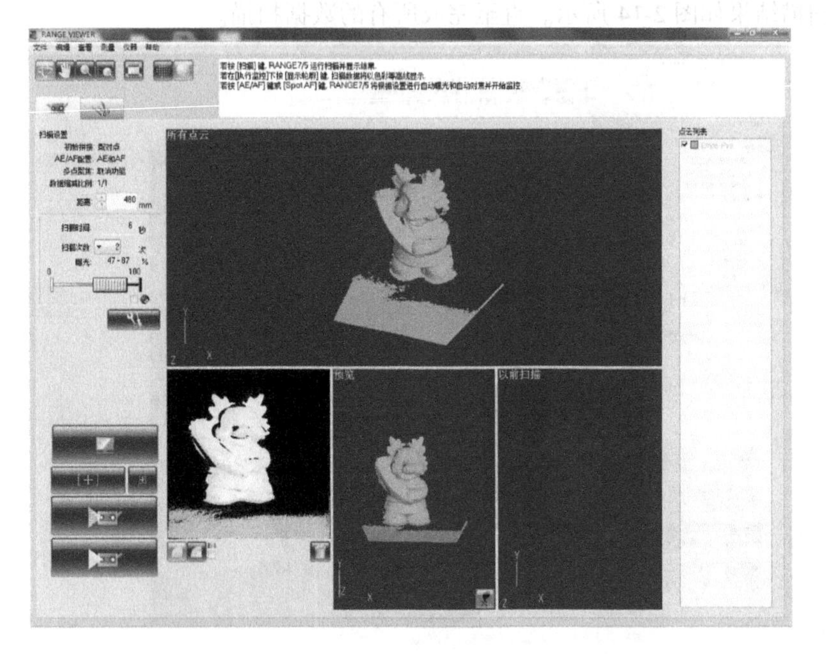

图2-12 检查预览图像

从预览图像中，可了解扫描深度，找出扫描区域内的死角，并根据图像表面情况查看扫描的质量。可以通过鼠标切换菜单按钮，对预览图像进行操作。

**Step 6　扫描**

根据设置的内容开始扫描，扫描的三维图像显示在预览窗口中，扫描的数据以默认的文件名加入右边点云列表中，如图 2-13 所示。

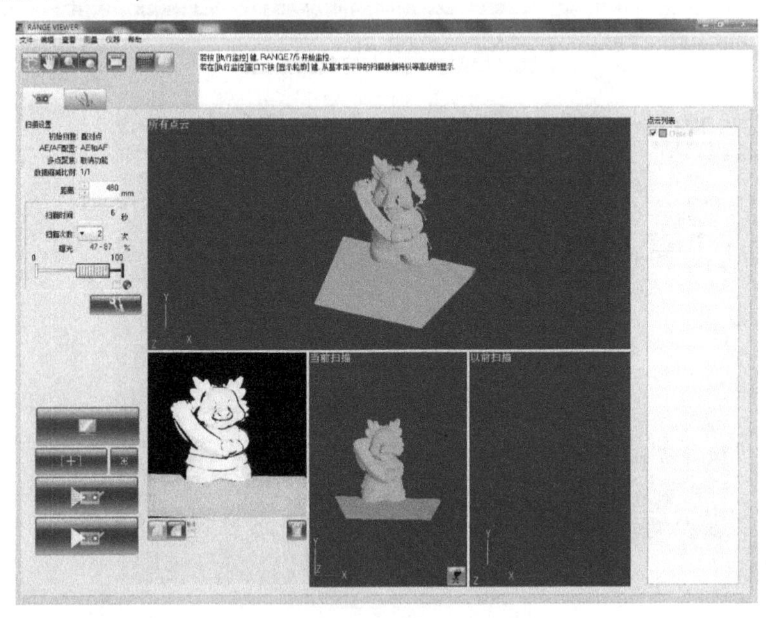


图 2-13　一个视觉的扫描

**Step 7　变换角度再次扫描**

将被扫描件旋转到另一个角度，通过监控调节其测量位置，进行与 Step 4 ~ Step 6 相同的操作，扫描结果如图 2-14 所示。直至完成所有的数据扫描。

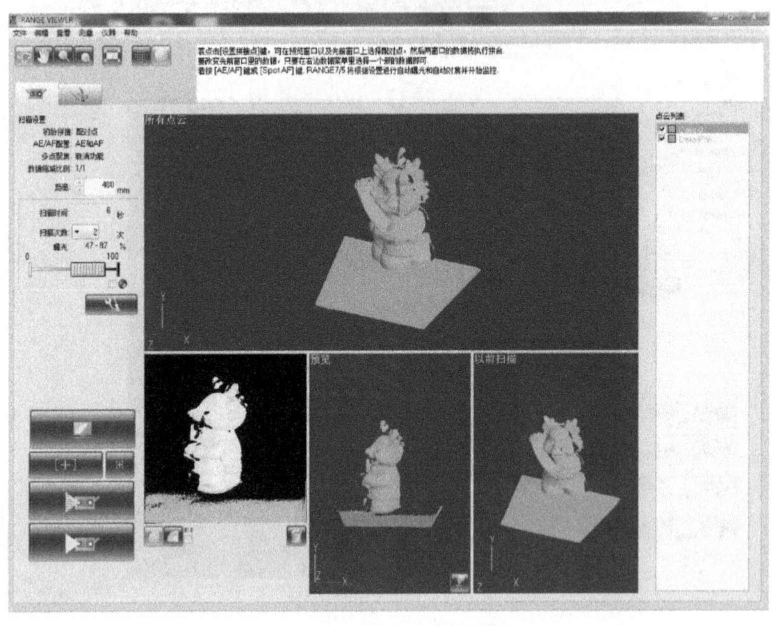


图 2-14　多个视觉扫描

**Step 8 数据注册**

交替单击最新扫描数据（左侧）和任何已扫描数据（右侧）的对应位置（图 2-14）进行手动注册，注册方式可以是一对或多对点。

> **提示**：Step 8 的数据注册可以在几个不同角度数据测量完成后就做，也可以在数据导出后在 Geomagic 软件里做。建议在扫描时扫描一部分后及时注册，以了解扫描数据的完整性，及时补充数据。

**Step 9 合并**

将注册完成后的数据进行合并，生成完整的储蓄罐外形测量数据。数据的合并也可以在 Geomagic 软件里实现。

**Step 10 保存扫描数据**

这里保存多视觉扫描的数据，数据注册和合并在 Geogmic 软件中完成。将注册前的点云数据保存为 money-box. asc，在项目三中导入到 Geomagic Studio 软件中进行数据处理和数模重构。

## 任务三 使用 EXA Scan 手持式三维扫描仪测量车灯灯罩外形

2-3

【任务要求】采用 EXA Scan 手持式三维扫描仪完成车灯灯罩外形的三维数据扫描，为项目三中车灯灯罩的数模重构提供较好的数据。

【任务分析】车灯灯罩形状，由几个大的流线曲面组成，并且内外特征不同，需要扫描内、外两面，细节过渡特征不明显，EXA Scan 手持式三维扫描仪采用目标的自动定位，需要在物体表面贴专用的标记点，以便扫描自动拼合。

### 一、EXA Scan 手持式三维扫描仪简介

手持式三维扫描仪是一种可以用手持扫描来采集物体表面三维数据的便携式三维扫描仪，如图 2-15 所示。它使用线激光来获取物体表面点云，用视觉标记来确定扫描仪在工作过程中的空间位置。该设备主要由高质量的 CCD 照相机和激光发射器组成，基于自定位测

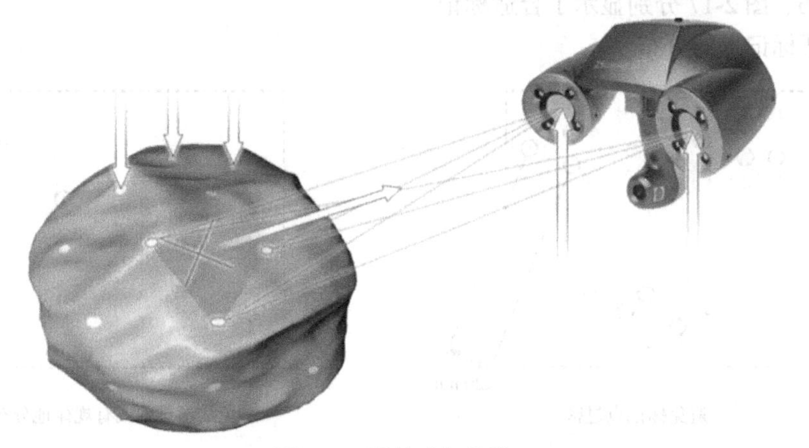

图 2-15 手持式扫描仪

量原理，在需要扫描物体表面的任意位置贴上标记点，高速 CCD 照相系统会辨认所有点组成的三角面，并且在屏面上可以实时地看到这些不断被扫描出来的面，实时输出 STL 格式的表面数据，而不是需要处理的点云数据。其特点如下：

1）目标点自动定位，不需要额外的后对齐处理，在操作过程中，不需要多次重建参考点，避免了累积误差。

2）高分辨率的 CCD 系统，具有 2 个 CCD 及 1 个十字激光发射器，扫描更清晰和更精确。

3）点云无分层，自动生成 STL 三角网格面，STL 格式可快速处理数据。

4）可内外扫描，测量范围无局限。可多台扫描头同时工作扫描，所有的数据都在同一个坐标系中。

5）可控制扫描文件的大小，根据细节需求，组合扫描不同的部位。

6）设备质量为 0.98kg，可装入一只手提箱，方便携带到作业现场。

## 二、车灯灯罩外形的数据扫描

### Step 1　扫描前处理

EXA Scan 手持式三维扫描仪自带的扫描软件可对多视觉扫描数据自动拼合，所以需要在被扫描件上贴专用的标记点。标记点必须以最小 20mm 的距离随机地粘贴在被扫描件表面上。如果表面曲率变化较小，可粘贴得稀疏些，最大距离可以达到 100mm。这些标记点使得系统可以在空间中完成自定位。定位点粘贴时必须离开边缘 12mm 以上。

标记点粘贴要注意以下几点：

1）标记点粘贴牢固，尽量粘贴在平坦的表面上，避免粘贴在两个特征的交界处。

2）标记点粘贴的距离适中，保证每个测量幅面内至少能识别三个标志点。

3）标记点的排列位置尽量随机，避免出现等边、等腰三角位置，或在一条直线上。

4）标记点之间的距离应该互不相同，不要贴成规则点阵的形状。

图 2-16、图 2-17 分别显示了合适标记点、不合适标记点的分布。

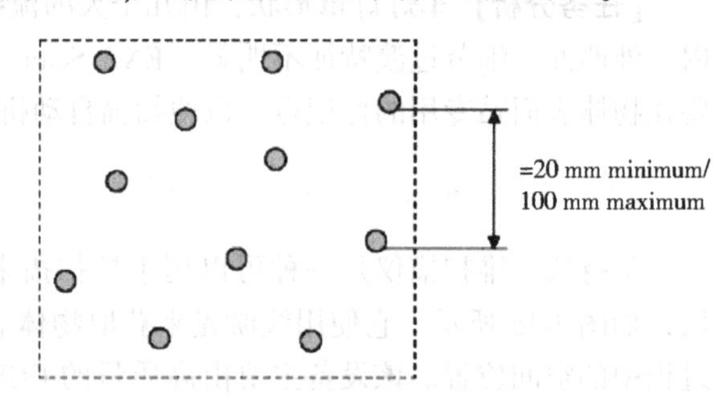


图 2-16　合适的标记点分布

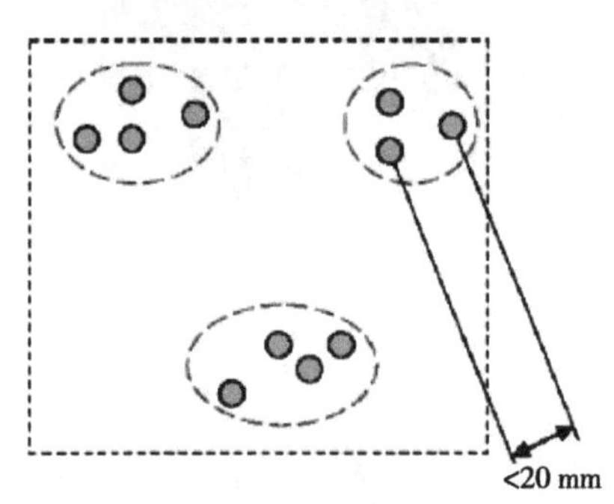


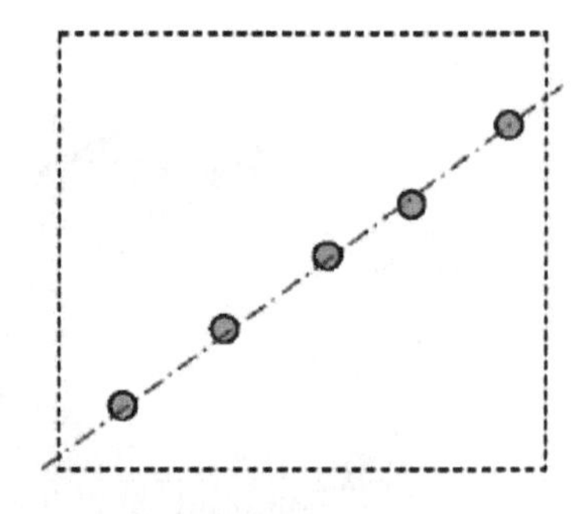


图 2-17　不合适的标记点分布

由于车灯灯罩的内外表面都要扫描，所以内外两面都需要贴上标记点。另外，由于灯罩金属表面反光，所以还需要喷上显像剂。扫描前处理后的灯罩如图 2-18 所示。

**提示**：在有的情况下，合适的标记点分布不容易做到，比如很小的表面（小物体），此时，可将标记点贴于一个平板上（最好是黑色且不光滑的），然后将物体放于平板上进行扫描。

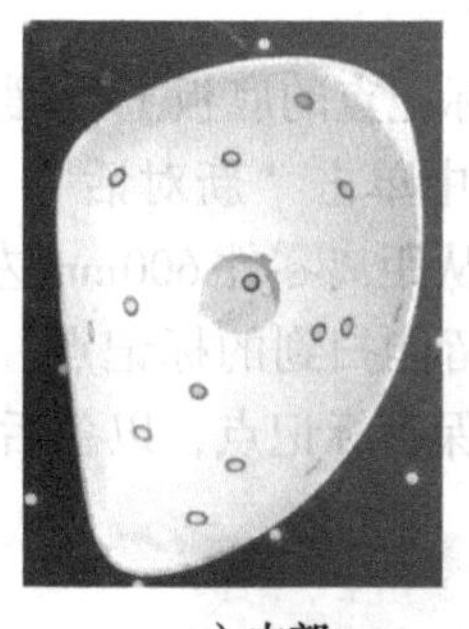

a）内部

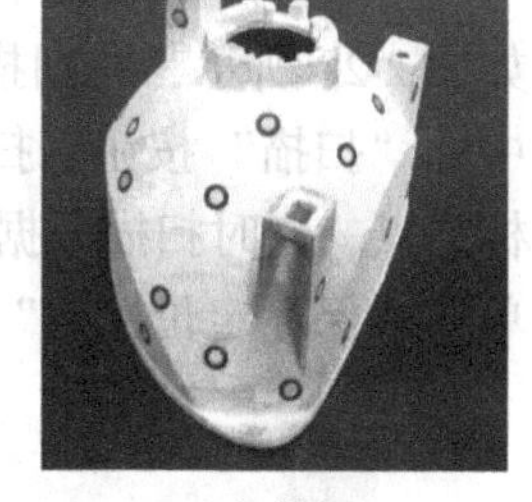

b）外部

图 2-18 扫描前处理后的灯罩

**Step 2 扫描规划**

为了内外面自动数据拼合，先要将内外面标记点扫描成一文件，再对表面进行扫描。首先将零件摆放到可以看到尽可能多的内外标记点的位置来扫描标记点，并将标记点作为一个独立文件。在扫描内外面时先调入标记点文件，再扫描零件表面，这样扫描数据会更容易地自动拼合在一起。

**Step 3 启动扫描仪相应的软件，调整扫描仪参数**

扫描界面如图 2-19 所示，为了获得精度高的扫描数据，需要根据扫描物体的具体情况调整扫描仪配置参数：激光功率和快门时间。一般的扫描物体，设定激光功率为 65%，快门时间为 2. 0ms；对黑色物体，激光功率可调到 95%，快门时间为 3. 0ms。

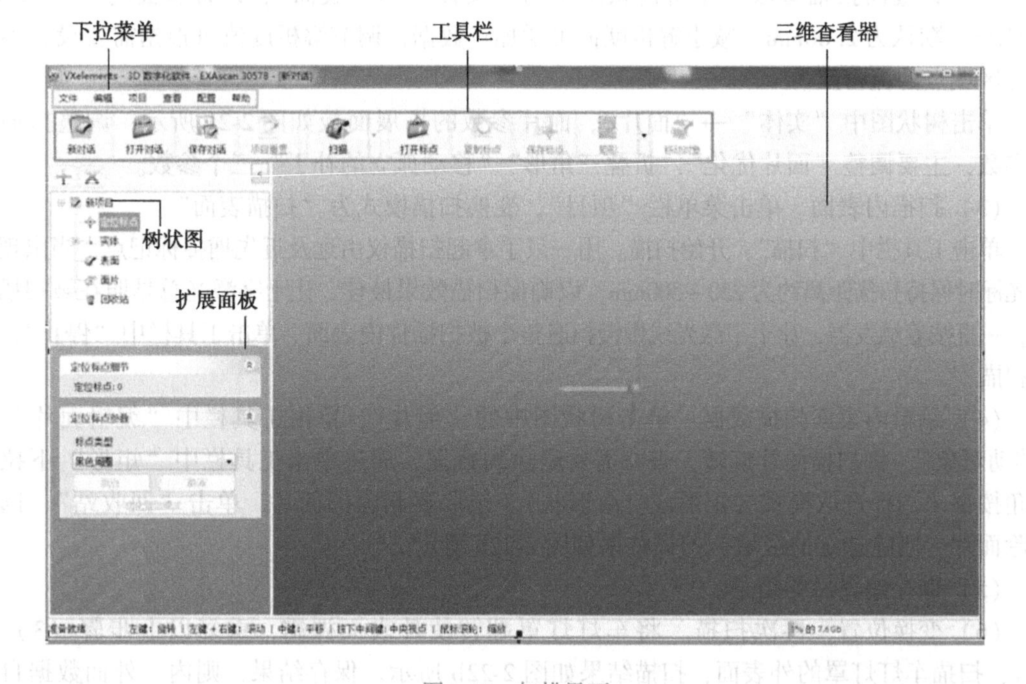


图 2-19 扫描界面

**Step 4　新建文件，扫描标记点**

将车灯灯罩放置于贴有标记点的底板上，摆放位置要尽可能看到更多的内、外标记点，如图2-20所示，在扫描界面中单击“新对话”→“新项目”→“定位标点”，单击工具栏中的“扫描”按钮，扫描仪从距离零件600mm左右开始逐渐拉近到距表面300mm左右扫描标记点。这时扫描数据只保留能扫到的标记点。去除底板上的标记点后，单击“文件”菜单选“保存定位标点”按钮保存标记点，以备后期扫描表面时调入使用。

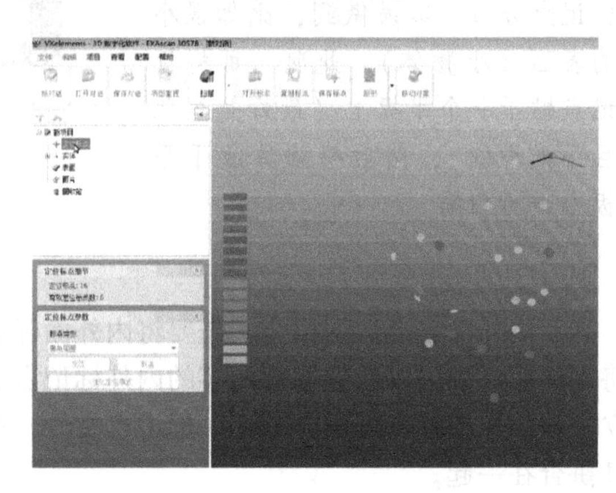

图2-20　标记点扫描

**Step 5　新建文件，扫描零件表面**

（1）调入标记点文件　在工具栏中单击“新对话”，单击树状图中“新项目”→“定位标点”，单击工具栏中“打开标点”，找到Step4中保存好的定位标记点文件。

（2）设置面扫描参数　单击树状图中的“实体”→“表面”，设置表面的“解析度”（点距），默认为2.00mm。减小解析度值可增加点数据，调节解析度值可根据需要设置不同扫描区域点的疏密度。

单击树状图中“实体”→“面片”，面片参数的扩展面板如图2-21所示，调整扫描面片参数，主要调整“面片优化”“折叠三角形”“移动孤立的补丁”三个参数。

（3）扫描内表面　单击菜单栏“项目”，变换扫描模式为“扫描表面”。

单击工具栏中“扫描”，开始扫描。用一只手拿起扫描仪由远及近先捕捉标记点，当出现十字光标时保持扫描距离约为250～300mm，以确保扫描效果最佳。让十字激光总是照在被扫描件上，一直按着触发器，让十字激光线慢慢扫遍整个被扫描件内表面。单击工具栏中“停止”，结束扫描。

（4）编辑内表面扫描数据　单击树状图中的“面片”，单击工具栏中“编辑面片”和“移动对象”，将扫描面片旋转，查看需要删除的数据，通过单击工具栏中“矩形”下拉小三角按钮来选择选取模式（矩形或自由形状）。选取要删除的面片，单击“回收站”，选择删除面片，删除选定的区域，扫描结果如图2-22a所示。

（5）保存编辑后的结果。

（6）变换位置，再次扫描　将车灯灯罩翻转使外表面裸露，重复以上步骤（3）～（5），扫描车灯灯罩的外表面，扫描结果如图2-22b所示。保存结果，则内、外面数据自动拼合在一起。单击树状图中“表面”，预览扫描的最终结果，如图2-22c所示。

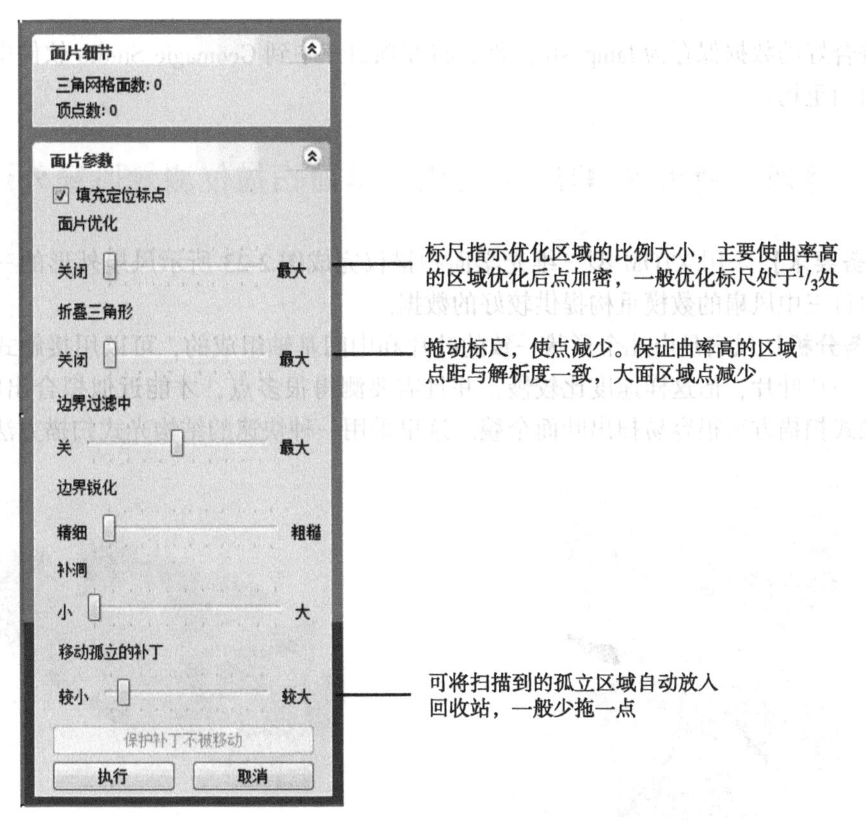


图 2-21　面片扫描参数设置

内、外表面还可以分开扫描，分别保存为 2 个文件。具体做法是，用步骤（1）～（5），分别扫描内、外表面并分别保存为 2 个独立文件。然后单击菜单“文件”→“导入面片”，找到内、外表面文件。导入后，则扫描数据因使用同一点位标记点，文件会自动拼合在一起。

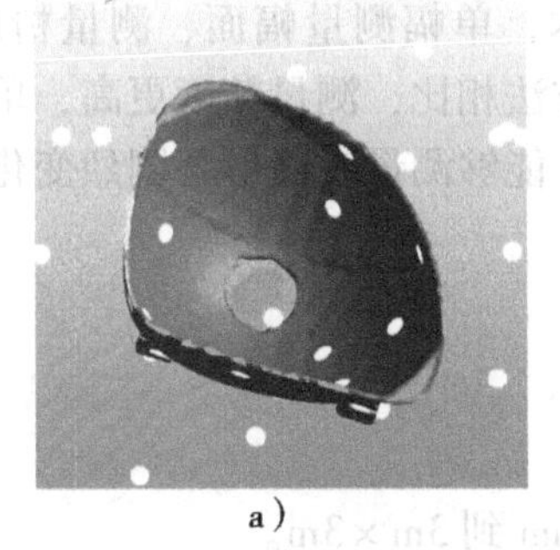
a）

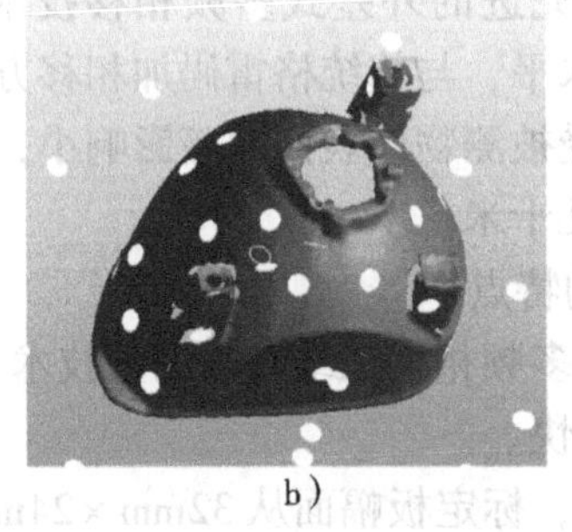
b）

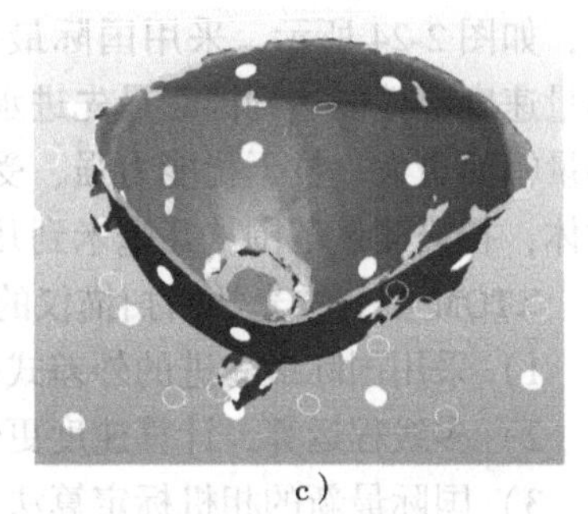
c）

图 2-22　扫描结果

**提示**：（1）扫描结果的质量受扫描次数与速度的直接影响，扫描的次数越多，精度越高。

（2）距离太近或太远都不能继续跟踪扫描。

（3）扫描过程中如果遇到很难过渡的区域，还可临时粘贴过渡标记点。

**Step 6 扫描数据保存**

将拼合好的数据保存为lamp. stl文件，将在项目三中到Geomagic Studio软件中进行数据处理和曲面重构。

## 任务四 使用XTOM型三维光学面扫描仪测量风扇外形

**【任务要求】** 采用XTOM型三维光学面扫描仪完成图2-23所示风扇外形的三维数据扫描，为项目三中风扇的数模重构提供较好的数据。

**【任务分析】** 风扇是由几个形状一致的叶片和中间基轴组成的，可以用接触式扫描设备扫描其中一片叶片，但这样速度比较慢，并且需要测得很多点，才能近似拟合出叶面曲线。用非接触式扫描方法很容易扫出叶面全貌。这里采用一种快速的结构光式扫描方法。

图2-23 风扇

图2-24 XTOM型三维光学面扫描仪

### 一、XTOM型三维光学面扫描仪简介

XTOM型三维光学面扫描仪是苏州西博三维科技有限公司自主研发的基于结构光的扫描仪，如图2-24所示，采用国际最先进的外差式多频相移技术，单幅测量幅面、测量精度、测量速度等性能达到国际最先进水平，与传统格雷码加相移方法相比，测量精度更高，单次测量幅面更大、抗干扰能力强、受被测物体表面明暗影响小，能够测量表面形状剧烈变化的物体，扫描测量范围从几毫米到几十米。

XTOM型三维光学面扫描仪的特点：

1）采用国际最先进的外差式多频相移三维光学测量技术。

2）多线程运算，计算速度更快。

3）国际最新的相机标定算法，标定板幅面从32mm×24mm到3m×3m。

4）一机多用，单幅测量幅面从32mm到3m。

5）单幅扫描一次可获得130万~660万的点云，点间距为0. 04~0. 67mm，测量精度为0. 008~0. 05mm。

6）移动式测量，方便快捷。

7）强大的自动拼接和重叠面自动删除功能。

8）测量扫描速度快，单幅扫描时间为3~6s。

## 二、风扇外形的数据扫描

**Step 1　扫描前处理**

由于风扇为黑色，表面需要喷一层薄薄的白色粉末，并要粘贴标记点。扫描过程中，标记点可被实时跟踪识别，多幅扫描后进行全局匹配，自动完成拼接。前处理后的风扇如图 2-25 所示。

图 2-25　前处理后的风扇

**Step 2　扫描规划**

为了正反两面数据自动归到同一坐标下，可采用以下两种扫描方式：

（1）在扫描前配合，使用工业近景摄影测量设备获取整个物体表面（正反两面）的全局标记点，在扫描时，调入全局标记点，进行正反面扫描。

（2）先完成一个面的扫描，通过转盘上的辅助点获取被测物体另一表面的标记点，完成另一面的扫描。

在这里采用第二种方法。

**Step 3　启动扫描仪、计算机，打开扫描软件**

**Step 4　新建一个工程项目**

单击“文件”→“新建”，系统弹出如图 2-26 所示界面，选择新工程的存放目录，然后在“名称”一栏输入工程名称。如果需要使用全局标记点，则再勾选“导入全局控制点”选项。由于风扇没有使用全局标记点，直接创建新建测量项目即可。

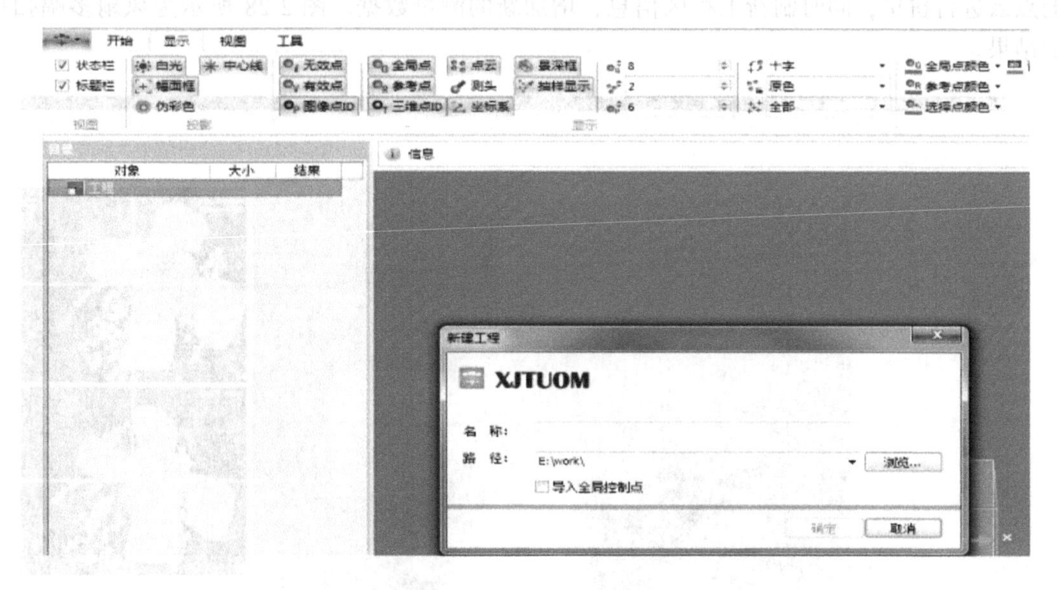


图 2-26　“新建工程”界面

**Step5　正面数据扫描**

单击工具条上测量设备开关图标，调整测量距离到标准距离下，在左右相机摄像窗口（右边的两个小窗口）看到被测物体，并且出现系统可以识别的标记点（蓝色），如图 2-27

所示。单击工具条上扫描图标，开始扫描，测量头投出黑白条纹到被测物体表面，在图形窗口出现被测物体的表面数据，如图 2-27 所示。景深框投射的方向就是测量头对准物体的方向，在工程区系统将自动保存点云文件。

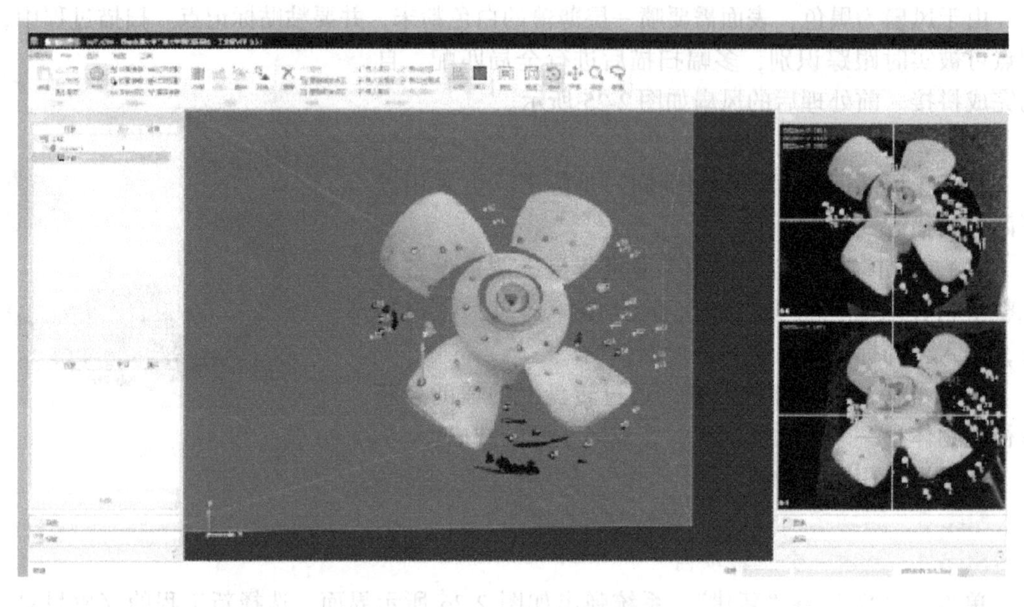

图 2-27　一幅扫描的数据

转动扫描物体的方向，再次单击扫描图标，系统扫描完成之后会自动与上一幅扫描得到的点云进行拼接，同时刷新工程区信息，增加新的测量数据。图 2-28 所示为风扇多幅扫描的结果。

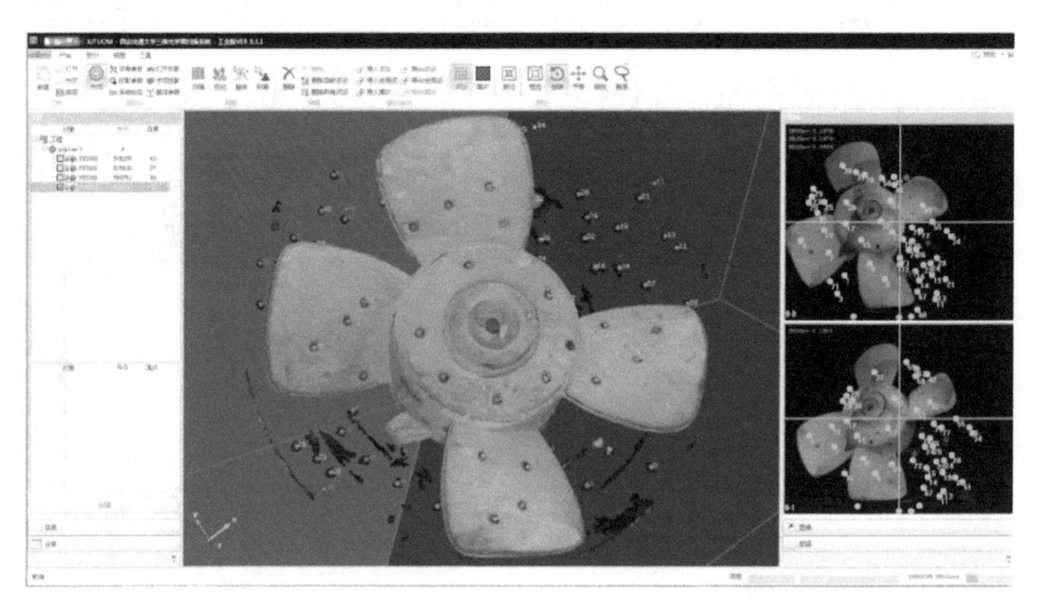

图 2-28　多幅扫描的数据

在多幅数据扫描时，要观察图形窗口扫描的点云是否对齐，如果没有明显对齐，如图 2-

29 所示，那么删除工程区已经扫描的这片点云数据，调整物体角度，重新扫描。

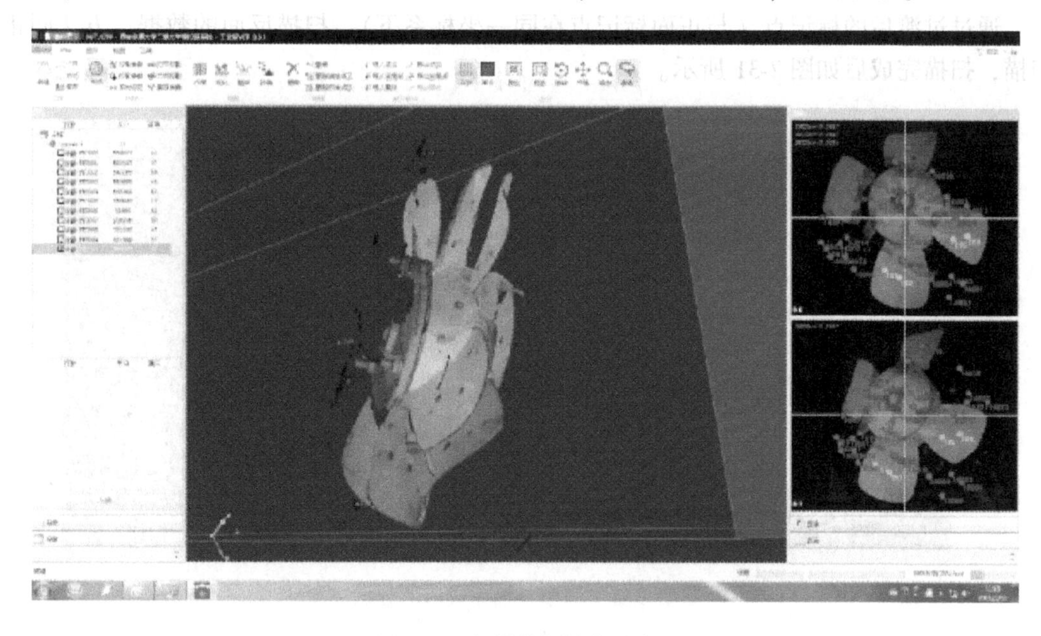

图 2-29 扫描数据没有对齐

**提示**：扫描时按照一定的顺序（朝一个方向）旋转适合的角度扫描，需要每一幅扫描图像与上一幅有至少 5 个以上的相同标记点，才能保证拼接的精度。

**Step 6 过渡标记点的获取**

将风扇翻转接近 90°扫描，如图 2-30 所示，直至物体反面标记点获取能满足反面的数据扫描。

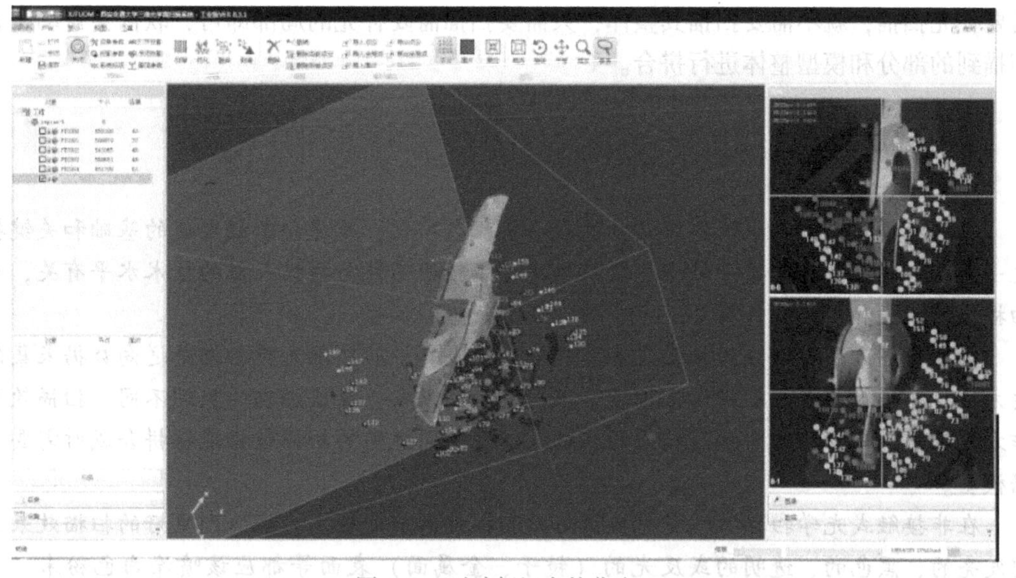

图 2-30 过渡标记点的获取

**Step 7 反面数据的扫描**

通过过渡后的标记点（与正面标记点在同一坐标系下），扫描反面的数据，方法同正面扫描，扫描完成后如图2-31所示。

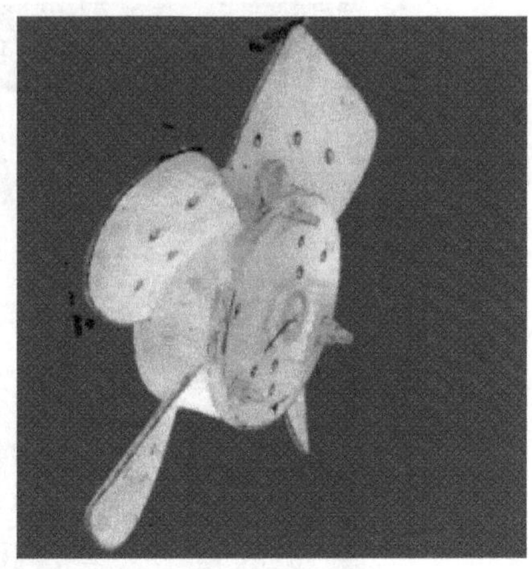

图2-31 风扇扫描完成后的数据

**Step 8 点云文件的导出**

模型扫描完成后，通常有两种导出方式，第一种为导出点云，第二种为导出全局点。

单击开始工具标签中的“导出点云”按钮，打开另存为对话框，系统会按顺序把每个视角的测量点云分别保存到工程路径下。文件的后缀可为ASC、PLY、WRL格式。在这里保存为PLY格式，取名为fan. ply，将在项目三中导入到Geomagic Studio软件中进行数据处理，并在CATIA软件中进行数模重构。

如果单击开始工具栏中的“输出全局点”按钮，将模型导出为全局点。全局点的作用是保存工件上采样点的信息，方便以后补充性质的扫描。带有全局点信息的物体，以后如果需要补充扫描，就不需要扫描其整体，只需要扫描需要补充的局部即可，软件会自动将补充扫描到的部分和模型整体进行拼合。

## 小结

数据扫描是借助测量设备将实物的表面数据数字化，是逆向工程实现的基础和关键技术之一，要求扫描数据完整、精确。数据的完整、精确不仅与扫描人员的技术水平有关，也与扫描仪的精度和扫描软件有关。

数据扫描方法可以分为接触式和非接触式两大类。非接触光学扫描是逆向数据采集的主要方法。非接触式光学扫描设备很多，不同的扫描设备，虽然扫描的原理不同，扫描软件操作方法不同，但扫描的宗旨是相同的，就是使在不同视觉的扫描数据能够拼合成所需要的数据模型。

在非接触式光学扫描时，首先要做好被扫描件的前处理。为了达到更好的扫描效果，任何发亮的、黑色的、透明的或反光的（镜子、金属面）表面等都应该喷涂白色粉末。为了能实现手工注册拼合或扫描过程中自动拼合，应在物体表面合理粘贴标记点。其次要做好扫描规划，以提高扫描效率。扫描时按照一定的顺序（朝一个方向）旋转被扫描件或移动扫描设备，保证相邻两幅扫描图像有相同的拼合标记点；当正反面（或上下面）扫描时，要注意区域过渡，可直接扫描区域过渡或采用正反面标记点的方法。

## 思考题

2-1　简述逆向工程中数据测量的方法及分类。

2-2　简述接触式测量和非接触式测量的特点。

2-3　在物体扫描前需要做哪些前处理？

2-4　如何提高扫描数据的精度？

## 课外任务

2-5　使用某一测量设备完成一实物的扫描。要求扫描数据完整，能够反映实物特征，完成实验（实训）报告。

## 拓展任务

2-6 使用 Sense 3D Scanner 扫描仪采集三维数据。扫描仪软件安装及使用。

2-4

2-5

# 项目三 数据处理及数模重构

**【学习目标】**

通过本项目的学习，读者能了解 Geomagic Studio 2012 软件处理数据的基本流程，掌握各阶段的主要功能及操作指令，完成扫描数据的处理和数模的重构。

| 能力要求 | 知识要点 |
| --- | --- |
| 了解 Geomagic Studio 软件 | 工作流程、主要功能、基本操作 |
| 会用点阶段命令处理点云数据 | 注册、合并、减少噪音、采样、封装、联合点对象、选择并删除体外孤点等 |
| 能用多边形阶段命令处理多边形数据 | 填充孔、简化、砂纸、修复、减少噪音、创建边界、编辑边界、拟合孔、创建流形、网格医生等 |
| 会用曲面阶段命令重构曲面模型 | 自动曲面化、探测轮廓线、细分/延伸轮廓线、构造曲面片、升级/约束轮廓线、移动面板、松弛面板、构造格栅、拟合曲面等 |

## 任务一　了解 Geomagic Studio 软件

3-1

**【任务要求】**

了解 Geomagic Studio 软件的工作流程和主要功能，熟悉软件界面和基本操作命令和方法，为后续该软件的学习奠定基础。

**【任务分析】**

通过案例操作，了解 Geomagic Studio 软件的三个阶段和六大模块，熟悉软件界面的基础模块，掌握快捷键的使用、鼠标的操作。

### 一、Geomagic Studio 软件的工作流程

随着逆向工程及其相关技术理论研究的深入，其成果的商业化应用也逐渐受到重视，而

逆向工程技术应用的关键是开发专用的逆向工程软件及结合产品设计的结构设计软件。

由美国 Raindrop（雨滴）公司出品的逆向工程软件 Geomagic Studio 可轻易地从扫描所得的点云数据创建完美的多边形模型和网格，并可自动转换为 NURBS 曲面。该软件是除 Imageware 以外应用最为广泛的逆向工程软件，是目前市面上进行点云处理及三维曲面构建功能最强大的软件。据统计，采用该软件从点云处理到三维数模重构的时间通常只有同类产品的三分之一。

传统的造型方法采用点→线→面的方式，需要投入大量的建模时间、参与建模的人员要有丰富的建模经验。而采用 Geomagic Studio 软件进行逆向设计的原理是用许多细小的空间三角片来逼近还原 CAD 实体模型，建模时采用点云→三角网格面→曲面的方式，简单、直观，适用于快速计算和实时显示的领域。但该过程计算量大，计算机配置要求较高。

使用 Geomagic Studio 软件逆向构建模型时，遵循点阶段→多边形阶段→曲面阶段（精确曲面、参数曲面）的工作流程，如图 3-1 所示。

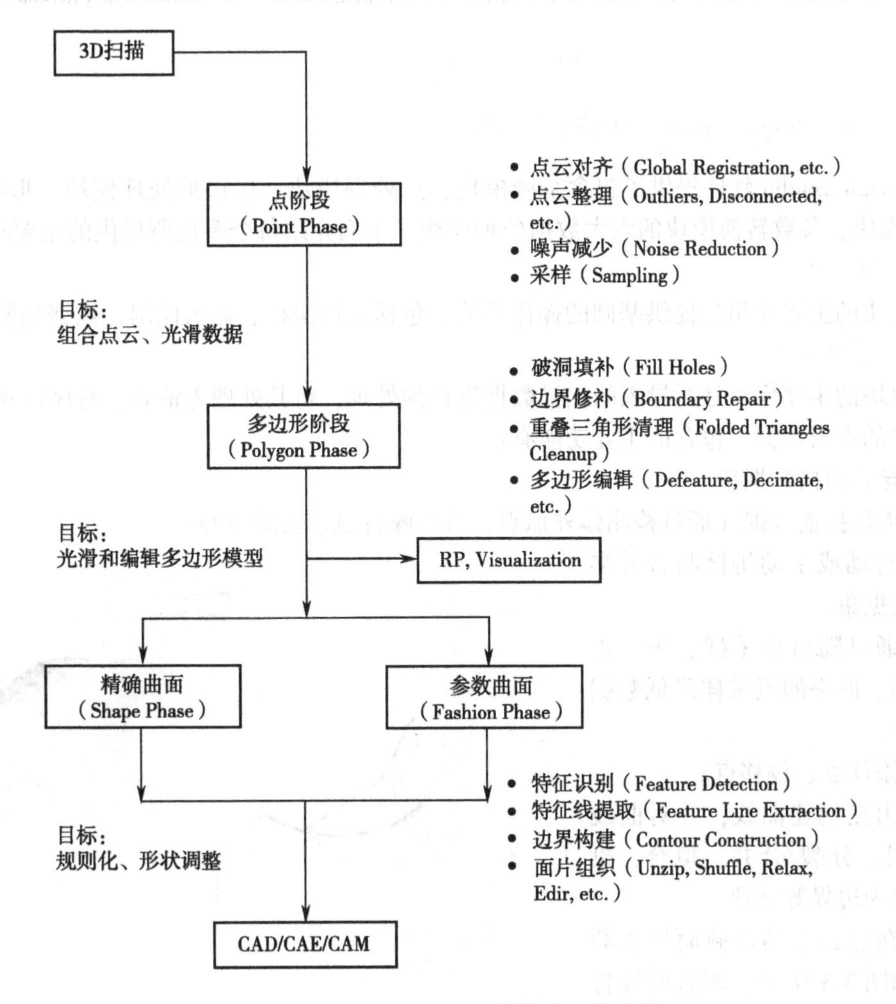


图 3-1 Geomagic Studio 软件的工作流程

采用精确曲面的功能，可以快速生成 NURBS 曲面。这种功能主要适用于复杂的自由曲面物体的快速逆向设计，具有快速、自动化生成曲面、还原真实外形的特点。

参数曲面主要适用于曲面质量要求较高物体的参数化逆向设计。具有拟合特征、高质量曲面、参数化编辑的特点，可构建高质量的曲面。

Geomagic Studio 软件各阶段的数据模型采用不同颜色来表示，如图 3-2 所示。操作者在学习的过程中，关注模型管理器面板，就会发现不同阶段模型的图标也会随之发生变化。

a）点模型（苹果绿） b）多边形模型（浅蓝） c）网格模型（深蓝） d）NURBS模型（橄榄绿）

图 3-2　Geomagic Studio 软件不同阶段的数据模型

## 二、Geomagic Studio 软件的主要功能

Geomagic Studio 软件提供了包含基础模块、点处理模块、多边形处理模块、形状模块、Fashion 模块、参数转换模块的六大数据处理模块。下面介绍每个模块所提供的主要功能。

### 1. 基础模块

此模块的主要作用是提供基础的操作环境，包括文件保存、显示控制、数据结构。

### 2. 点处理模块

此模块的主要作用是对导入的扫描数据进行预处理，将其处理为整齐、有序以及可提高处理效率的点云数据，包含的主要功能有：

1）导入扫描数据集。

2）优化扫描数据（通过检测体外孤点、减少噪音点、去除重叠）。

3）自动或手动拼接与合并多个扫描数据集。

4）通过随机点采样、统一点采样和基于曲率的点采样降低数据集的密度。

5）添加点、偏移点。

6）由点创建曲线，并对曲线进行编辑、分裂/合并、拟合、投影，转化为边界等处理。

7）在点云上插入截面生成截面线，如图 3-3 所示，该截面线将贯穿于各个阶段。

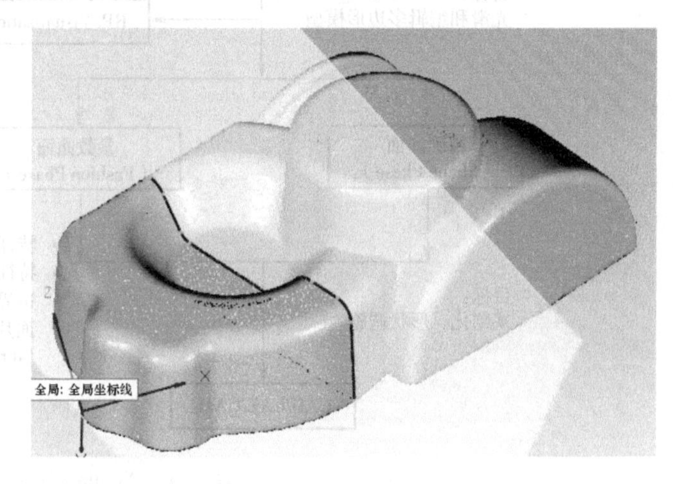


图 3-3　点云截面线

8）对扫描数据进行三角面片

网格化封装。

### 3. 多边形处理模块

此模块的主要作用是对多边形网格数据进行光顺与优化处理，以获得光顺、完整的三角面片网格，并消除错误的三角面片，提高后续的曲面重构质量。包含的主要功能有：

1）清除、删除钉状物，减少噪点以光顺三角网格。

2）细化或简化三角面片数目。

3）自动填充模型中的孔，并清除不必要的特征。

4）一键自动检测并纠正多边形网格中的误差。

5）检测模型中的图元特征（例如，圆柱、平面）以及在模型中创建这些特征 。

6）加厚、抽壳、偏移三角网格。

7）锐化曲面之间的连接，形成角度。

8）打开或封闭流形，增强表面啮合。

9）形成雕刻表面。

10）创建、编辑边界。

11）修复相交区域，消除重叠的三角形。

12）网格医生，一键修复所存在的相交、钉状物等问题。

### 4. 精确曲面

此模块的主要作用是实现数据分割与曲面重构，包含的主要功能有：

1）自动拟合曲面。

2）探测并编辑处理轮廓线。

3）探测曲率线，并对曲率线进行手动移动、设置级别、升级/约束等处理。

4）构建曲面片，并对曲面片进行移动、松弛、修理等处理。

5）构造栅格，并进行松弛、编辑、简化等处理。

6）拟合 NURBS 曲面，并可修改 NURBS 曲面片层、修改表面张力。

7）对曲面进行松弛、合并、删除等处理。

### 5. 参数化曲面模块

此模块的主要作用是通过定义曲面特征并拟合成准 CAD 曲面，包含的主要功能有：

1）探测轮廓线，并对轮廓线进行绘制、松弛、收缩、合并、细分、延伸等处理。

2）根据区域分类将曲面分为平面、圆柱、圆锥、球、拔模伸展、旋转、自由曲面类型。

3）拟合初级曲面。

4）拟合连接。

5）对初级曲面修剪或对未修剪的曲面进行偏差分析。

6）创建 NURBS 曲面，并将模型导出成多种行业标准的三维数据格式（包括 IGES、STEP、VDA、NEU、SAT）。

### 6. 参数转化模块

此模块的主要作用是将定义的曲面数据发送到其他 CAD 软件中进行参数化修改，包含的主要功能有：

1）选择数据交换对象，如 Autodesk Inventor、Pro/Engineer、CATIA 和 SolidWorks 。

2）选择数据交换类型，如曲面、实体、草图。

3）将数据添加到当前活动的 CAD 零件或将数据添加到新的 CAD 零件文件。

4）选择曲面数据发送到 CAD 软件环境下。

3-2

## 三、Geomagic Studio 软件的基本操作

### 1. 用户界面

Geomagic Studio 软件的用户界面如图 3-4 所示，主要包含以下几个部分。

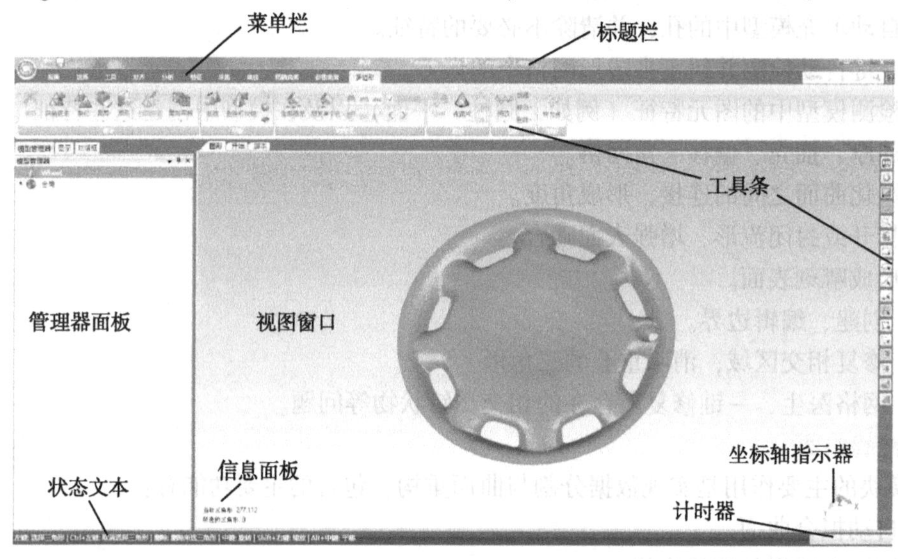


图 3-4　用户界面

（1）管理器面板　该面板包含“模型管理器”、“显示”、“对话框”三个管理选项卡，如图 3-5 所示。如果该面板不小心被删除，则可单击“视图”→“面板显示”，在下拉菜单中勾选“模型管理器”、“显示”、“对话框”，即可再现管理器面板。

“模型管理器”选项卡用于显示文件数目及类型。

“显示”选项卡用于控制对象的显示，便于观察。后面将重点介绍。

“对话框”选项卡用于显示执行某个命令的对话框。

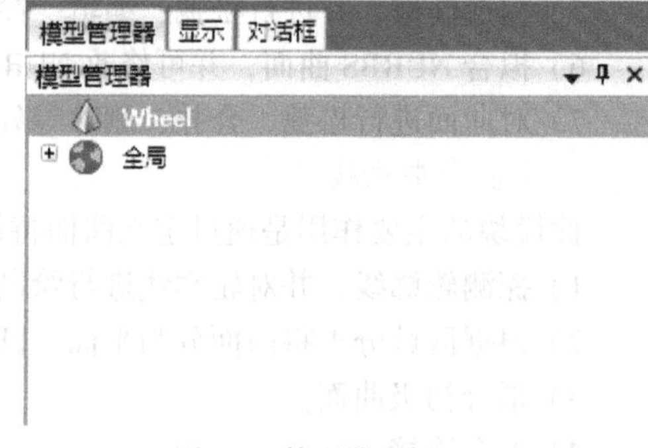


图 3-5　管理器面板

（2）信息面板　提供模型信息、边界信息和内存使用信息。显示的内容通过管理器面板上的显示管理器来控制。

（3）状态文本　提供相关信息给操作人员，如系统正在处理的操作、快捷键等。

（4）计时器　显示操作进程。

（5）坐标轴指示器　显示坐标轴相对于模型的当前位置。

（6）工具条　包含常用命令的快捷图标。

（7）菜单栏　提供软件可以执行的所有命令。

（8）视图窗口（简称视窗） 显示当前工作对象。在视窗内可以看到模型图形和所选取的部分。

2. 鼠标操作及快捷键

同很多三维造型软件一样，Geomagic Studio 2012 软件的操作方式也是以鼠标为主，键盘为辅。鼠标操作主要用于数据模型的旋转、缩放、平移、对象的选取等。

现将鼠标的左、中、右 3 个键分别定义为 MB1、MB2、MB3，其所能实现的功能分列如下：

（1）鼠标左键 MB1

单击：选择用户界面的功能键和激活对象元素；或在一个数值栏里单击上、下箭头来增大或减小该数值。

单击并拖动：激活对象的选中区域。

Ctrl + MB1：取消选择的对象和区域。

Alt + MB1：调整光源的入射角度和调整亮度。

Shift + MB1：当同时处理几个模型时，数值为激活模型。

（2）鼠标中键 MB2

滚动：将光标放在视窗中的任一部分，可对视图进行缩放；将光标放在数值栏里，可增大或缩小数值。

单击并拖动：在视窗中，可进行视图的旋转。

Ctrl + MB2：激活多个对象。

Alt + MB2：平移。

Shift + Ctrl + MB2：移动模型。

（3）鼠标右键 MB3

单击：可获得快捷菜单，包含一些使用频繁的命令。

Ctrl + MB3：旋转。

Alt + MB3：平移。

Shift + MB3：缩放。

（4）快捷键

通过快捷键可以快速地获得某个命令，不用在菜单栏或工具栏里选择命令。表 3-1 列出了 Geomagic Studio 软件中默认的快捷键。

表 3-1 Geomagic Studio 的快捷键及其对应的命令

| 快 捷 键 | 命令详解 |
| --- | --- |
| Ctrl + N | 新建模型 |
| Ctrl + O | 打开模型 |
| Ctrl + S | 保存模型 |
| Ctrl + Z | 撤销上一步操作（只能返回一步） |
| Ctrl + Y | 重复上一步操作 |
| Ctrl + T | 选择矩形工具 |
| Ctrl + L | 选择线条工具 |
| Ctrl + P | 选择画笔工具 |
| Ctrl + U | 选择定制区域 |
| Ctrl + A | 全选 |

（续）

| 快 捷 键 | 命令详解 |
|---|---|
| Ctrl + C | 全部不选 |
| Ctrl + V | 选择可见 |
| Ctrl + G | 选择贯穿 |
| Ctrl + D | 拟合模型到视窗 |
| Ctrl + F | 设置旋转中心 |
| Ctrl + R | 重新设置当前视图 |
| Ctrl + B | 重新设置边界框 |
| Ctrl + X | 选项工具 |
| Ctrl + 左键框选 | 取消选择部分 |
| F1 | 帮助 |
| F2 | 单独显示 |
| F3 | 显示下一个 |
| F4 | 显示上一个 |
| F5 | 全部显示 |
| F6 | 只选中列表 |
| F7 | 全部不显示 |
| Esc | 中断操作 |
| Ctrl + Shift + X | 执行宏操作 |
| Ctrl + Shift + E | 结束宏操作 |
| Del | 删除所选择的 |
| 空格键 | 应用/下一步 |
| Alt + 0 | 隐藏全部视图对象 |
| Alt + 1 | 隐藏不活动的视图对象 |
| Alt + 2 | 隐藏/显示下一个视图对象 |
| Alt + 3 | 隐藏/显示上一个视图对象 |
| Alt + 4 | 显示所有的特征 |
| Alt + 5 | 隐藏所有的特征 |
| Alt + 7 | 切换所有基准 |
| Alt + 8 | 编辑时全选，或全选视图对象 |
| Alt + 9 | 显示全部视图对象 |

### 3. 帮助

通过将光标放在菜单栏、工具栏、对话框上，或将光标放在有疑问的命令上，然后按F1键，就可以获得帮助。图3-6所示为软件提供的帮助页面。

> **提示**：对于每个软件使用者来说，学会使用软件提供的“帮助”文档，非常重要。在“帮助”文档中，可以查阅到每个命令或关于设置的更多的详细资料。

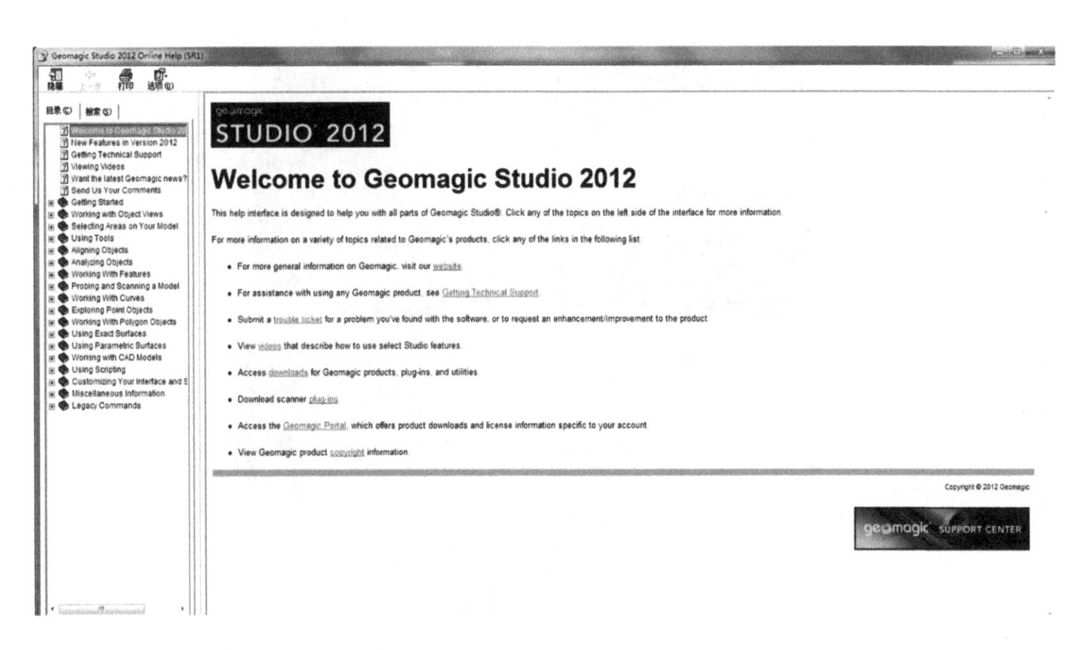


图 3-6 帮助页面

## 四、基本操作实例

### Step 1 打开 Example-1. wrp 文件

启动 Geomagic Studio 软件，选择菜单栏上的图标→“打开”命令或单击工具栏上的“打开”图标，系统弹出“打开文件”对话框，查找并选中 Example 1_ Claw. wrp 文件，然后单击 打开 按钮。在视窗中显示出虎爪的点云数据，如图 3-7 所示。

### Step 2 预定义视图

Geomagic Studio 软件给出了一些标准的预定义视图，以便于操作人员对模型进行观察。选择“视图”→“预定义视图”命令，在下拉菜单中将出现可供选择的预定义视图：俯视图、仰视图、左视图、右视图、前视图、后视图、等测视图。图 3-8、图 3-9 所示分别为预定义视图工具栏命令以及相对应的数据模型图。

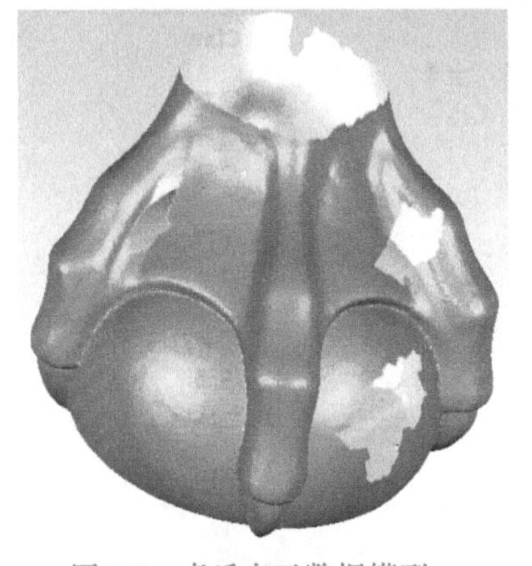

图 3-7 虎爪点云数据模型

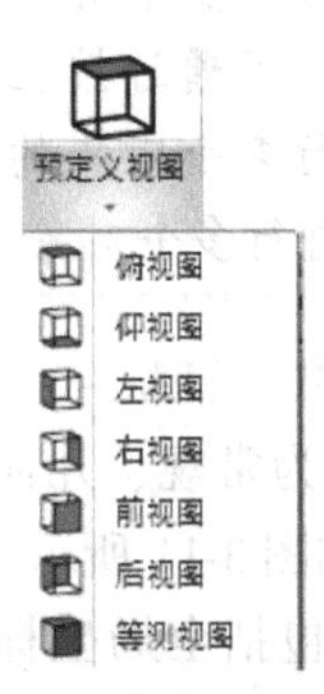


图 3-8 “预定义视图”下拉菜单

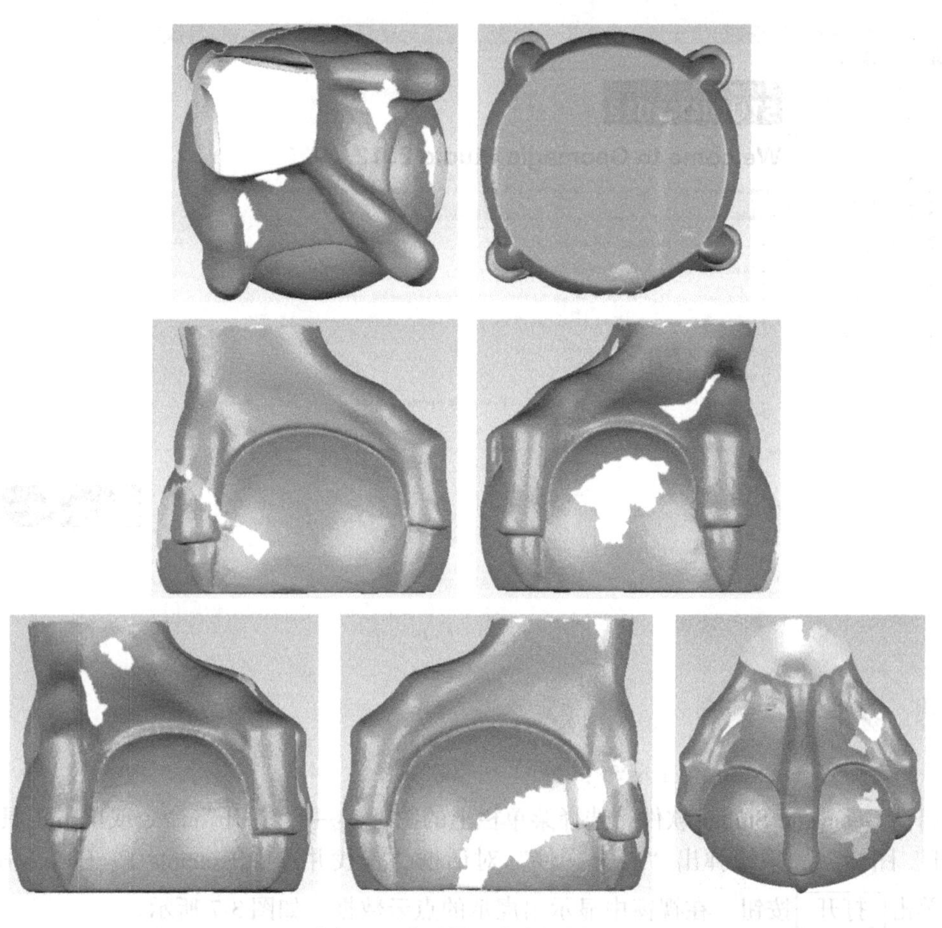

图3-9　虎爪模型的各视图

**Step 3　管理器面板——模型管理器**

模型管理器显示所有对象以及基于此对象所创建的基准、特征等信息。单击某对象名称，可以激活该对象使其成为当前对象。选中对象名称右击弹出快捷菜单，如图3-10所示，可进行隐藏、忽略、取消钉住、删除、保存和重命名等操作。

> **提示**：当有多个对象出现在模型管理器中时，可通过按住Ctrl键，再单击对象进行多个对象的激活。或者利用快捷键进行多个对象之间的切换。

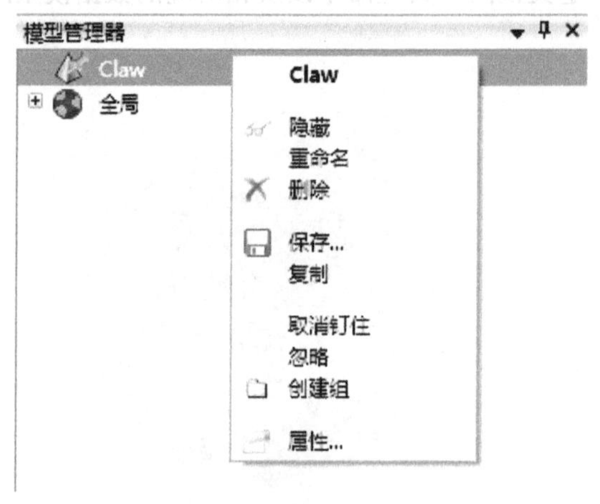


图3-10　“模型管理器”

**Step 4　管理器面板——显示**

“显示”分为常规、几何图形显示、光源等几部分，如图3-11所示。

“常规”组包括全局坐标轴、坐标轴指示器、边界框、透明、视图剪切、选择蒙板、静态显示百分比、动态显示百分比等选项。通过勾选全局坐标轴、坐标轴指示器、边界框复选项，可在视窗中显示全局坐标轴、坐标轴指示器以及数据模型的边框。

如果勾选“透明”复选项，并移动透明滑块在滑动条上的位置，可改变数据模型显示的透明度。

“视图剪切”显示视图的截面。通过改变剪切平面的位置（改变滑块在滑动条上的位置），可观看不同位置的截面形状。

通过改变“静态显示百分比”和“动态显示百分比”的数值，可限制可见静态、动态时浏览的数据量，有利于提高观察数据模型的速度。

> **提示：**该选项可降低对计算机的硬件资源要求，提高工作效率，尤其是处理大型扫描数据文件时。

“几何图形显示”组，可通过勾选点、背面、边、孔、边界、标准纹理对象颜色等，在视窗中显示不同的数据。图 3-12 所示为勾选某些复选项后的虎爪视图。

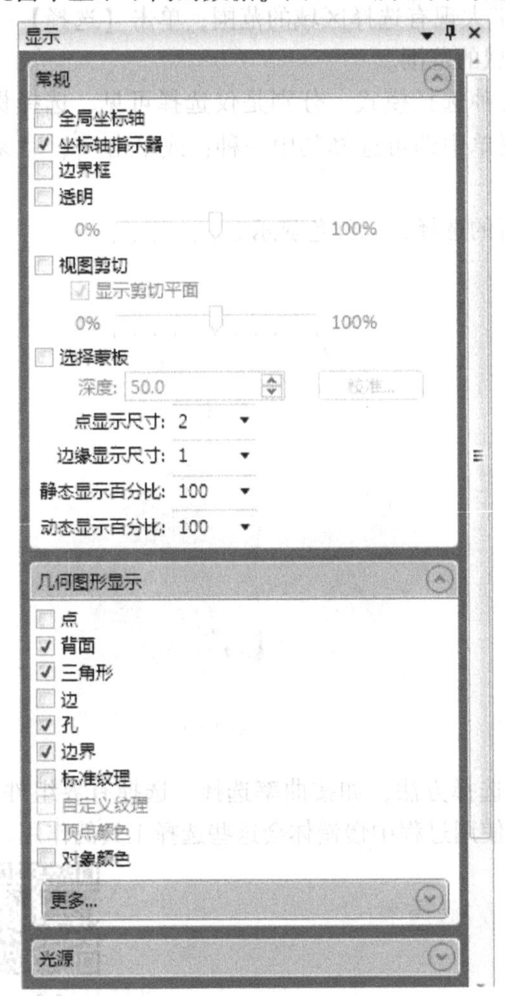


图 3-11 “显示”管理器

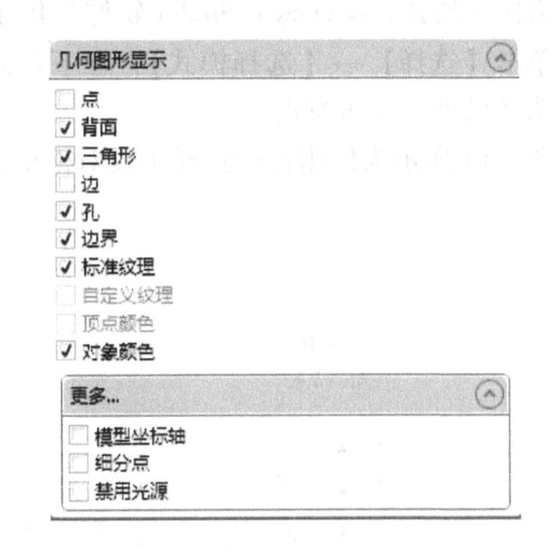


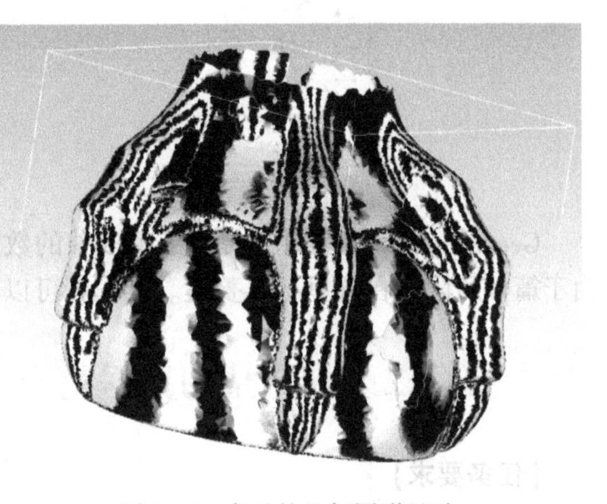

图 3-12 虎爪的几何图形显示

“光源”组包括光线主题（设置光源数目）、亮度、反射率等的设定光源选项。

“覆盖”包括模型信息、内存使用、边界框尺寸等选项。

**Step 5　选择工具和视图编辑**

在对数据进行处理的过程中，往往需要对数据进行局部或全部选择，或删除数据中多余的或不需要的部分。

单击【选择】→【选择工具】，可分别选择矩形、椭圆、直线、画笔、套索、多义线工具，对数据模型进行选择。图3-13所示为【选择工具】的工具栏命令。

单击【选择】→【定制区域】，或单击图标，选择用户指定区域内的点或多边形。

除了利用上述的选择工具外，还可以利用【选择】→【按角度选择】命令，与标准选择工具的运行模式进行切换。在该模式下，选择工具（无论选择操作是“矩形”、“椭圆形”、“直线”、“画笔”还是“套索”）可扩展选项，以包括所有相邻多边形，这些多边形的共有边都以较小的角度相交。

Geomagic Studio软件还提供了扩展和收缩工具，以扩大或减小现有选择区域的范围。单击【选择】→【扩展】或工具栏命令，用以扩大现有选择区域的范围；单击【选择】→【收缩】或工具栏命令，用以减小现有选择区域的范围。

为便于选择，Geomagic Studio软件提供了两种选择模式，分别是仅选择可见、选择贯通。单击【选择】→【选择模式】，在下拉式菜单中即可选择其中一种；或单击、来分别选择可见、贯通模式。

图3-14所示为使用各种选择工具对模型进行的选择，以红色显示。

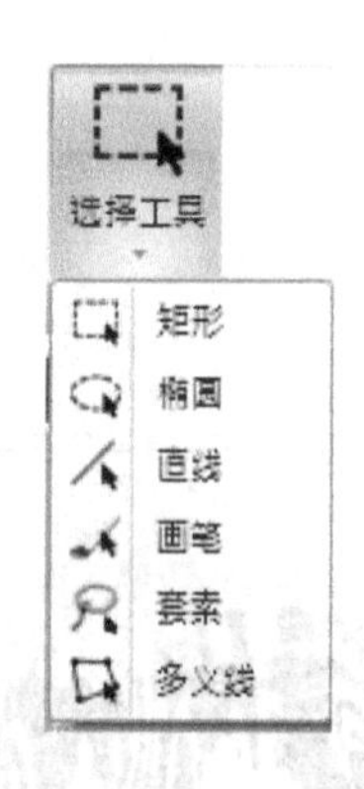


图3-13　选择工具

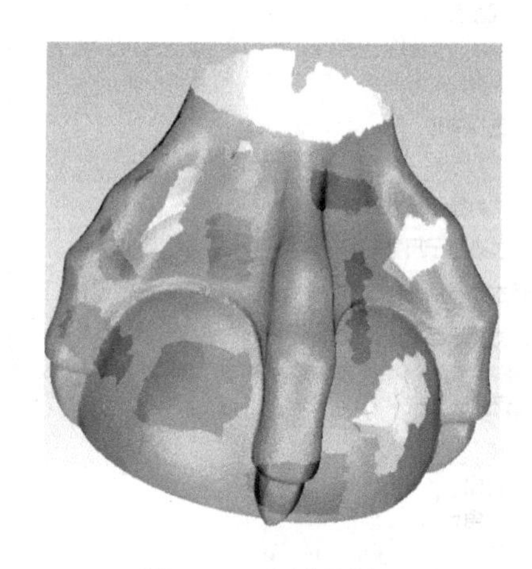

图3-14　选择数据

Geomagic Studio软件还提供了很多种的数据选择方法，如按曲率选择、选择有界组件。由于篇幅所限，在这里不再赘述。操作者可以在使用过程中慢慢体会这些选择工具的作用。

## 任务二　储蓄罐的数据处理及数模重构

3-3

**【任务要求】**

利用Geomagic Studio软件，对项目二中任务二提供的储蓄罐扫描数据点云进行数据处理，获得符合原模型特征的曲面模型。

**【任务分析】**

储蓄罐为工艺品，外形光滑，但对其所重构模型的精度要求不高，因此，通过 Geomagic Studio 软件点阶段、多边形阶段的数据处理，在获得多边形模型的基础上，通过精确曲面的自动曲面化完成模型重构即可。

在执行本任务时，使用 Geomagic Studio 软件所涉及的各阶段主要指令见表 3-2。

表 3-2 任务二各阶段采用的主要指令

| 阶 段 | 主要指令 |
| --- | --- |
| 点阶段 | 注册、合并、减少噪音、采样、封装 |
| 多边形阶段 | 填充孔、简化、砂纸、修复、创建边界、编辑边界、拟合孔、创建流形 |
| 精确曲面 | 自动曲面化 |

## 一、点阶段的数据处理

### 1. 点阶段主要功能及命令

点阶段的任务是对扫描数据进行一系列的技术处理，从而得到一个完整而理想的点云数据，并封装成可用的多边形数据模型。其主要思路及操作流程为：根据需要对导入的数据点进行注册或合并点对象处理，生成一个完整的点云数据模型；然后进行去除非连接项、去除体外孤点、减少噪音、采样、封装等技术操作。

点阶段的主要操作命令在菜单【对齐】和【点】下。图 3-15 所示为对齐菜单命令。该菜单中的手动注册、全局注册只有在打开的文件中含有多个数据模型，并且至少有两个模型被激活时才能使用。

图 3-15 对齐菜单命令

软件提供的点菜单命令，会随着打开的模型数据是否有序而有所不同。图 3-16、图 3-17 所示分别为有序点、无序点的菜单命令。

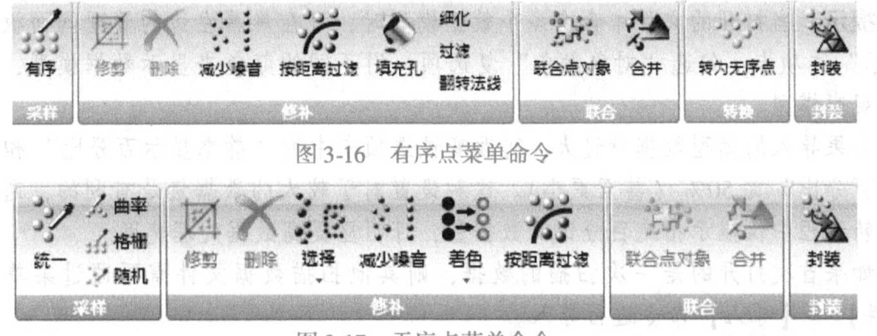


图 3-16 有序点菜单命令

图 3-17 无序点菜单命令

2. 储蓄罐点阶段的数据处理

在数据扫描过程中，当物体的面积超过扫描设备一次采集的范围时，不能一次将物体的整体数据获取，需要通过多个位置对物体进行分区扫描，从而得到同一个对象的多视角扫描数据，这就需要对扫描数据使用“手动注册”和“全局注册”命令进行对齐操作，将多个扫描数据注册成一个完整的数据模型。

需要用到的主要命令有：

(1)【工具】→【注册】→【手动注册】。

(2)【工具】→【注册】→【全局注册】。

(3)【点】→【合并】。

本阶段的数据处理思路为：

导入原始扫描数据 ⟹ 手动注册 ⟹ 全局注册 ⟹ 合并。

主要步骤

Step 1 打开“money-box. asc”文件

启动 Geomagic Studio 软件，选择菜单栏→【打开】命令或单击工具栏上的“打开”图标，系统弹出“打开文件”对话框，改变文件类型为 *. asc，查找并选中 money-box. asc 文件，然后单击 打开 按钮。在模型管理器中列出多个扫描数据的文件名称，在视窗中显示各个视角扫描的储蓄罐的数据模型，如图 3-18 所示。

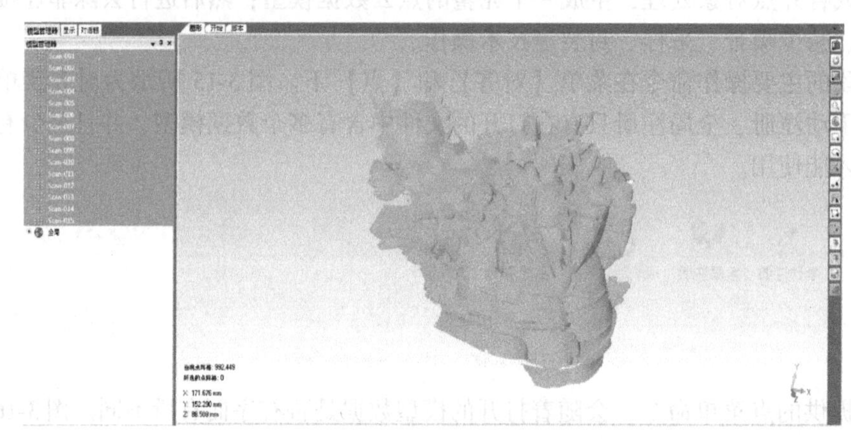

图 3-18 打开的扫描数据

**提示**：当打开的文件中含有多个数据模型时，可在屏幕左边的管理器面板上选择“显示”选项卡，勾选“对象颜色”复选项，用不同的颜色来显示数据模型，以便清晰地观察模型。

如果导入的模型数据量过大，可改变该选项卡中的“静态显示百分比”和“动态显示百分比”为 50%（甚至更小）。这种设置对于较大的数据量是有利的，通过选择在旋转过程中仅显示指定百分比的数据量，可明显提高数据处理速度。

如果首次打开的是一次扫描的数据，则其他扫描数据文件需要通过菜单栏中的【文件】→【导入】命令进行导入。

**Step 2　删除无关的数据点**

在“模型管理器”中单击各个视角的模型数据，利用视图的旋转、缩放等命令，从不同视角进行观察，利用选择工具选择背景数据或其他无关数据，再单击工具栏命令或按Del键进行删除。

> **提示：**在“模型管理器”中选择模型数据时，可单击鼠标的右键，在弹出的菜单中执行“隐藏”命令，将不需要显示的模型隐藏起来，也可以单击鼠标的左键选中一片点云数据，执行F2快捷键仅显示选中的点云数据，以便更好地观察模型。

**Step 3　手动注册不同视角数据**

将鼠标放在“模型管理器”中，按下Shift键，单击鼠标左键，选择要进行注册的两个或多个数据模型，然后选择菜单栏【对齐】→【手动注册】，在模型管理器中弹出“手动注册”对话框，如图3-19所示。

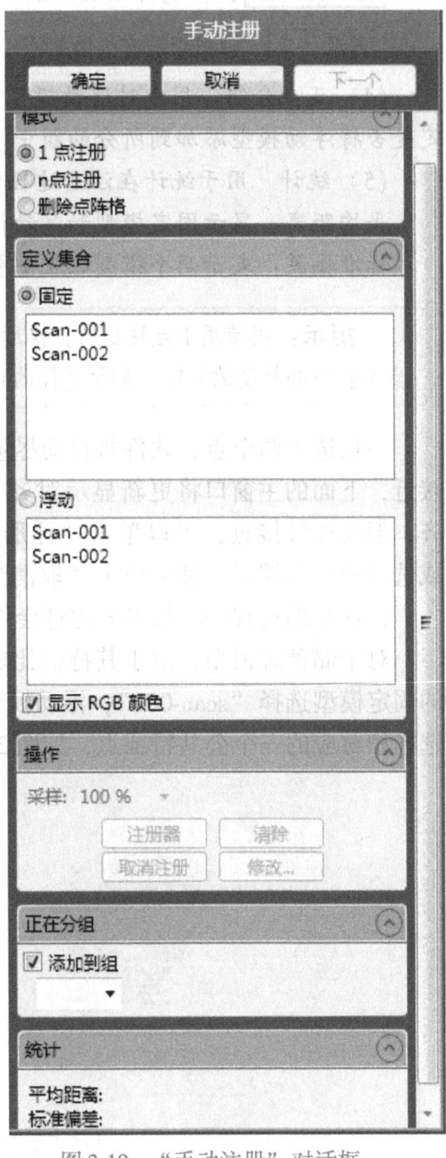


图3-19　“手动注册”对话框

**相关知识**

“手动注册”命令是用于对目标点云进行注册合并的操作。对话框中部分选项的功能如下：

（1）“模式”组　选择注册方式，包括“1点注册”、“n点注册”和“删除点阵格”三种注册模式。选择“1点注册”模式时，系统将根据选择的一个公共点进行模型的注册；选择“n点注册”时，系统将根据选择的多个特征点（3点或3点以上）进行数据注册；选择“删除点阵格”时，可以根据点云的实际特征进行灵活选择。一般情况下，常用“n点注册”模式，这样对操作人员的要求比较低，注册精度却比较高。

（2）“定义集合”组　可以人为地选择“固定”模型或“浮动”模型对象。一般在固定点云上按顺序选择一些特征点（系统会自动给出点的序号），并在浮动点云上选择与之相对应的点，这样相互对应的点就会对号入座，叠加重合在一起，两个孤立的模型就会被合并在一起。

固定：选中该单选项，可以选择相应的固定模型的名称并单击，该模型会以红色加亮的方式显示在工作区的固定窗口中。

固定模型必须是在注册的过程中保持固定的部分。

浮动：选中该单选项，可以选择相应的浮动模型的名称并单击，该模型会以绿色显示在工作区的浮动窗口中。

浮动模型在注册的过程中将随固定模型进行调整。

显示RGB颜色：勾选此复选项，显示模型的颜色；如果不勾选此复选框，在固定窗口的模型显示红色，在浮动窗口的模型显示绿色。

(3) 操作 操作下的“采样”数值项指定在注册过程中所选择计算的点的数量，并在此基础上计算。

注册器，单击该按钮时，浮动的模型将根据所选择的公共部分对固定的模型进行复合计算。

清除，单击该按钮时，可以删除在模型上选定的参考点，用于模型点选择不正确的情况。

取消注册，如果对注册效果不满意，通过单击该按钮，撤销已经完成的注册。

修改...，注册效果有些偏差时可以单击此按钮进行修改，可以对浮动模型的位置进行修改。

(4) 正在分组 用于对浮动模型进行分组命名。勾选下面的添加到组复选项，可以指定是否将浮动模型添加到所分的组中。

(5) 统计 用于统计在注册过程中的偏差情况。

平均距离：显示固定模型和浮动模型的平均距离。

标准偏差：表示两个模型相互重叠区域的标准偏差值。

**提示**：当使用1点注册时，接近的方位很重要，否则注册不能正确工作，尽量选择好的点是获得高精度的关键。如果选择的点不正确，可以使用快捷键Ctrl+Z撤销上一次选择。

一旦选了两个点，软件将自动尽量拟合两个扫描数据，如果模型的方位相似，选择的点接近，下面的主窗口将更新显示对齐了的扫描数据。如果两个扫描数据出现了不正确地对齐，但还比较接近，可以单击“注册器”按钮来重新定义这个拟合。如果模型离得很远，或选择的点不够好，那么单击“取消注册”，然后重新选择注册点。

在计算的过程中，按Esc键将会停止当前的命令。

对于储蓄罐模型，由于其特征比较复杂，选择“n点注册”模式。在“定义集合”中的固定模型选择“scan-001”，浮动模型选择“scan-002”。在固定模型和浮动模型窗口分别选择相对应的三个公共特征点，如图3-20所示。

图3-20 公共特征点的选取

> **提示**：在选取公共特征点时，所选取的点应避免在一条线上。

当选取的公共特征点对应后，在第三个窗口中将显示两个数据模型对齐后的效果图。观察重叠部分，如果效果较好，则单击对话框上的 注册器 按钮，完成数据注册。此时合并视图中显示合并后的数据模型，对话框的“统计”一栏，给出两模型对齐后的偏差，包括平均距离和标准偏差。图 3-21 所示为注册完成后的模型。

图 3-21 完成注册后的模型

> **提示**：上述的两模型注册后的效果较好。在合并视图中，可以看到重叠部分数据的颜色交替出现，而统计栏中的平均距离为 0.026265mm，标准偏差为 0.017401mm。

单击 下一个 按钮，继续对点云进行注册，直至完成所有数据的注册。单击 确定 按钮退出手动注册。

图 3-22 所示为完成所有数据注册后的模型。

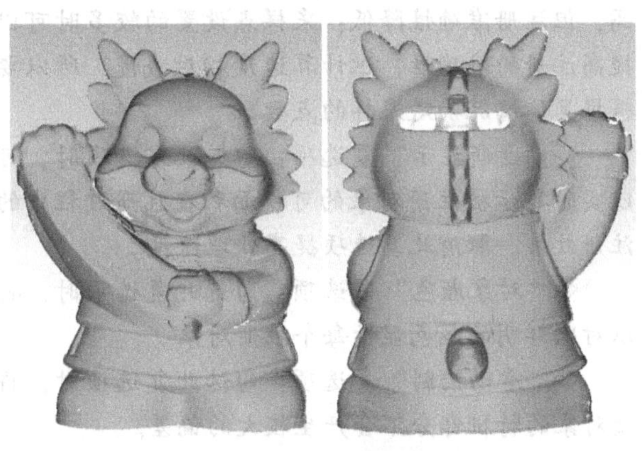

图 3-22 完成注册后的数据模型

此时在模型管理器模板上，在注册的组名下，将以结构树的形式列出刚才所有被注册的数据文件名，如图 3-23 所示。

在注册过程中，如果单击 注册器 按钮后，效果不理想，可以单击 取消注册 按钮，重新进行对应点的选择。

Step 4　全局注册

单击菜单栏【对齐】→【全局注册】，出现“全局注册”对话框，如图3-24所示。该命令是对手动注册后的点云更进一步的全面、整体的位置调整，可以对前面手动注册的模型重新定位，使模型按照相交区域将不同的对象以更完好的方式进行注册。

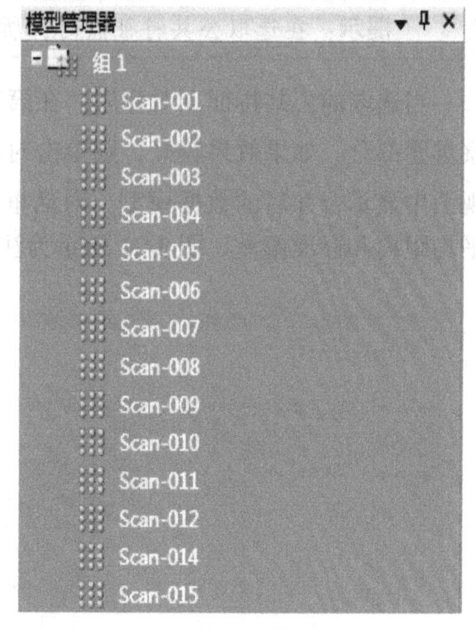

图3-23　注册后的模型管理器

相关知识

全局注册有两种操作模式：注册和分析。注册操作主要用于数据全局注册时的偏差控制，对之前注册的对象进行重新定位；分析操作主要用于分析被注册对象的偏差值，可以用色谱的形式表示偏差的分布和大小。

(1) 注册模式　当选择注册操作模式时，弹出如图3-24所示的对话框。其中部分选项说明如下：

1) “控制”组包含参数的设置和其他的注册控制菜单。

◇“公差”组合框：用于设定注册的不同对象指定点之间的平均偏差，如果计算超过此偏差，则迭代过程停止。

◇“最大迭代数”组合框：指定计算的最大迭代次数，即迭代计算的次数在小于等于此值时达到所要求的公差范围。

◇“采样大小”组合框：从每个注册对象上指定注册点的数量，这些点将被用于控制注册的过程。采样点数设置的较少时可以使注册的速度提高，但注册准确性降低；采样点设置的较多时可以提高注册的准确性，但计算速度相对减慢。所以要根据具体情况确定采样的点数。

◇“更新显示”复选项：勾选此复选项时，可以实时显示被注册对象的可视面积在注册过程中的注册效果。取消此复选项提高处理速度。

◇“对象颜色”复选项：勾选此复选项时，将以对比鲜明的颜色显示每个注册对象。

◇“滑动控制”复选项：勾选此复选项时，将使对象的特征部分不会产生较大的偏差。

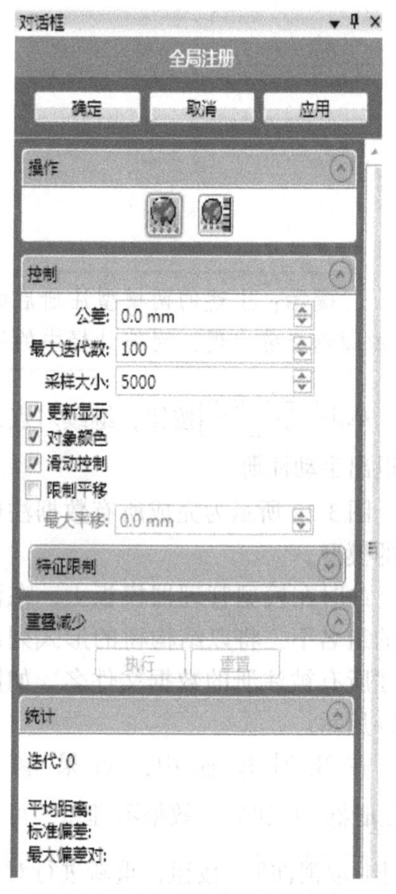

图3-24　“全局注册”对话框

◇"限制平移"复选项：勾选此复选项，可以设定对象允许的最大平移值。当"滑动控制"和"限制平移"同时选择时，将以较小值为准。

单击⊙展开"特征限制"部分，其中包含"应用特征限制"和"显示特征群集统计数据"复选项。

◇ 勾选"应用特征限制"复选项，用注册模型特征来限制注册偏差值。

◇"强度%"用于设定的目标注册体的面与被注册面间的面的贴合程度，低强度时优先考虑目标注册体的面，高强度时使被注册面紧密地贴合在目标注册体的面上，但可能会破坏被注册面的表面。所以强度值应该视具体情况而定。

◇ 勾选"显示特征群集统计数据"复选项：可以控制模型以特征群来显示偏差量。

◇ 勾选"平均距离"复选项时，可以控制每个特征群之间的平均距离。

◇ 勾选"最大距离"复选项时，可以显示模型特征群间距离最大的两个簇。

2）"重叠减少"组提供了一种可选的改进注册精度的方法。它包含 执行 和 重置 两个按钮。当单击 执行 按钮时（当且仅当注册完成后，该按钮才处于激活状态），轻微翘曲技术被应用到注册后的模型上，使之"弯曲"以获得更完美的注册后的模型。当单击 重置 按钮时，取消 执行 按钮的操作。

3）"统计"组用于统计数据注册后的偏差值。包含以下几项：

◇迭代：统计数据注册过程中计算的迭代次数。

◇平均距离：统计注册对象间的平均距离。

◇标准偏差：表示两个模型相互重叠区域的标准偏差值。

◇最大偏差对：指出注册中最大偏差的一对点云对象。

（2）分析模式　当选择分析操作模式时，对话框中部分选项说明如下：

1）【显示】组主要用来显示注册后的分析色谱图并设定相应参数。

◇"所有对象"复选项：勾选时，将分析所有的对象。

◇"单个对象"复选项：勾选时，可以对所选择的单个模型对象进行分析。

◇ 滚动箭头：使用滚动箭头可以对模型的对象进行逐个分析。

◇ 密度：该选择项用于显示的密度值，下拉菜单有低、中间、高、完全四种方式。

◇ 计算 按钮：单击时，系统将对选定的对象进行偏差计算，并将计算结果以偏差色谱图的形式显示。

2）【色谱】组用来设定图谱的显示参数。其下面的各个值将在计算后自动地显示调整，也可以人为地更改参数值。

◇ 颜色段：设定偏差显示色谱的颜色段数。

◇ 最大临界值：用于设定色谱所能显示的最大偏差值。

◇ 最大名义值：色谱中从0开始向正方向第一段色谱的最大值。

◇ 最小名义值：色谱中从0开始向负方向第一段色谱绝对值的最大值。

◇ 最小临界值：用于设定偏差的最小临界值。

◇ 小数位数：用于设定偏差显示值的小数部分的位数。

3）"统计"组用于统一显示偏差信息。

◇ 最大距离：注册点云间同一点的最大偏差距离。

◇ 平均距离：注册点云对象间同一点的平均偏差距离。

◇ 标准偏差：表示两个模型相互重叠区域的标准偏差值。

> **提示**：一旦系统计算完成，视窗将显示每个扫描数据是如何与它的邻居关联的，这是非常有用的。回顾扫描数据，检查是否有扫描数据没有对齐。如果有，可以从全局注册中将这个扫描数据拖出组外，然后重新注册在其他扫描数据后面。

选择注册操作模式，单击该对话框上的 应用 按钮，软件将对扫描数据进行重新计算，进一步减小对齐的误差。计算结束后，在“统计”组显示重新对齐后的偏差统计结果，如图3-25所示。可以看到，在迭代15次后，效果达到最佳。平均距离为0.043873mm，标准偏差为0.068377mm，最大偏差对出现在Scan-005和Scan-014两个数据模型上。

为了检查扫描数据，选择分析操作模式，并勾选“所有对象”，“密度”复选项为“完全”，单击 计算 按钮。经过一段时间的计算后，各数据模型对齐后的偏差用色谱显示，如图3-26所示。

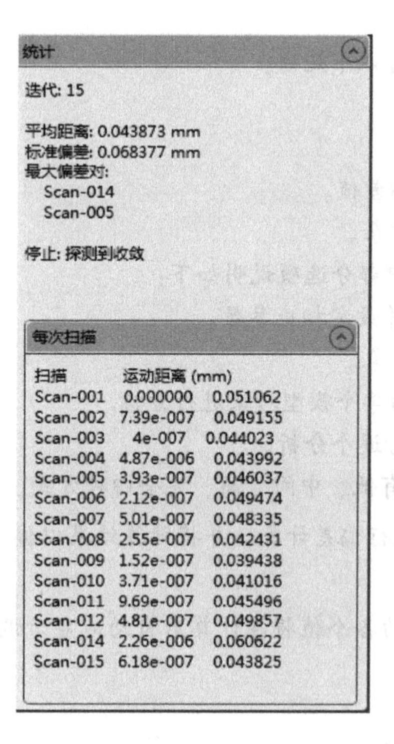


图3-25 全局注册后的偏差统计

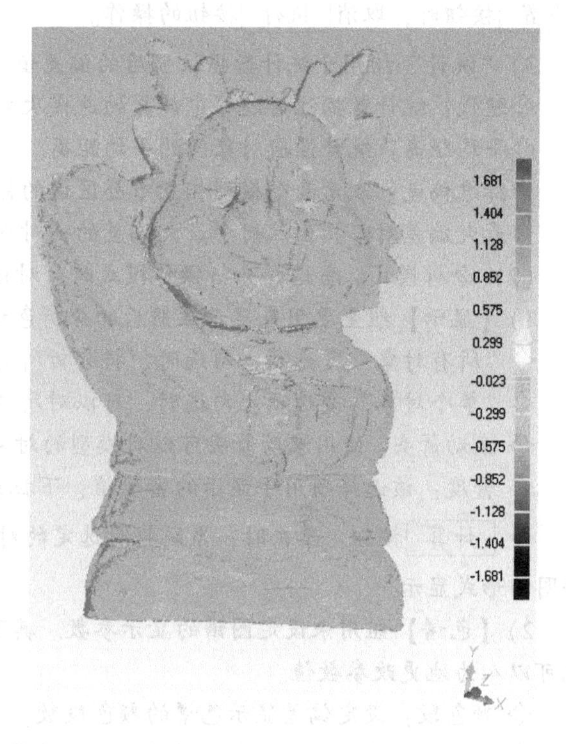


图3-26 对齐后的偏差色谱图

勾选“单个对象”，通过箭头查看每个扫描数据模型的对齐情况。

单击 确定 按钮，接受当前的对齐情况。

**Step 5 合并数据**

选择菜单栏【点】→【合并】，弹出“合并扫描”对话框，如图3-27所示。

## 相关知识

合并扫描命令用于将两个或两个以上的点云数据合并为一个整体，并自动执行点云减噪、采样、封装、生成可视化的多边形模型等操作。该命令多用于注册完成后的多块点云之间的合并。

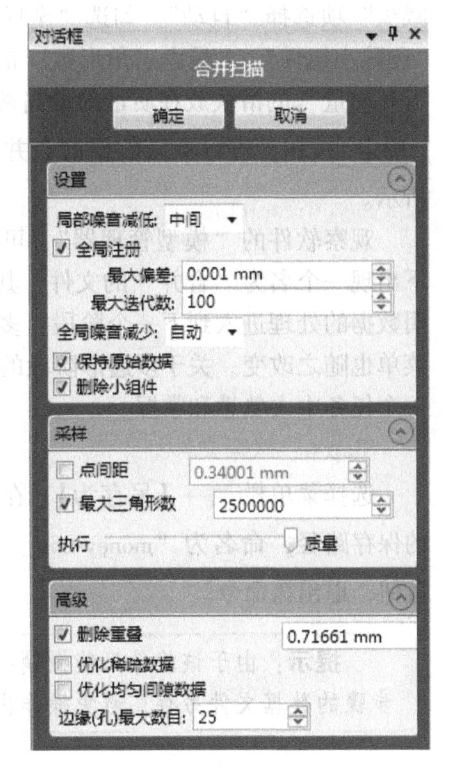


图 3-27　“合并扫描”对话框

对话框中部分选项说明如下：

(1)“设置”组　用于设置合并时各项的属性。

◇ 局部噪音减低：有四种减低方式（无、最小值、中间、最大值），确定局部噪音减少的程度。

◇ 全局注册：勾选此项时，在合并的过程中加入全局注册的效果。

◇ 最大偏差：指定被注册的模型相对应点间的最大偏差距离。

◇ 最大迭代数：此值的范围为 1 ~ 1000，指定在实现注册的过程中偏差点达到最大偏差时进行迭代计算的次数。

◇ 全局噪音减少：有五种选择分别为自动、无、最小值、中间、最大值，确定全局噪音减少的程度。可以根据实际情况选择。

◇ 保持原始数据：勾选该项时，系统将保留在对象模型管理器中的原始点云数据，否则将不予保留。

◇ 删除小组件：勾选该项时，系统将在合并的过程中，删除小组件数据。

(2)“采样”组　指定在合并过程中数据的采样方法和数据的减少程度，可以有效地降低数据量。

点间距：勾选此项，系统将按指定的点间距对点对象进行采样。

最大三角形数：勾选此项，系统将按指定的理想目标三角形的数量进行采样。

“执行—质量”滑动条：只有在基于目标三角形的数目进行采样时该滑动条上的滑块才可用。选择的执行质量越高，生成三角形的质量越高。可以根据实际情况进行选择。

(3) 高级组　展开该组，出现“删除重叠”、“优化稀疏数据”、“优化均匀间隙数据”三个复选项，以及一个“边缘（孔）最大数目”选择框。

删除重叠：勾选该项，系统将按给定的点间距删除重叠区域的数据点，以保留下最好的数据。

优化稀疏数据：勾选该项，系统将对稀疏区域的点云数据进行优化合并操作，但有可能将小孔填充上，产生不合适的效果。

优化均匀间隙数据：勾选该项，系统将在合并的过程中产生非常规则或类网格化的点云数据。

边缘（孔）最大数目：给定在合并数据的过程中系统能自动填充的最多孔数目。

在对储蓄罐的点云数据进行合并操作时，“局部噪音减低”项选择“中间”，“全局噪音减少”项选择“自动”。勾选“全局注册”、“保持原始数据”、“删除小组件”。“最大三角形数”的数目设置为500000，“执行—质量”的滑块放在质量的最高端。其他按照默认值。单击 确定 按钮，进行点云数据的合并。合并后的效果如图3-28所示。

图3-28　合并后的数据模型

观察软件的“模型管理器”，可以看到在该模型的管理树下出现一个名为“合并”的文件，其前面的图标对应为。说明数据的处理进入到下一个阶段：多边形阶段。此时，软件的菜单也随之改变。关于多边形阶段的数据处理技术我们将在下一个任务中去熟悉和掌握。

**Step 6　保存文件**

选择菜单栏→【另存为】，在弹出的对话框中选择合适的保存路径，命名为“money-box_ 合并 . wrp”，单击 保存 按钮，退出该命令。

> **提示**：由于该软件只能撤销一步操作，所以在数据处理过程中，最好将一些关键步骤的数据文件另存，避免操作出现差错时数据文件的缺失。

## 二、多边形阶段的数据处理

### 1. 多边形阶段主要功能及命令

Geomagic Studio软件中的多边形阶段是在扫描数据封装（合并）后进行的一系列技术处理，以得到一个完整的理想多边形数据模型，为多边形高级阶段的处理以及曲面的拟合打下基础。其主要思路及流程是：首先根据封装多边形数据利用网格医生自动进行修复处理进行流形操作，再进行填充孔处理；去除凸起或多余特征，将多边形用砂纸打磨光滑，对多边形模型进行松弛操作；然后修复相交区域，去除不规则三角形数据，编辑各处边界，进行创建或者拟合孔等技术操作。必要时还需要进行锐化处理，并将模型的基本几何形状拟合到平面或者圆柱，对边界延伸或投影到某一平面，还可以进行平面截面以得到规整的多边形模型。

多边形阶段的主要操作命令位于菜单栏【多边形】下，包含修补、平滑、填充孔、联合、边界等模块，如图3-29所示。

图3-29　多边形阶段的主要命令

### 2. 储蓄罐多边形阶段的数据处理

该阶段将通过网格医生、创建流形、填充孔、简化多边形、砂纸打磨、去除特征、编辑边界、松弛边界、松弛多边形、修复相交区域等基本操作实现多边形网格的规则化，使表面数据变得光滑平坦，并得到一些理想的边界曲线，为曲面拟合打基础。

本阶段用到的技术命令如下：

1)【多边形】→【简化多边形】。

2)【多边形】→【填充孔】。

3)【多边形】→【去除特征】。

4)【多边形】→【砂纸】。

5)【多边形】→【松弛多边形】。

6)【多边形】→【修复相交区域】。

7)【边界】→【松弛】。

8)【边界】→【编辑边界】。

9)【边界】→【创建/拟合孔】。

本实例数据处理的思路为：

补充模型缺失的数据，使模型完整 ⇒ 处理多边形表面，使三角形分布更光滑均匀 ⇒ 通过编辑得到光顺的出币口和投币口边界

**Step 1　打开 money-box_ 合并 . wrp 文件**

启动 Geomagic Studio 软件，选择菜单栏→【打开】命令或单击工具栏上的打开图标，系统弹出“打开文件”对话框，查找并选中 money-box_ 合并 . wrp 文件，然后单击 打开 按钮。在视窗中显示储蓄罐合并后的数据模型。

**Step 2　网格医生**

点云数据经过封装处理后，进入多边形阶段，直接生成的多边形通常不能满足使用要求，需要对多边形进行修补。多边形的修补模块包括网格医生、简化、裁剪、流形、重划网格等命令。

单击【多边形】→【网格医生】，系统弹出如图 3-30 所示的“网格医生”对话框。在该对话框中，给出了模型自相交、钉状物、小组件、小孔等的分析结果。此时，视图中的模型，将用红色显示被选择的自相交、小组件、钉状物等部分数据，用绿色显示小孔边界，如图 3-31 所示。单击 应用 按钮，系统将使用网格医生自动修复被选的数据，并填充好小孔。图 3-32 所示为利用网格医生修复好的数据模型。单击 确定 按钮，退出该对

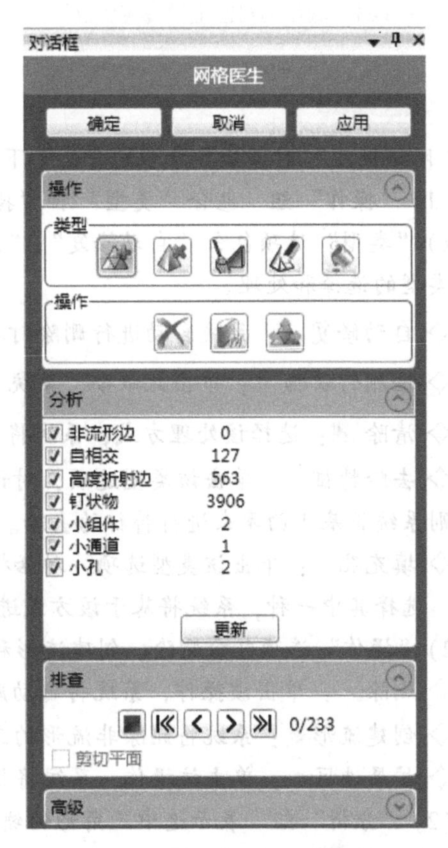


图 3-30　“网格医生”对话框

3 PROJECT

话框。

图3-31　利用网格医生检查模型数据

图3-32　利用网格医生修复后的模型数据

相关知识

“网格医生”对话框各命令的含义如下：

(1)“操作”组　包含“类型”和“操作”选项。

1)“类型”选项包含“自动修复”、“删除钉状物”、“清除”、“去除特征”、“填充孔”几种类型的选择和处理。

◇ 自动修复：系统自动进行删除钉状物、清除、去除特征、填充孔的操作。

◇ 检测钉状物：单击此命令，系统自动检测出钉状物。

◇ 清除：选择该处理方式，系统将删除一部分自相交、高度折射边和钉状物等。

◇ 去除特征：单击该类型选项，对话框中将出现“基于曲率”复选项。如果勾选该项，则系统将基于曲率来进行特征的去除。

◇ 填充孔：单击该类型选项，对话框中出现“填充孔”的三种方式，即曲率、切线、平面。选择其中一种，系统将基于该方式进行缺失部分数据的填充。

2)“操作”选项包含删除、创建流形和扩展选区的操作

◇ 删除：单击该操作，系统将自动删除所选择的类型。

◇ 创建流形：系统将删除非流形的三角形。

◇ 扩展选区：单击该操作，系统将扩展所选定的区域。

(2)“分析”组　表示选中三角形的错误的类型和数目，如自相交、钉状物等。

(3)“排查”组　通过左右箭头，逐个显示有问题的三角形。

(4)“高级”组　可以选择是否自动运行操作、动态更新、完成后清除被选择的项，可

以定义最大的小组件尺寸、小隧道最大尺寸、钉状物的敏感度、扩展区域层数。

**提示**：采用“网格医生”，让系统自动进行检查和修复，将极大地提高数据处理的效率和质量。

**Step 3 创建流形**

该命令的目的是为了删除模型上一些非流形的三角形。选择菜单栏【多边形】→【流形】→【开流形】。

**相关知识**

这一命令极其重要，一般在多边形阶段执行。首先要创建流形，否则在后续处理中会由于存在非流形的三角形而无法往下处理。

创建流形有两种模式：一是开流形，二是闭流形。

当多边形模型是片状而不封闭时，可以创建一个打开的流形。执行【多边形】→【流形】→【开流形】命令，系统为模型创建一个打开的流形，并且从开放的对象（自由曲面为主的开放性载体）中删除非流形的三角形。

当多边形模型是封闭时，可以创建一个封闭的流形。执行【多边形】→【流形】→【闭流形】命令，系统为模型创建一个封闭的流形，即从封闭的对象中（封闭体）删除非流形三角形。

**提示**：在开放的流形对象上，如果进行封闭流形操作，所有的三角形均会被视为非流形，并且整个对象都会被删除。

**Step 4 填充孔**

执行【多边形】→【填充单个孔】命令。只有单击【填充单个孔】命令后，填充方式和填充方法的工具栏才会被激活。

**相关知识**

该命令有三种填充方式：曲率、切线、平面。

◇ 曲率：执行该命令，填充时将主要考虑匹配周围的曲率，并根据曲率的过渡进行填充。

◇ 切线：单击该图标，填充时将主要考虑与周围的切线匹配，并根据切线的过渡进行填充。

◇ 平面：单击该图标，填充时将主要用平面特性进行填充。

该命令另外有三种填充方法：完整孔、边界孔、搭桥。

✓ 完整孔：单击该图标，系统将用填充内孔的模式，用来填充由完整的封闭边界线构成的孔。

✓ 边界孔：单击该图标，系统将填充部分孔，包括边界缺口或圆周孔的一部分。操作时，首先指定第一个点，然后指定第二个点，软件将显示填充的边界（以红色线显示），最后左击红色边界线所围的区域，完成不完整孔的填充。

✓ 搭桥：单击该图标，指定一个通过孔的桥梁。该方法通过生成跨越孔的桥梁将长窄孔分割成多个更小的孔，以便准确地进行填充。操作时，只需在孔边缘上单击一点，将其拖至孔边缘的另一点，然后松开以创建桥梁的一端。重复操作以建立桥梁的另一端。如此即可生成桥。

操作时，单击"基于曲率"和"填充内部孔"图标，对储蓄罐缺失部分的数据分别进行填充。在填充的过程中，可借助上下箭头‹ ›进行孔之间的切换和浏览。当所显示的孔的边界不光滑或出现重叠时，需要退出该填充孔的命令，利用选择工具对该孔区域的数据进行删除，获得光滑的边界后，再进行填充孔，如图3-33所示。

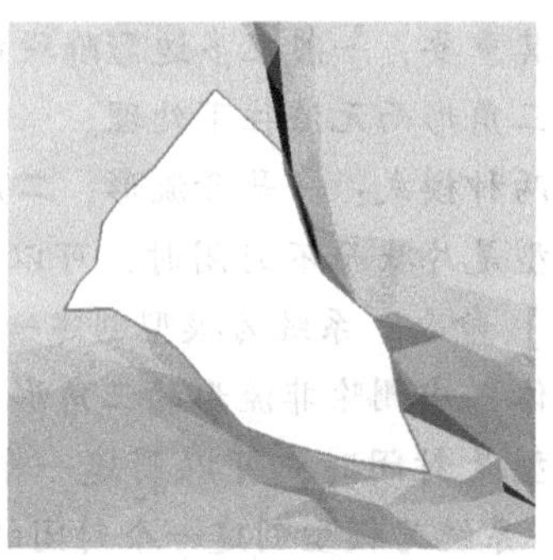

图3-33　对孔边界的处理

另外，在填充的过程中，可以借助模型信息获知所要填充的孔数。

如果原模型具有孔的特征，那么在填充孔数据的过程中，需要保留该特征。但是这部分数据一般需要进行边界数据的填充。单击"基于曲率"和"边界孔"图标，对边界部分数据进行填充。图3-34所示为边界填充前后的情况。

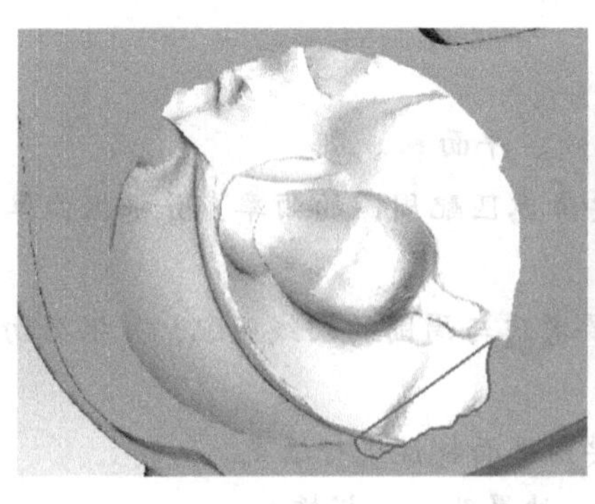
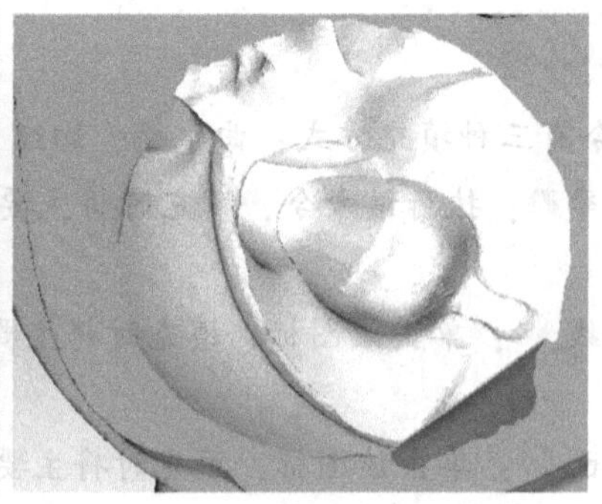

图3-34　边界填充前后的边界模型

对于图3-35a所示的缺失数据，由于该缺失区域窄长，因此采用搭桥的填充方式。单击"基于曲率"和"搭桥"图标，在该区域上选择对边进行搭桥，桥接后的原区域被分成两部分，如图3-35b所示。这两部分缺失数据通过"基于曲率"和"边界孔"完成填充，如图 3-35c 所示。

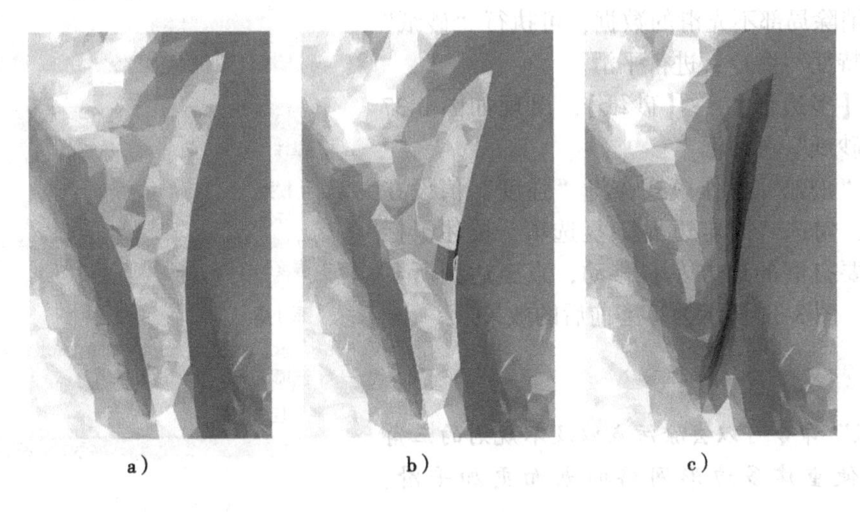


图 3-35　搭桥填充

经过填充孔处理后的数据模型，只留有 2 个孔，即投币口和出币口。这是原模型特征，必须保留的孔。图 3-36 所示为从两个视图角度显示填充后的数据模型。

图 3-36　缺失数据填充孔后的模型

提示：一般在填充时，选择基于"曲率"的填充方式，以保证填充后的模型能够恢复原来的局部特征。

对于模型上原有的特征孔要予以保留，不可盲目地进行全部填充。

对于比较规则的完整孔，可以通过设置孔边界长度的尺寸值，采用一次全部填充的方法进行填充，以提高数据处理效率。

**Step 5　砂纸打磨和去除特征**

为了消除局部不光滑的数据，可执行“砂纸”和“去除特征”命令，进行平滑。

单击【多边形】→【砂纸】，出现如图3-37所示的“砂纸”对话框。

选择“松弛”操作模式，将“强度”值设在中间位置，勾选“固定边界”复选项，按住鼠标左键在需要打磨的地方左右移动，直至达到所要求的效果。图3-38所示为打磨前后的效果。

图3-37　“砂纸”对话框

**相关知识**

“砂纸”命令可以去除污点以及不规则的三角形网格，使重建多边形网格的表面更加平滑、规整。

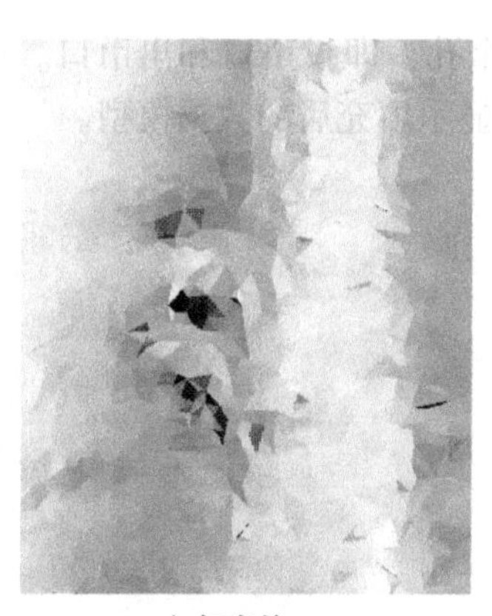

a）打磨前

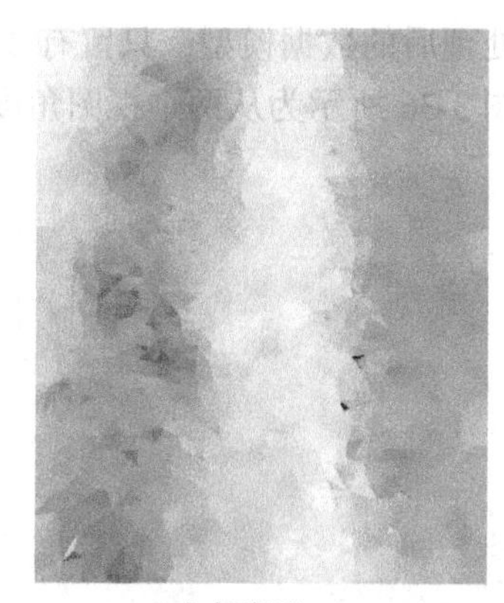

b）打磨后

图3-38　砂纸使用效果

“砂纸”对话框中包含操作和强度及选项几部分。

1）操作　包含“松弛”和“快速光顺”两个单选项。

◇“松弛”单选项：选择该项，可以光顺所影响区域的三角形，但不减少三角形的数目。

◇“快速光顺”单选项：选择该项，可以删除现有的三角形，构建一个更加平滑、规整的多边形区域。

2）强度　用于设置打磨的程度，值越大，特征去除越明显，但是表面特征的失真也会越明显。一般强度值选为适中即可。

3）选项　固定边界选项确保在打磨过程中保持边界数据不变。

> **提示**：利用砂纸打磨时，“强度”值最好设定为中间值，防止打磨强度过大，出现局部严重变形。

“去除特征”命令用于删除模型中不规则的三角形区域，并且插入一个更有秩序且与周边三角形连接更好的多边形网格。

执行“去除特征”命令前，首先要利用选择工具，手动选取需要去除特征的区域，再单击【多边形】→【去除特征】。图 3-39 所示为去除特征前后的效果对比图。

> **提示**：操作前一定要适当选取需要去除特征的三角形区域，选取范围不可过大，因为可能存在非常不理想的三角形，导致操作无法正常进行。因此建议采用多次选取、多次去除的方法。

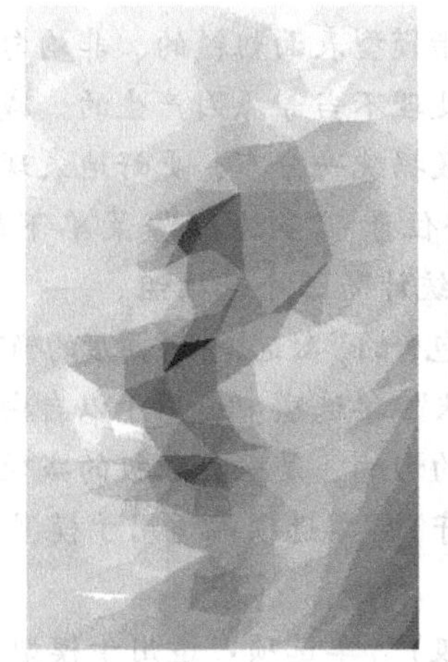

图 3-39　去除局部特征前后效果

### Step 6　减少噪音

单击“多边形”和图标，执行减少噪音操作，弹出如图 3-40 所示的对话框。选择“参数”中“自由曲面形状”单选项，将平滑度水平滑块放在四分之一处，单击 应用 按钮。展开“显示偏差”，用不同的颜色段显示减少噪音的偏差值。在“统计”组内显示“最大距离”、“平均距离”和“标准偏差”的数值。在视图窗口显示模型的偏差分布，如图 3-41 所示。

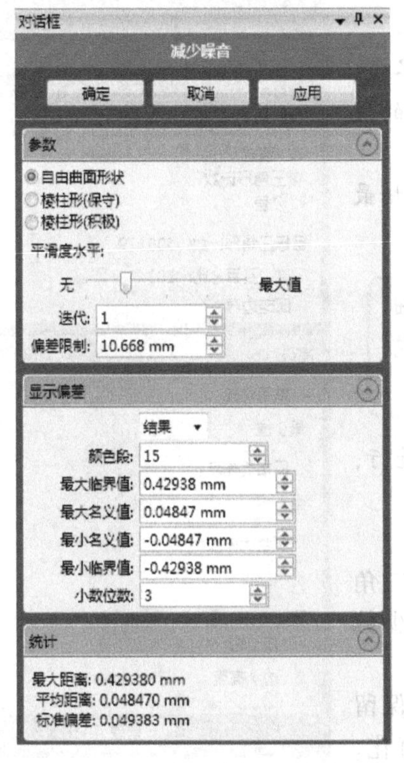


图 3-40　“减少噪音”对话框

图 3-41　减少噪音后的偏差分布图

3 PROJECT

## 相关知识

所谓的噪音点是指模型表面粗糙的、非均匀的外表点云，主要是由扫描过程中扫描仪轻微抖动、物体表面预处理不当等原因产生的。减噪处理可以使数据平滑，以降低模型的这些偏差点的偏差值，使数据统一分布，更好地表现真实的物体形状。

“减少噪音”命令位于“多边形”菜单下的“平滑”模块中。该对话框中包含“参数”、“显示偏差”、“统计”三个选项组。

(1)“参数”组　包含的参数选择和平滑度的确定，需要根据数据对象的实际形状特征来选取。

◇“自由曲面形状”单选项：适用于以自由曲面为主的模型，选择这种方式可以减少噪音点对模型表面曲率的影响，是一种积极的减噪方式，但点的偏差会比较大。

◇“棱柱形（保守）”单选项：适用于模型中有锐利边角的模型，可以使尖角特征得到很好的保持。

◇“棱柱形（积极）”单选项：适用于模型中有锐利边角的模型，可以很好地保持尖角特征，是一种积极的减噪方式。相对于“棱柱形（保守）”方式，点的偏移值会小一些。

◇“平滑度水平”滑块：根据实际模型对平滑度的要求，灵活地选择平滑级别的大小，平滑级别越高，处理后的点云数据越平直，但这样会使模型有些失真，一般选择比较低的设置。

◇“迭代”组合框：可以控制模型的平滑度，选择迭代次数。如果处理效果不理想，可以适当增加迭代的次数。

◇“偏差限制”组合框：用于设置噪音点的最大偏移值。偏差限制值根据实际情况而定，也可由自己的经验设定，一般可以设在0.5mm以内。

(2)“显示偏差”组　包含颜色段、最大临界值、最大名义值、最小名义值、最小临界值及小数位数的设定，用不同的颜色显示偏差的分布。

(3)“统计”组　显示噪音减少后的结果，包括最大距离、平均距离和标准偏差。

> **提示：** 如果物体原特征中包含锐边或一些细小的特征，则需要选择“棱柱形（保守）”或“棱柱形（积极）”参数。

“减少噪音”操作最好在“简化”操作之前进行，因为该操作对大量数据的处理特别有用。

### Step 7　简化多边形

通过上述一系列操作后，现模型由500129个三角形构成。对于该模型来讲，数据量较大，需要减少数据，以提高数据处理的速度和效率。

选择【多边形】→【简化】命令，可实现在保留表面特征和颜色的前提下对多边形进行数量简化。图3-42所示为“简化”对话框。

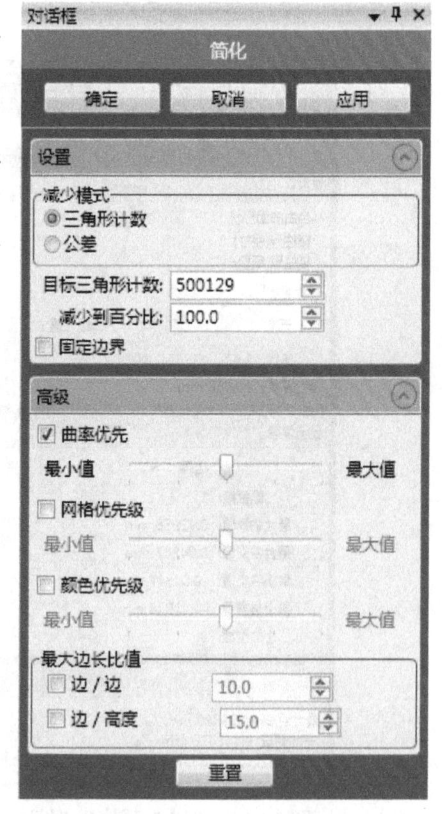

图3-42　“简化”对话框

3 PROJECT

该命令包含“设置”和“高级”两项属性。

(1) 设置 有两种减少模式，一是基于三角形计数来减少，二是基于公差的限制对三角形进行移动和合并。

◇“三角形计数”单选项：选择该项，通过设定“目标三角形计数”和“减少到百分比”来减少三角形的数目。

◇“公差”单选项：选择该项，系统将按照所设定的公差数值来减少三角形数目的。

◇“固定边界”复选项：勾选该项，在简化过程中软件将尽量保持原有的多边形边界。

(2) 高级 用于设置简化时的优先级。有三种模式：曲率优先、网格优先级、颜色优先级。

◇“曲率优先”复选项：在减少数据的过程中将首先考虑曲率的光滑过渡，在高曲率区域会尽可能保留多的三角形。可通过滑块数值的设定确定优先度。

◇“网格优先级”复选项：勾选该项，则要求在简化时尽可能均布网格。可通过滑块数值的设定确定优先度。

◇“颜色优先级”复选项：勾选该项，则要求在简化时尽可能均布颜色。

另外，在【高级】中还可以通过“边/边”、“边/高度”来设置三角形的最大边长比值。

在此，选择基于“三角形计数”的减少模式，勾选“固定边界”，设置“减少到百分比”为75%，并勾选“曲率优先”复选项，单击 应用 按钮。在视图窗口的左下角可以看到模型的三角形数量已经减少为375095。

> **提示**：该命令在模型数据量比较大时尤为重要。

简化时勾选“曲率优先”复选项，能够保证简化之后，模型的特征与原模型基本保持一致，防止变形。

简化程度不要太大，防止模型失真变形。

**Step 8 编辑边界**

单击“多边形”菜单栏，在出现的边界模块中，单击修改，在其下拉菜单中单击“编辑边界”命令，弹出如图3-43所示的对话框。先采用“部分边界”来定义，在投币口的边界上选取两个点，如图3-44所示，再选取中间需要编辑的部分。修改控制点数为6，然后单击 执行 按钮，执行后的边界如图3-45所示。可以看到边界变得平滑了。

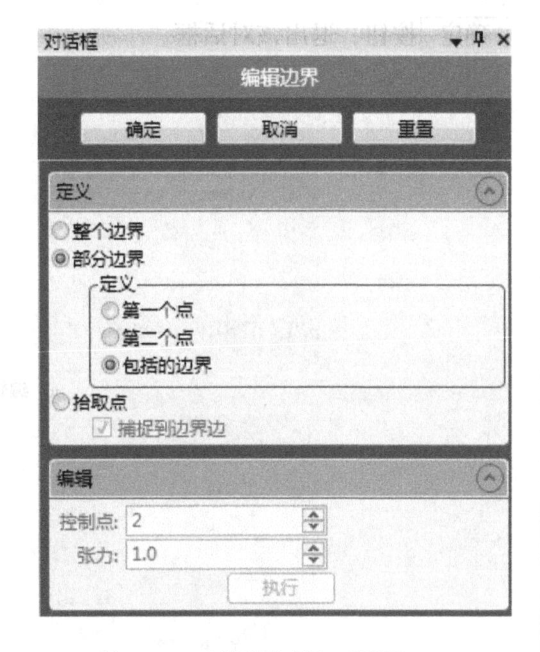


图3-43 “编辑边界”对话框

图3-44　部分边界的点拾取

图3-45　编辑后的部分边界

在该对话框上选择“整个边界”，在视图窗口单击投币口边界，修改控制点为80，然后单击 执行 按钮。执行前后的边界效果如图3-46所示，整个边界也变得较为平滑了。单击 确定 按钮，退出该对话框。

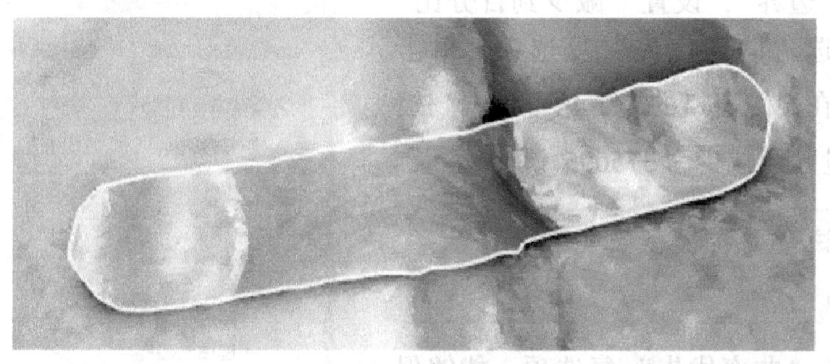
a）编辑前的边界

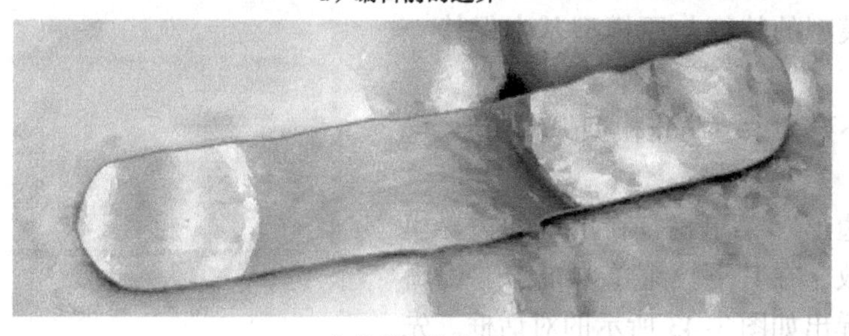
b）编辑后的边界

图3-46　整个边界的编辑效果

“编辑边界”对话框中各项说明如下：

(1)“定义”组　用于定义选择边界的方法。选择方法有三种：

◇“整个边界”单选项：选中该项，操作时通过直接选中需要编辑的边界，输入控制点个数和张力的大小，即可使边界变得顺滑。

◇“部分边界”单选项：选中该项，通过选择两个点和两点之间的线段来选中需要编辑的边界，然后输入控制点个数和张力大小使局部边界变得顺滑。

◇“拾取点”单选项：通过拾取多个控制点来确定一个理想的边界。

(2)“编辑”组 通过设置控制点数和张力来编辑边界。

◇“控制点”组合框：设置边界控制点的数目。控制点数越多，越接近原形状。

◇“张力”组合框：设置张力大小。张力越大，边界越平直。

由于在扫描储蓄罐的过程中，所获得的出币口的底面数据，包括出币口的边界，都不是很好，因此，首先提取底面孔的特征，通过一个特征平面将底面部分的数据裁剪掉，然后利用边界的投影操作延伸边界，并将该截面线封闭，形成一个平整的底面。最后利用孔特征裁剪底边，形成一个规整的孔，作为出币口。

此种数据处理方法较适用于对逆向设计要求不高的物体。

**Step 9 创建平面**

为了修剪模型，需要先给模型定义一个平面。单击“特征”菜单栏，选择平面工具栏，在弹出的下拉菜单中选择“最佳拟合”，即弹出利用最佳拟合创建平面的对话框，如图 3-47 所示。

选取底面的数据（以红色显示），如图 3-48 所示。单击 应用 按钮，创建如图 3-49 所示的平面 1。

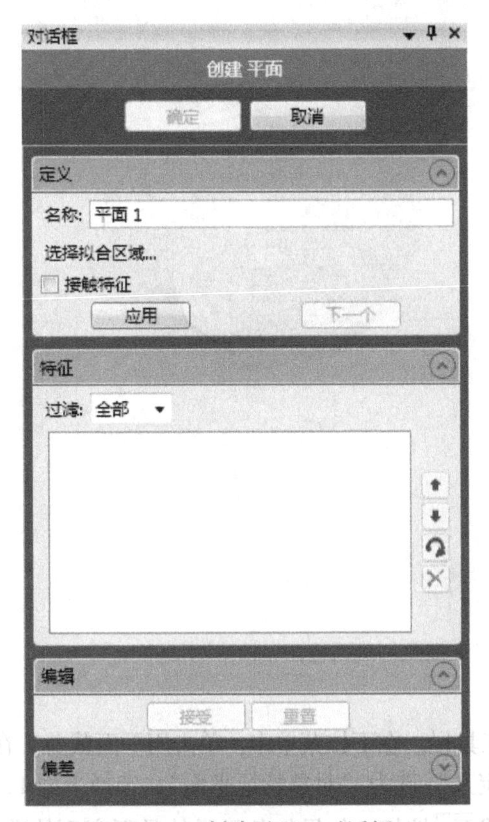

图 3-47 “创建平面”对话框

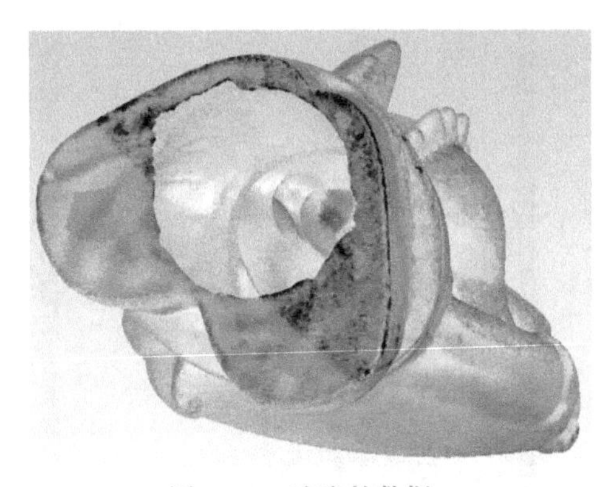
图 3-48 选取的数据

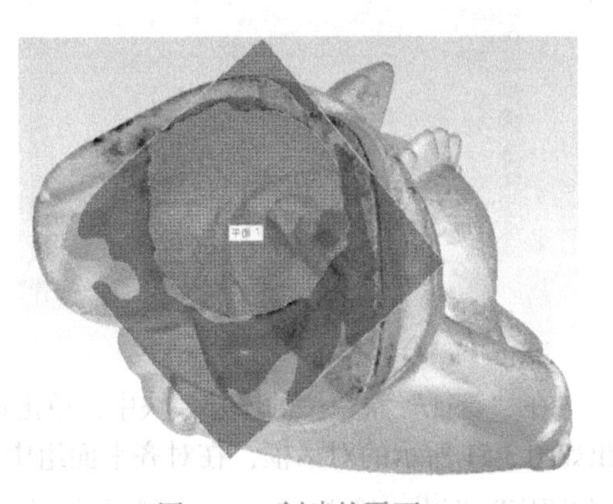
图 3-49 创建的平面

在“创建平面”对话框中，将在“编辑”框中给出平面1的参数，包括中心点、平面法线、主矢等信息。

单击 确定 按钮，退出该对话框。

> **提示：**在采用“最佳拟合”创建平面时，所选取的区域点原来的平面性要好。

另外，对于该模型，为了创建一个能代表底面的拟合平面，要选取几个不同区域的点。

**Step 10　创建圆特征**

为了保留底面圆的特征，在裁剪底面前，先将圆的特征提取。单击“特征”菜单栏，选择圆工具栏，在弹出的下拉菜单中选择“实际边界”，即弹出按照实际边界创建圆的对话框，如图3-50所示，单击圆的边界，在“编辑”组中显示圆的参数，如中心点、法线、直径等，将圆的直径改成实际的大小，输入40mm，回车，然后单击 接受 按钮，单击 确定 按钮，创建如图3-50所示的圆1特征。

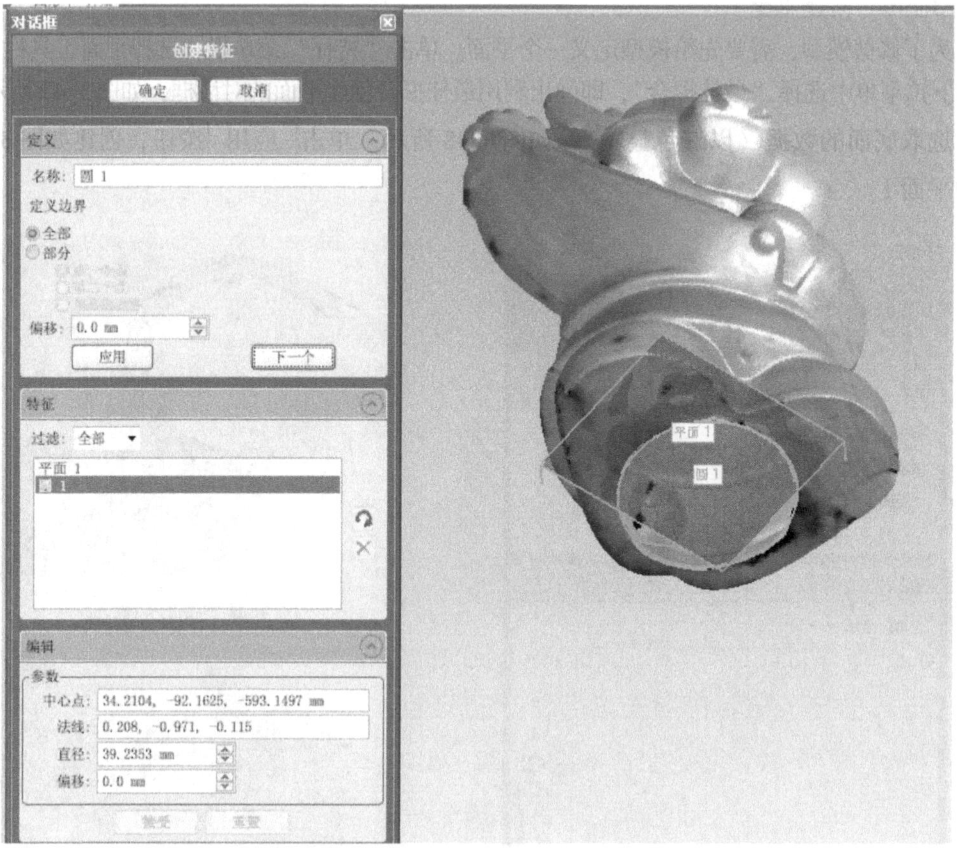

图3-50　“创建特征”对话框及创建圆特征

**Step 11　裁剪**

在“特征”菜单栏的修补模块中，单击裁剪工具栏。在下拉菜单中，单击用平面裁剪。在弹出如图3-51所示的对话框，在对齐平面组中，“定义”选为“对象特征平面”，选择平面1，在“位置度”框中，输入 -1.0mm，然后单击 平面截面 按钮。如果红色显示的是下底面的数据，则勾选“创建边界”复选项，单击 删除所选择的 按钮，此时模型的底面被裁减掉。单击 确定 按钮，退出该对话框。裁剪后的模型如图 3-52 所示。

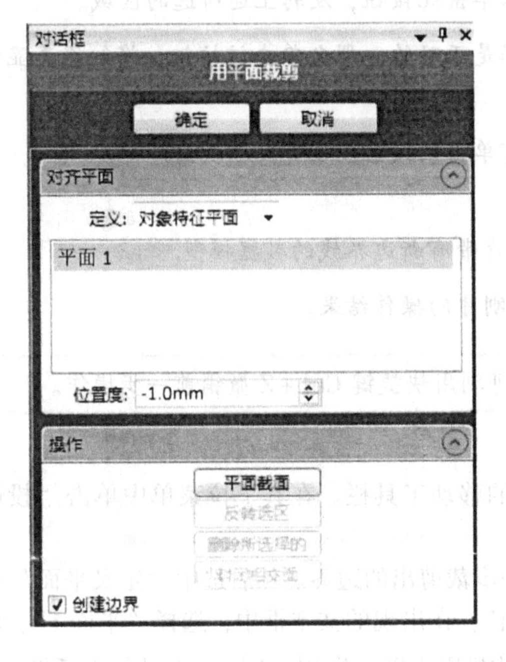


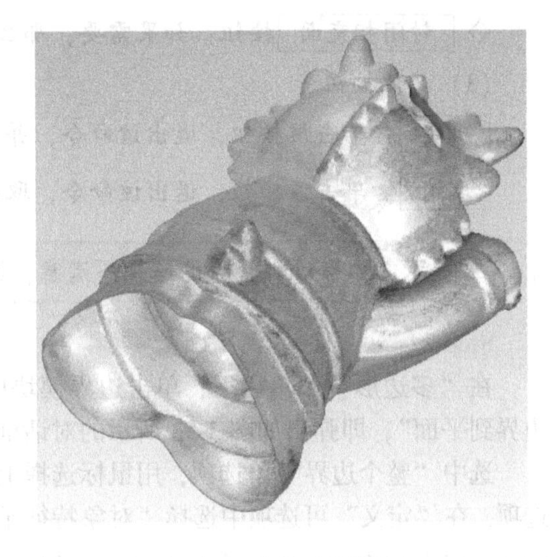

图 3-51 “用平面裁剪”对话框

图 3-52 裁剪后的模型

## 相关知识

用平面裁剪可以裁剪掉在平面一侧的所有多边形，并且可以有选择地利用所裁剪出的截面线，构建一个有界平面。该对话框包含“对齐平面”组和“操作”组。

(1)“对齐平面”组 用于确定一个裁剪面。

◇“定义”组合框：选择用于裁剪的平面类型。如果所选择的平面（例如系统平面或特征平面），不存在的话，可以通过绘制一条直线，或选择一个边界，选择三个点，构建平面。定义的平面包括以下几项：

✓ 坐标系：如果从“定义”组合框中选择的平面为“系统平面”，则可以所要的全局坐标系的平面进行裁剪。

✓ 平面：可选择 *XY* 平面、*YZ* 平面或 *XZ* 平面。

✓ 旋转 *X*（度）：如果需要，那么可以将上述所选择的平面绕 *X* 轴进行旋转，以获得新的裁剪平面。

✓ 旋转 *Y*（度）：如果需要，那么可以将上述所选择的平面绕 *Y* 轴进行旋转，以获得新的裁剪平面。

◇“位置度”组合框：设定裁剪平面偏置所构建平面的法向距离，即沿裁剪平面的法线方向（正方向或负方向）偏置。

(2)“操作”组 用上述产生的平面去裁剪数据模型，构建新的有界平面。

◇“创建边界”复选项：勾选此项，则在裁剪的过程中产生一条边界。

◇ 平面截面 按钮：利用选择的裁剪平面，将模型分为两部分。一侧被选上的用红色显示，另一侧数据保持原来的颜色。

◇ 反转选区 按钮：如果需要，那么可以单击此按钮，反转上述所选的区域。

◇ 删除所选择的 按钮：如果选择的数据是正确的，那么单击该按钮，将红色亮显的数据删除掉。

◇ 封闭相交面 按钮：如果需要，那么可单击该按钮，创建一个截面。

（3）其他按钮

确定：单击该按钮，退出该命令，并保存带有新边界线的数据模型。

取消：单击该按钮，退出该命令，取消刚才的操作结果。

**提示**：如果对所删除的结果不满意，则可利用快捷键 Ctrl + Z 撤销前一步操作。

**Step 12　投影边界到平面**

在“多边形”菜单栏下，单击边界模块中的移动工具栏。在其下拉菜单中单击“投影边界到平面”，即弹出如图3-53所示的对话框。

选中“整个边界”单选项，用鼠标选择上一步裁剪出的边界。然后选中“定义平面”单选项，在“定义”可选项中选择“对象特征平面”，在出现的文本框中，选择“平面1”。设定“位置度”为0.5mm，单击 应用 按钮，生成投影边界。单击 确定，退出该对话框。

**Step 13　裁减并封闭底面**

利用平面裁剪命令，裁减掉延伸多余的数据。

选择平面1作为裁剪平面，定义位置度为0，单击 平面截面 按钮。如果红色显示的是下底面的数据，则勾选创建边界复选项，单击 删除所选择的 按钮。然后再单击 封闭相交面 按钮。这样就可创建一个新底面，如图3-54所示。可以看到，所封闭的模型可以满足要求。

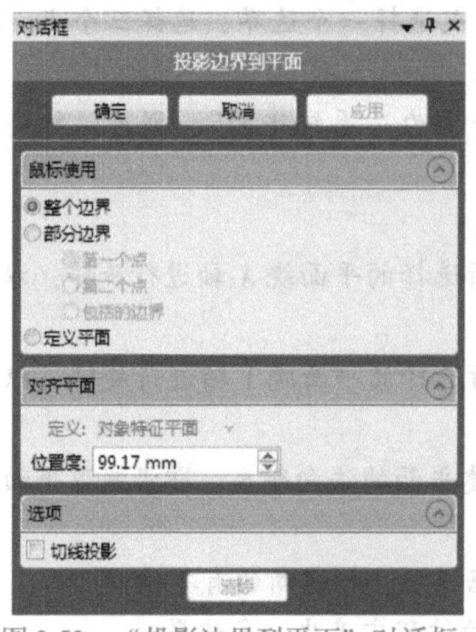


图3-53　“投影边界到平面”对话框

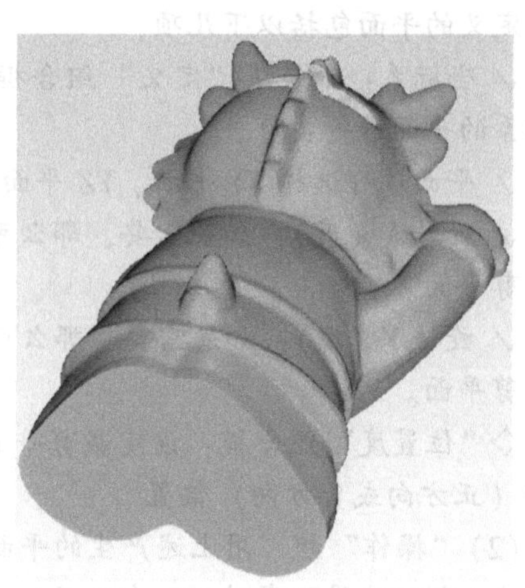

图3-54　裁剪边界并封闭的模型

**Step 14 创建出币口**

在“特征”菜单的“编辑”子菜单栏下，单击修改网格工具条下的剪切，弹出“按特征剪切”对话框，如图3-55所示，选择“圆1”特征，单击 应用 按钮，剪切结果如图3-56所示。

图3-55 “按特征剪切”对话框

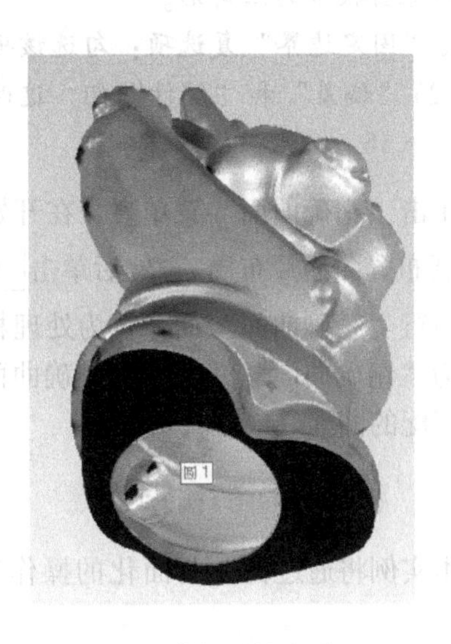

图3-56 剪切后的出币口

**Step 15 松弛多边形**

在“多边形”菜单栏下，单击平滑模块中的松弛指令。该命令用于调整选定三角形的抗皱夹角，使三角形网格更加平坦和光滑。在弹出的图3-57所示的对话框中，将“平滑级别”滑块移至为中间位置，“强度”滑块靠近左边位置，“曲率优先”同样移至在靠近左边位置。单击 应用 按钮，可以看到模型比以前光滑了。

> **提示**：为观察松弛前后的对比效果，可以提前在模型管理器中勾选“边”选项来进行对比。

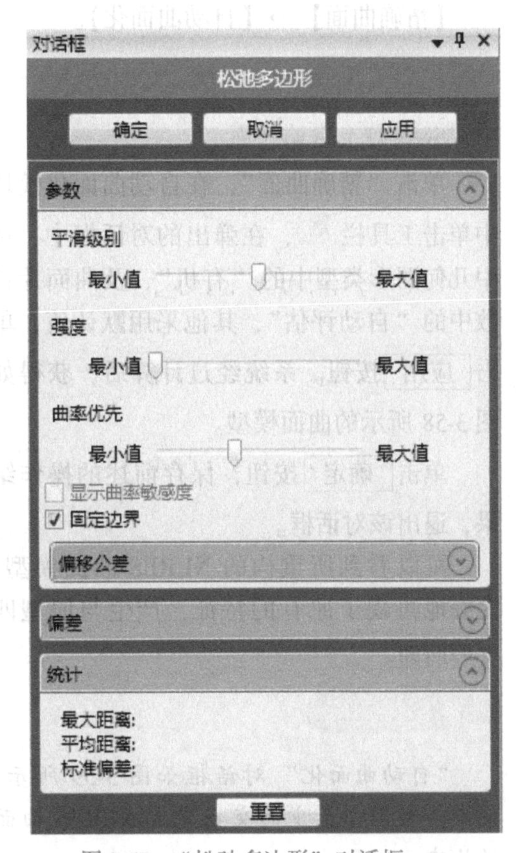


图3-57 “松弛多边形”对话框

**相关知识**

“松弛多边形”对话框中部分选项说明如下：

（1）“参数”组 用于设定松弛时的相关参数。

◇“平滑级别” 用于设置松弛之后多边形表面的平滑程度，一般不可以调到最大值，以防止多边形特征失真。

◇“强度”：设置松弛的程度。

◇“曲率优先”：在松弛数据的过程中，将首先考虑曲率的光滑过渡，在高曲率区域会尽可能保留较多的三角形。

◇“固定边界”复选项：勾选该项，使模型边界不会发生较大的变形。

(2)“偏差”和“统计”组　这两组中各参数的意义在其他命令中已讲述，不再重复。

**Step 16　进入精确曲面构建**

单击“精确曲面”菜单栏，在开始模块中单击工具栏［精确曲面］，在弹出的对话框中，确保选中“新布置曲面片布局”，然后单击 确定 按钮。模型将进入曲面构建阶段。

执行“精确曲面”命令，为处理精确曲面准备一个多边形对象。它将“多边形对象”转化为“精确曲面”并激活“精确曲面”选项的其他部分。该流程可产生与所创建的对象完全匹配的曲面。

## 三、精确曲面的自动构建

本实例将通过自动曲面化的操作实现模型的曲面重构，得到满足要求的 NURBS 曲面模型。

涉及的操作为：

【精确曲面】→【自动曲面化】。

**操作步骤**

**Step 17　自动曲面**

单击“精确曲面”，在自动曲面化模块中单击工具栏［自动曲面化］，在弹出的对话框中，选中几何图形类型中的“有机”，及曲面片计数中的“自动评估”，其他采用默认值，单击 应用 按钮。系统经过计算后，获得如图 3-58 所示的曲面模型。

单击 确定 按钮，保存前述的操作结果，退出该对话框。

可以看到所重构的 NURBS 曲面模型，完好地再现了原有的特征，产生与原型匹配的曲面。

图 3-58　自动曲面化后构建的曲面模型

**相关知识**

“自动曲面化”对话框如图 3-59 所示。该命令可以以最少的交互完成 NURBS 曲面的构建。

(1)“几何图形类型”组—该组有两个选择。

◇“机械”单选项：适用于用 CAD 设计的原形。选中该项，所产生的 NURBS 曲面注重于过渡区域的精度。如果模型上有投影曲线，那么采用该命令时，这些投影曲线将被认为是“预定义的轮廓线”。

◇“有机”单选项：适用浮雕类原型。选中该项，所产生的 NURBS 曲面模型注重形状的精度。

(2)“曲面片计数”组　用于控制所产生的 NURBS 曲面片的个数。

◇“自动评估”：选中该单选项，软件计算给出适当数量的曲面片。

◇“指定”单选项：选中该项，可以在“目标曲面片计数”文本框中输入数字，规定所构建的目标曲面片的数目。

(3)“曲面细节”组　利用滑块在滑动条上的位置来控制 NURBS 曲面的分辨率，从最小到最大有 7 个等级。

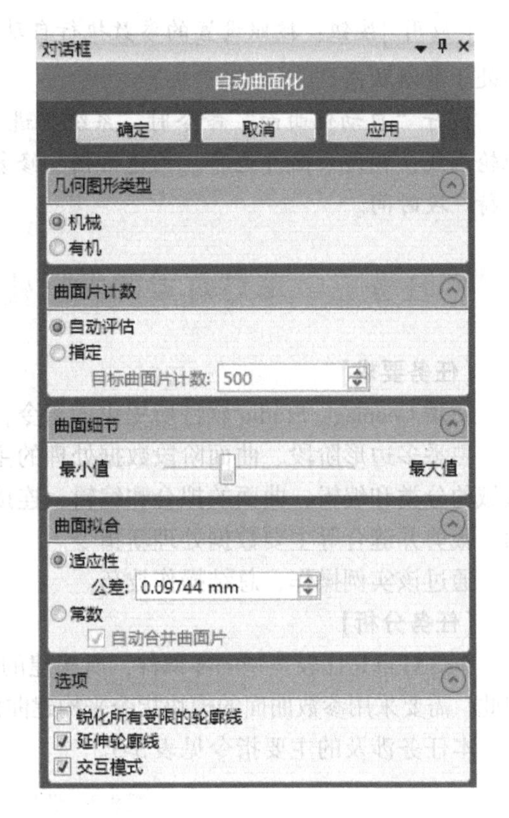


图 3-59　“自动曲面化”对话框

(4)“曲面拟合”组　指定拟合技术。

◇“适应性”单选项：选中该项，软件根据模型特性，自动产生优选的 $(m \times n)$ 个 NURBS 控制点数。

◇“公差”组合框：用于规定所产生的 NURBS 曲面与原多边形网格间的最大偏差值。

◇“常数”单选项：选中该项，则建立 $(m \times m)$ 个 NURBS 曲面控制点数。

◇“自动合并曲面片”复选项：当“常数”单选项被选中，该复选项被激活。可能时通过合并使生成的 NURBS 曲面片的数量最小。

(5)“选项”组　包括三个选项。

◇“锐化所有受限的轮廓线”复选项：勾选此项，则在曲面化的过程中，用户可以指定自定义的轮廓线(用橙色表示)。

◇“延伸轮廓线”复选项：当几何图形类型选为“机械”时，在自动曲面化的过程中，可指定橙色的轮廓线(尖锐轮廓线)和黄色的轮廓线(可延伸的轮廓线)，黄色的轮廓线可被延伸以形成曲面片的边界，这样可以提高所生成 NURBS 曲面倒角处的精度。

◇“交互模式”复选项：勾选此项，在自动曲面化的过程中，在需要的时候，可以暂停该操作，进行曲面片的修补。

(6) 其他按钮

确定 按钮：保存模型数据，并退出该对话框。

取消 按钮：终止该命令，但不保存自动曲面化后的数据模型。

应用 按钮：按照设置的参数执行自动曲面化命令，此时应保持“自动曲面化”对话框处于激活状态。

执行“自动化曲面”命令时，系统将进行多项数据处理，包括合并、计算轮廓线、松弛轮廓线、构造曲面片边界、构建格栅、修复相交区域、构造 NURBS 曲面片等，此时需要等待一段时间。

## 任务三　车灯灯罩的数据处理及数模重构

**【任务要求】**

使用 Geomagic Studio 软件所提供的指令，完成车灯灯罩扫描数据的处理。通过完成该任务，熟悉多边形阶段、曲面阶段数据处理的主要指令及流程，重点掌握轮廓线探测及编辑，区域的分类和编辑，曲面的拟合和编辑，连接部分的拟合，分类和编辑，偏差分析，修复曲面，裁剪并缝合等主要数据处理新指令。

通过该实例操作，总结操作技巧。

**【任务分析】**

车灯灯罩是比较典型的零部件，所构建的曲面不仅要求光滑，而且要满足实际生产工艺。因此，需要采用参数曲面的模块指令来构建曲面，使每个曲面片都符合设计和工艺要求。

本任务涉及的主要指令见表 3-3。

表 3-3　任务三采用的主要指令

| 阶　段 | 主 要 指 令 |
| --- | --- |
| 多边形 | 曲线裁剪、平面裁剪、网格医生 |
| 参数曲面 | 轮廓线探测、轮廓线编辑、区域分类、区域编辑、曲面拟合、曲面编辑、拟合连接、分类连接、编辑连接、偏差分析、修复曲面、裁剪并缝合 |

### 一、多边形阶段的数据处理

3-4

本任务中车灯灯罩的数据是通过手持式激光扫描仪获得的，扫描保存后的数据通常为三角面片式的 STL 格式。因此，本任务直接从多边形阶段的数据处理开始叙述。

该阶段将通过裁剪、填充孔、简化多边形、网格医生、去除特征等基本操作实现多边形网格的规则化，使表面数据变得光滑平坦，为参数曲面的拟合打好基础。

本阶段用到的主要技术命令如下：

1）【多边形】→【裁剪】→【用曲线裁剪】。

2）【多边形】→【裁剪】→【用平面裁剪】。

3）【多边形】→【去除特征】。

4）【多边形】→【填充孔】。

5）【多边形】→【网格医生】。

6）【多边形】→【松弛多边形】。

7）【多边形】→【简化】。

8）【参数曲面】→【参数曲面】。

本阶段数据处理的思路为：

裁剪数据，删除多余的数据 ⟹ 处理多边形表面，使数据更光滑均匀 ⟹ 填补缺失的数据 ⟹ 简化数据 ⟹ 进入曲面阶段

## 主要步骤

**Step 1　打开文件**

启动 Geomagic Studio 软件，选择菜单栏 → “打开”命令或单击工具栏上的“打开”图标，系统弹出“打开文件”对话框，查找并选中 Lamp. stl 文件，然后单击 打开 按钮。在弹出的“单位”对话框（图 3-60）中，选择数据指定单位为“毫米”，然后单击 确定 按钮。在软件的视图窗口显示数据模型的同时，弹出一个警示窗口（图 3-61），询问是否想使用网格医生命令来分析和修复多边形网格。对于本实例，单击 否 按钮。

图 3-60　“单位”对话框

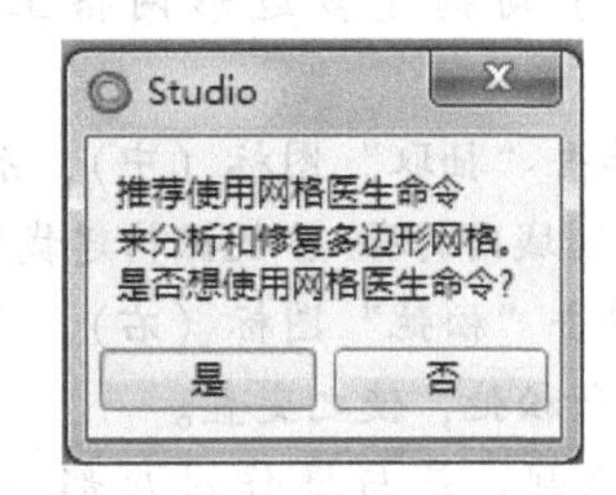


图 3-61　“是否使用网格医生”对话框

将鼠标置于视图窗口，按住鼠标中键，旋转视图，从不同的视图方向仔细观察数据模型，了解数据模型的特性，思考后续的数据处理方案及技术。图 3-62 所示为两个不同方向的车灯灯罩数据模型。

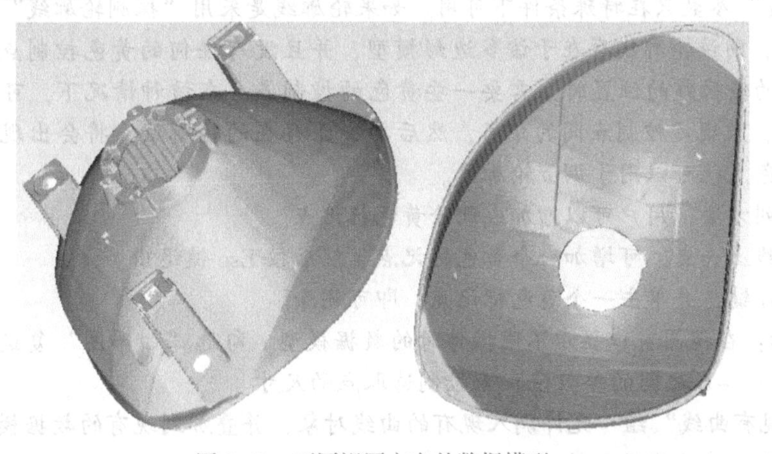

图 3-62　不同视图方向的数据模型

Step 2　支脚的裁剪

由于所扫描的数据除了内外表面数据外，还含有三个支脚及一个灯固定座。为方便起见，可将内外表面之外的数据删剪掉，只对内外面进行数据处理，构建参数曲面。

单击【裁剪】→【用曲线裁剪】，用选择工具在对象上叠加一个平面并移除投影修剪曲线形状的部分。“用曲线裁剪”对话框如图3-63所示。

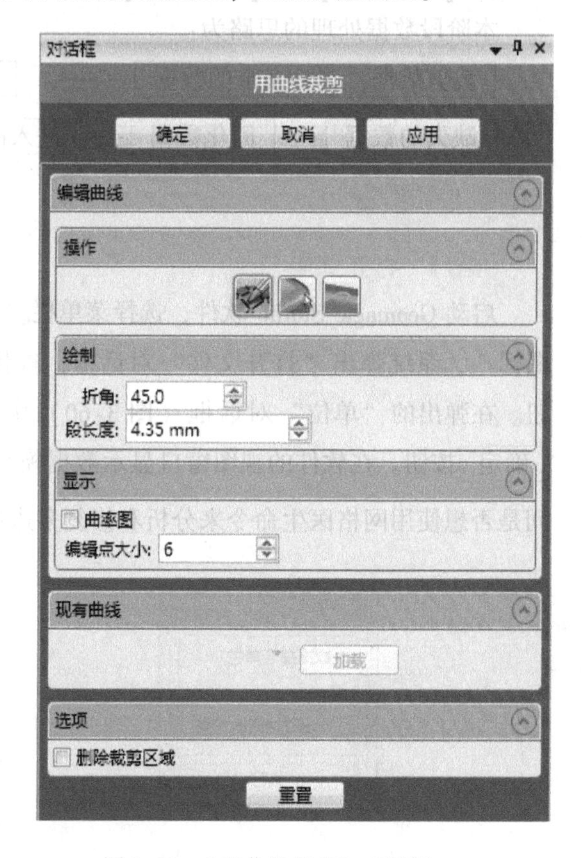


图3-63　“用曲线裁剪”对话框

相关知识

“用曲线裁剪”命令是将所选择的数据模型从目标模型上分离出来的操作。

对话框中部分选项说明如下：

(1)“编辑曲线”组

1）操作：有三种操作形式，即绘制、抽取和松弛，对应的图标分别为。

✓ 单击“绘制”图标（左），可激活选择工具，手动构建多边形网格上的修剪曲线。

✓ 单击“抽取”图标（中），系统将依据所选定区域内的脊/谷数据构建裁剪曲线。

✓ 单击“松弛”图标（右），可对选择的曲线进行松弛，使之变直。

2）绘制：是与操作对应部分，当选择“绘制”操作时，可通过“折角”和“段长度”这两个参数对绘制的曲线进行控制。

“折角”参数可指定弯曲角度，产生预想的倒角。

“段长度”参数只在特殊条件下可用。如果轮廓线是采用“探测轮廓线”或“构建曲面片”产生的，则该轮廓线存在于该多边形模型，并且没有任何的黄色控制点。但是如果想调整已存在的轮廓线的位置时，需要一些黄色的控制点，在该种情况下，可通过设置“段长度”参数，来规定控制点间的距离，然后单击已存在的轮廓线，将会出现一系列的黄色点，这些黄色点就可以用于调节轮廓线。

采用下列方法，用户可以增加或删除黄色标记点。

单击曲线上一点，可增加一个黄色标记点，然后按Esc键退出。

按住Ctrl键，并单击一个黄色标记点，即可删除。

3）显示：在视图窗口显示不同操作时的数据模型。勾选“曲率图”复选项，可利用编辑点的大小（1~6之间的整数值）来控制选取点的尺寸。

(2)“现有曲线”组　允许调入现有的曲线对象，并叠加到现有的数据模型上作为裁剪曲线。可对载入的曲线进行进一步的编辑。

(3)“选项”组　包含“删除裁剪区域”复选项。

当勾选该复选项时，单击 应用 按钮，所选择的裁剪区域将从目标模型中分离，并被删除。

当该复选项未被勾选时，单击 应用 按钮，所选择的裁剪区域将从目标模型中分离出来，并作为一个新命名的“模型名-裁剪-N”，在模型管理器面板中显示。

该种情况下，裁剪命令不同于“删除”命令，因为所选择的数据将作为一个独立的数据模型从原模型中分离，并单独存放。

(4) 重置 按钮　单击该按钮，模型将恢复到命令开始时的状态，并在模型管理器面板中删除掉新产生的模型。

(5) 其他按钮

确定 按钮：单击该按钮，将所修改的目标模型和新裁剪出的“模型名-裁剪-N”模型保存到模型管理器面板中，并关闭该对话框。

取消 按钮：单击该按钮，关闭该对话框，不保存任何修改后的操作。

应用 按钮：单击该按钮，按照规定的曲线进行裁剪。如果选择的曲线不封闭，则不执行裁剪操作。

按照默认数值，选择“绘制”操作，在模型其一的支脚处，单击四个角点，形成一个由四条橘黄色线段构成的封闭曲线，如图3-64所示。单击 应用 按钮，由曲线封闭的区域变成灰色，如图3-65所示。

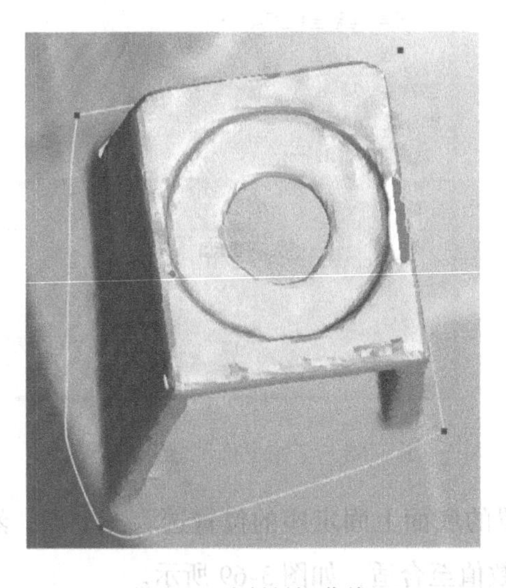

图3-64　绘制封闭曲线

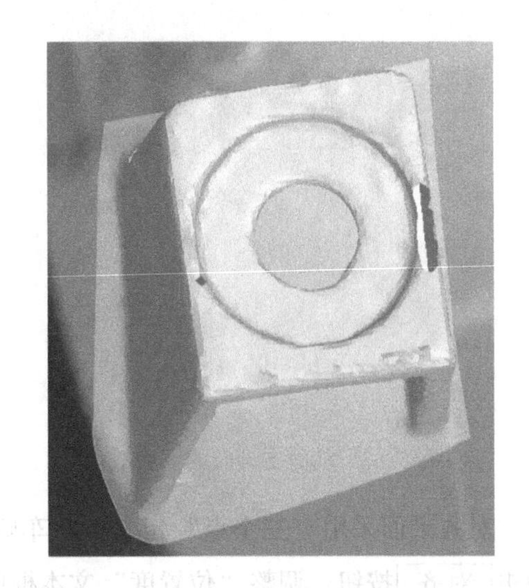

图3-65　裁剪区域

**提示：**绘制曲线时，一定要形成封闭的曲线，否则无法完成裁剪。为此，可进行区域的放大，在选择最后一点时，可在第一点的附近，反复移动鼠标，当第一点变成绿色框点时再单击。这样所形成的区域一定是封闭的。

另外，在选择点时，一定要避开倒角处的点，以便后续数据的处理。

单击 确定 按钮，退出该对话框。此时在模型管理器面板中的原模型下面出现名为“Lamp-裁剪-1”的模型数据，如图3-66所示。

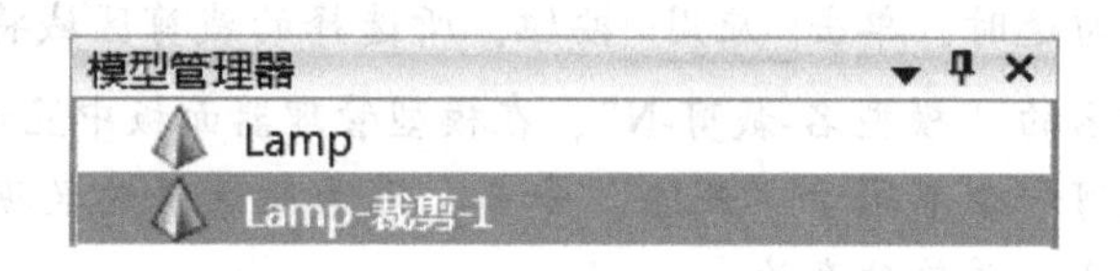


图3-66 曲线裁剪执行后的模型管理面板

在两模型间切换，可以看到裁剪后的两个模型的数据。

采用同样的方法，将其余两个支脚剪裁掉。裁剪后的模型将依次被命名为“Lamp-裁剪-2”和“Lamp-裁剪-3”。图3-67所示为裁剪掉3个支脚并隐藏被裁剪部分的数据模型。

**Step 3 固定座的裁剪**

单击【裁剪】→【用平面裁剪】，可利用一个平面裁剪数据模型。图3-68所示为“用平面裁剪”对话框。

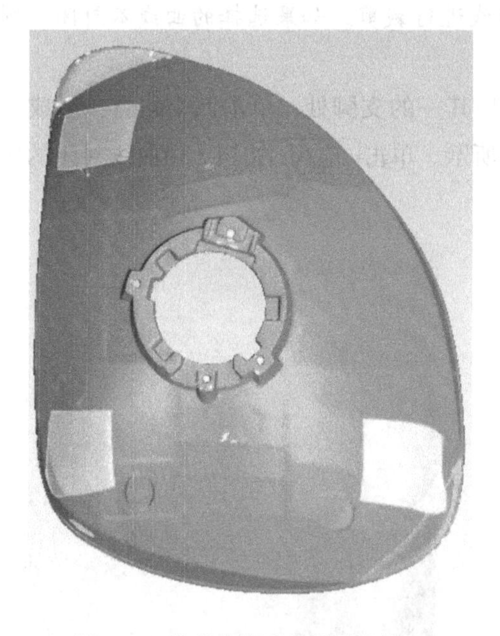

图3-67 裁剪支脚后的模型数据

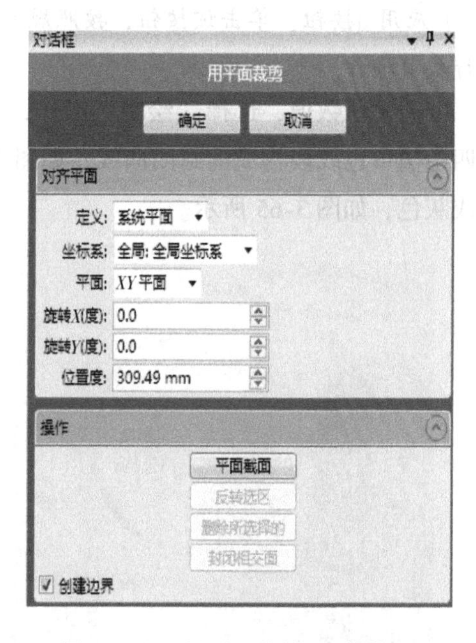


图3-68 “用平面裁剪”对话框

对齐平面采用“三个点”定义。在车灯灯罩的底面上固定座的位置选取三个点，然后单击 对齐 按钮，调整“位置度”文本框中的数值至合适，如图3-69所示。

> **提示：**位置度的数值大小及正负取决于所选三个点的位置和顺序。

勾掉“创建边界”复选项，然后单击 平面截面 按钮，确保固定座部分为“所选择的”，单击 删除所选择的 按钮。如果删除后的效果令人满意，则单击 确定 按钮。否则取消。裁剪后的模型如图3-70所示。

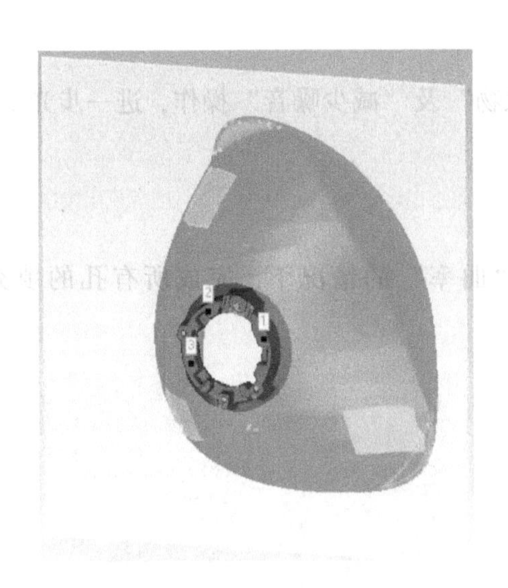

图 3-69　对齐平面的确定

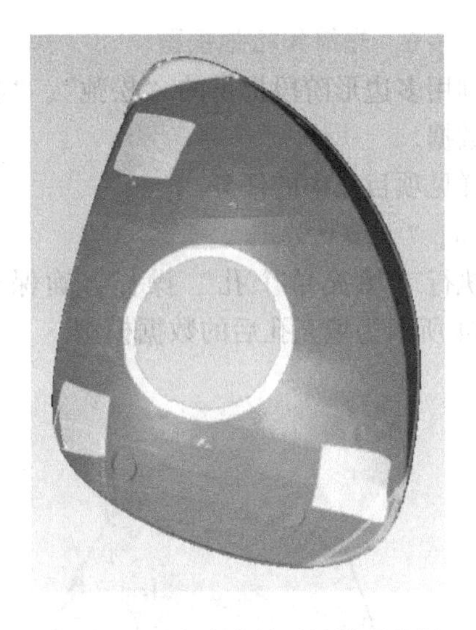

图 3-70　固定座裁剪后的模型数据

**Step 4　网格医生**

单击【网格医生】，自动修复多边形网格内的缺陷。图 3-71 所示为执行“网格医生”操作后的模型。

> **提示**：该命令的功能详见项目三中的任务二。

通过观察图 3-71，可以发现，模型中的钉状物、小组件等已被删除，一些小孔也被填充上。模型光滑和规整了很多。

**Step 5　去除特征**

“去除特征”操作能删除产品成型过程中由于模具卸料形成的表面不光滑及使用过程中形成的缺陷，并形成光滑的数据。

转动模型，选择数据模型上明显的特征不符合处，如图 3-72 所示，然后单击【去除特征】，删除选择的三角形并填充所形成的孔。图 3-73 所示为执行“去除特征”操作后的数据模型。

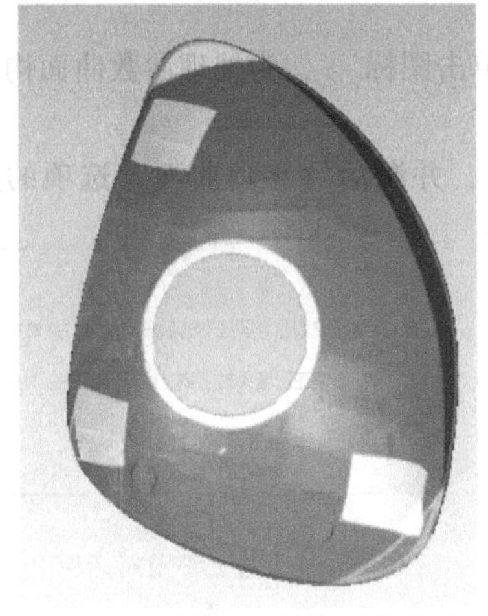

图 3-71　网格医生修复后的模型

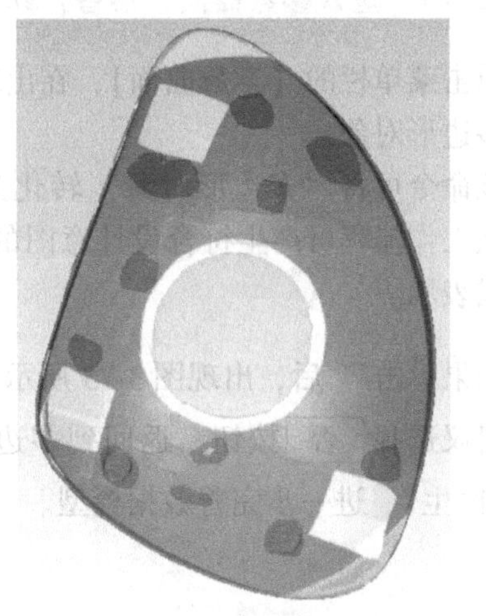

图 3-72　选择数据

**Step 6　光滑和松弛模型**

利用多边形阶段提供的“松弛”、“删除钉状物”及“减少噪音”操作，进一步光滑和松弛数据。

详见项目三中的任务二。

**Step 7　填充数据**

执行“填充单个孔”操作，确保在基于“曲率”的情况下，完成所有孔的填充。图3-74所示为填充孔后的数据模型。

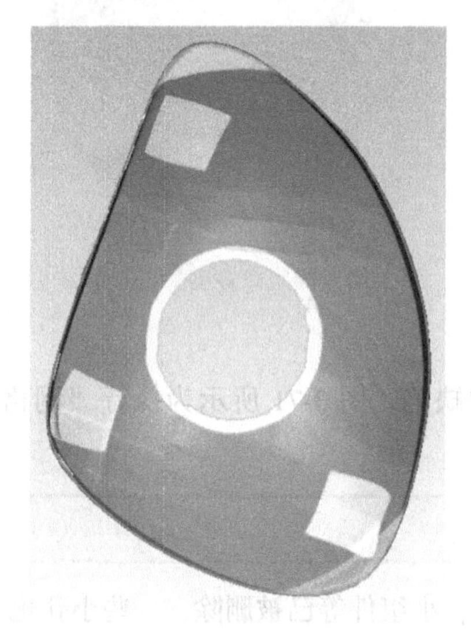

图3-73　执行“去除特征”后的数据模型

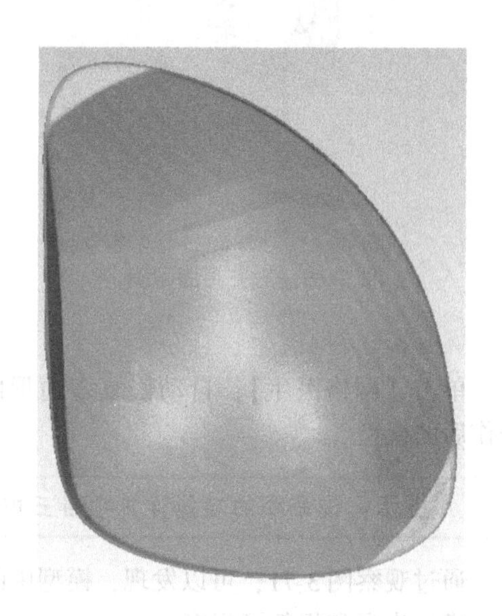

图3-74　填充孔后的数据模型

**Step 8　简化数据**

通过观察，模型的数据量较大。可执行“简化”操作，设定减少到的百分比，并确保“曲率优先”，以减少数据量。

“填充单个孔”及“简化”操作，详见项目三中的任务二。

**Step 9　进入参数曲面，准备构建曲面**

单击菜单栏的【参数曲面】，在出现的工具栏上单击图标，为处理参数曲面构造准备一个多边形对象。

该命令可将“多边形对象”转化为“参数曲面”，并激活“参数曲面”选项的其余部分。该工作流程可产生符合设计意图的曲面，并以参数方式表示。

如果单击后，出现图3-75所示的警示对话框，那么建议选择 否 按钮，返回到多边形阶段，利用“网格医生”，进一步完善数据模型。

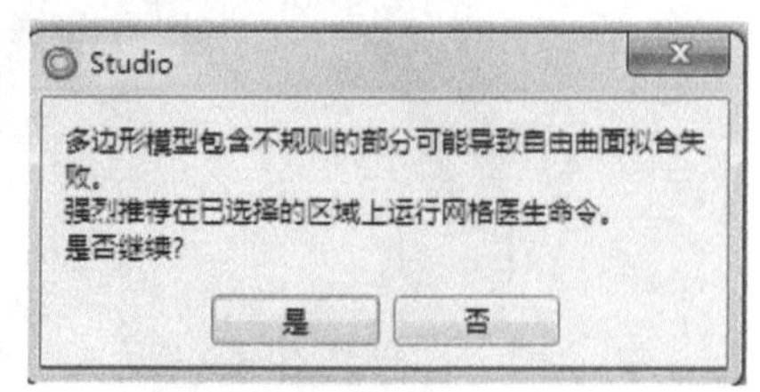


图3-75　警示对话框

3 PROJECT

> **提示：**多边形阶段数据处理质量的好坏，将直接影响后续曲面形成的质量。因此，建议在多边形阶段尽可能地利用所提供的命令功能，使数据光滑。同时也要注意，不能使模型变形。
> 可重复使用多边形阶段使数据光滑的命令，直至满意为止。

## 二、参数曲面的构建

3-5

本阶段通过探测区域、编辑轮廓线、拟合曲面、编辑曲面、拟合连接、裁剪及合并等基本操作，使拟合的曲面更符合实际产品的特性，获得较好的曲面参数。

本阶段用到的主要技术命令如下：

1)【参数曲面】→【区域】→【探测区域】。
2)【参数曲面】→【区域】→【编辑轮廓线】。
3)【参数曲面】→【区域】→【区域分类】。
4)【参数曲面】→【区域】→【编辑区域】。
5)【参数曲面】→【主曲面】→【拟合曲面】。
6)【参数曲面】→【主曲面】→【区域分类】。
7)【参数曲面】→【连接】→【拟合连接】。
8)【参数曲面】→【连接】→【分类连接】。
9)【参数曲面】→【连接】→【编辑连接】。
10)【参数曲面】→【分析】→【偏差】。
11)【参数曲面】→【分析】→【修复曲面】。
12)【参数曲面】→【输出】→【裁剪并缝合】。

本部分数据处理的思路为：

区域探测编辑，并进行区域分类 ⟹ 主曲面拟合及编辑 ⟹ 连接拟合分类并编辑 ⟹ 修复曲面、偏差分析 ⟹ 裁剪并缝合，生成CAD格式的数据模型，进行输出

### Step 10 探测区域

利用Geomagic Studio软件所提供的探测区域功能，可在几何形状相似的区域之间放置红色分隔符，调整这些区域分隔符，并在这些分隔符内放置红色轮廓线。区域可分为特殊几何形状，轮廓线可分为特殊连接类型。

单击工具栏上探测区域的图标，即弹出图3-76所示的“探测区域”对话框。

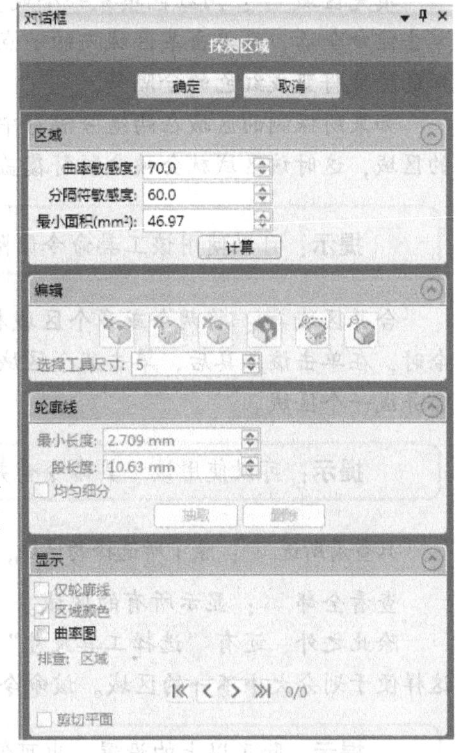

图3-76 “探测区域”对话框

利用“探测区域”命令，可以自动将数据模型

划分为几个区域，并创建轮廓线。也可以手动编辑所探测的区域以提高精度。

对话框中部分选项说明如下：

(1)【区域】组

◇ 曲率敏感度：确定将被探测出的分割区域的数量。数值可设定为0～100，默认值为70。该数值越大，可探测到的区域数目也越多。

◇ 分隔符敏感度：用于设定分隔符的相对宽度。数值可设定为0～100，默认值为60。该数值越大，所探测的倒角数量越多，产生的红色分隔符也越宽。

> **提示**：所产生的轮廓线位于所选择多边形的中间。

◇ 最小面积：决定所能探测区域的最小面积。减小该数值，将会产生较多的区域和分隔符。该命令可以避免系统选取一些过小的曲面片，影响轮廓线的抽取。

◇ 计算 按钮：单击该按钮，软件将依据所设定的上述三个参数，计算划分区域。即将模型中的高曲率和低曲率部分用红色显示出来。

(2)“编辑”组　当单击计算按钮后，“编辑”组中的工具被激活。该组用于对探测到的区域进行编辑。所使用的工具包括：

删除岛：用于删除那些孤立于主区域，并且不与其他分隔符连接的孤立分隔符。

删除小区域：删除面积较小的选中区域。该命令可删除一些小区域，以形成一个较大的区域。建议在编辑状态下，首先使用该命令，避免出错。

填充区域：用红色填充一个或多个区域，并将这些区域转化为分隔符。使用时，在单击该命令后，再单击某区域内的一点，或单击并拖动鼠标选择两个或多个区域，所有被选择的区域将变成红色的分隔符。

如果所探测的区域在两道分隔符中间，而这种情况没有必要，可以单击中间没有分隔符的区域，这时该区域就会被分隔符覆盖，不再成为单独的区域。

> **提示**：可以使用该工具命令删除那些利用命令所无法删除的较大的区域。

合并区域：将两个或多个区域相邻的红色分隔符删除，合并成一个区域。使用该命令时，在单击该工具后，单击某个区域，并移动鼠标选择其他的区域，所有被选择的区域将合并成一个区域。

> **提示**：可以使用该工具命令合并具有相同几何特性的相邻区域。

只查看所选：除了所选择的区域，其他区域将被隐藏（暂时），直至使用查看全部命令。

查看全部：显示所有的区域。

除此之外，还有“选择工具尺寸”组合框。该组合框的数值用于控制选择工具的大小，这样便于划分大小不一的区域。该命令仅在使用画笔、直线或多义线选择工具时有效。

> **提示**：除了以上的设置，也可使用下列的组合键来调整所选择的区域。

✓ 按住鼠标左键并拖动：添加三角形到一个区域分隔符。

✓ Ctrl + 鼠标左键：使用该组合键，同时拖动鼠标，可将三角形从区域分隔符中移除。

✓ Shift + 鼠标左键：在脊或槽处使用该组合键选择一点，可在整个脊或槽内添加分隔符。

✓ Ctrl + Shift + 鼠标左键：在一条已存在的分隔符上使用该组合键，可移除整个分隔符。

(3)“轮廓线”组　用于创建轮廓线。

◇ 最小长度：规定在抽取过程中所产生的轮廓线的最小长度值。

◇ 段长度：规定所抽取轮廓线的两控制点间的平均距离。

◇“均匀细分”复选项：如果想使所抽取的轮廓线上控制点等距，则应勾选该项。

**提示**：使用该设置可能导致曲线定义的缺失。

◇ 抽取 按钮：单击该按钮，将在分隔符上产生黄色的轮廓线。

◇ 删除 按钮：如果对所抽取的轮廓线不满意，可单击此按钮删除。

(4)“显示”组　包含仅轮廓线、区域颜色、曲率图及剪切平面四个复选项，以及一个“排查”组合框。

◇“仅轮廓线”复选项：只有在轮廓线抽取后才被激活。勾选该项，在视图窗口中仅显示轮廓线。

◇“区域颜色”复选项：勾选该项，不同的区域将用不同的颜色显示视图窗口中的模型。

◇“曲率图”复选项：勾选该项，将用不同的颜色表示模型曲率的变化。

◇“剪切平面”复选项：当模型中具有剪切平面时才被激活。

◇“排查”组合框：用于查看区域、轮廓线、问题区域。可以通过 ⏮ < > ⏭ 逐个浏览。

(5) 其他按钮

确定 按钮：确定所做的操作，关闭该对话框，并保存新数据模型。

取消 按钮：取消所做的操作，并退出该对话框。

按照系统设定的默认值，单击 计算 按钮，划分区域。经过计算，生成如图 3-77 所示的红色曲率线。转动模型并仔细观察，所生成的曲率线非常规整，因此，不需要重新设定进行计算。

单击 抽取 按钮，所产生的轮廓线如图 3-78 所示。单击 确定 按钮，退出该对话框。

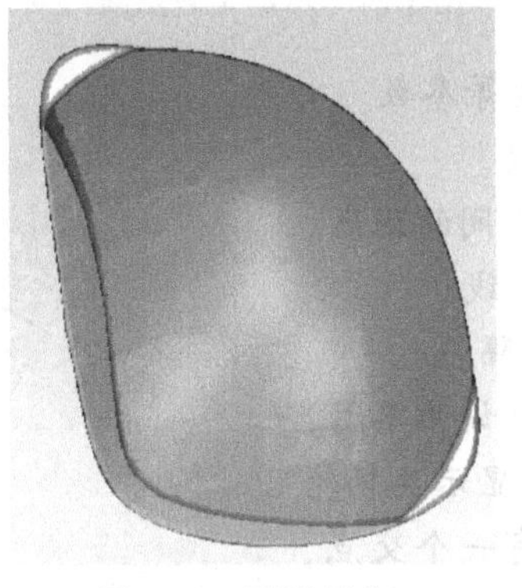

图 3-77　区域划分

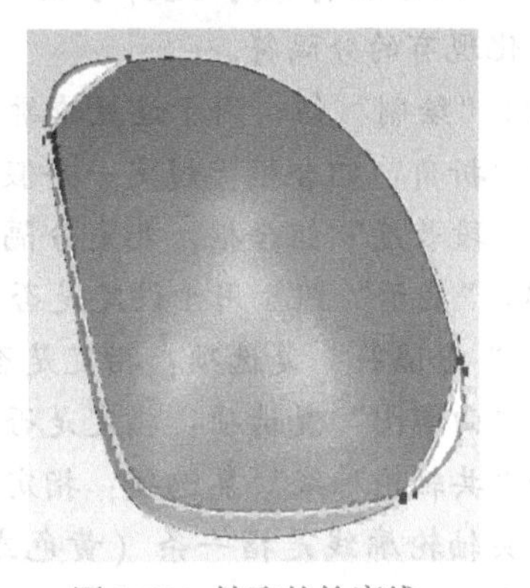

图 3-78　抽取的轮廓线

> **提示**：在探测轮廓线的过程中，如果系统自动计算出的分隔符不符合产品的几何特征，可以使用“编辑”组提供的功能命令进行修改，直至达到要求。
> 要保证分隔符的宽度均匀，才能使所抽取的轮廓线达到基本的要求。
> 在模型划分好区域，并且探测出轮廓线后，仔细观察模型，了解所产生轮廓线的特点，以便进一步编辑修改。

**Step 11　编辑轮廓线**

通过观察模型，可知初步探测的轮廓线，若存在不光滑、相交轮廓线节点（红色点）不重合等问题，则需要进行轮廓线的编辑。

单击工具栏上的编辑轮廓线图标，弹出如图3-79所示的对话框。

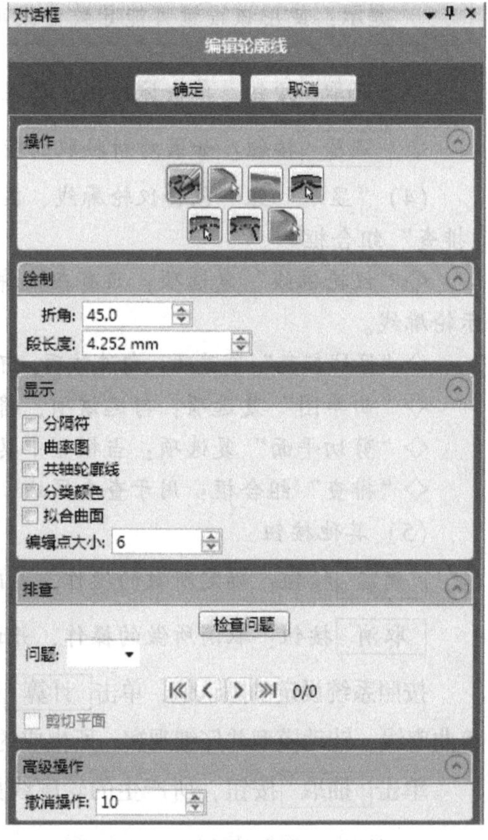

图3-79　“编辑轮廓线”对话框

**相关知识**

利用“编辑轮廓线”对话框，可进行添加、修改与移除轮廓线。

（1）“操作”组　用于编辑轮廓线的节点。

◇ 绘制：根据需要绘制轮廓线。

◇ 抽取：在分隔符上画出新的轮廓线。

◇ 松弛：在所能单击的可视面积内矫直轮廓线的平滑度。

◇ 分裂/合并：在一个控制点处打破或者合并轮廓线的连续性。

◇ 细分：调整选定轮廓线或全部轮廓线的分隔符上控制点间的间距。

◇ 收缩：通过删除局部轮廓线将两个三叉顶点合并为一个四叉顶点。

◇ 修改分隔符：允许手动编辑分隔符或自动优化现有的分隔符。

（2）“绘制”组　用于设置轮廓线的段长度和折角等参数。

◇“折角”组合框：规定一个假定转角的弯曲程度。

◇“段长度”组合框：指定分隔后分隔符上控制点间的距离。

（3）“显示”组　用于设定是否显示分隔符或曲率线。

◇“ 分隔符”复选项：指定是否需要显示区域分隔。

◇“曲率图”复选项：指定是否生成整个对象的色谱曲率图。

◇“共轴轮廓线”复选项：指定是否用红色stick显示共轴轮廓线。共轴轮廓线是指一条（黄色或橙色）轮廓线有一个交点，但继续穿过该点，延伸出去，如图3-80所示。这与一条轮廓线终

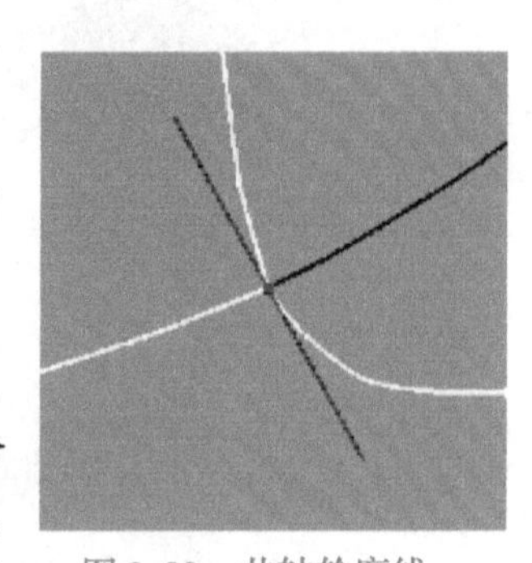
图3-80　共轴轮廓线

止于交点不符。

（4）“排查”组　用于检查轮廓线是否有问题。

◇ 检查问题 按钮：单击该按钮，将显示有问题的轮廓线的个数。可通过 |◁ ◁ ▷ ▷| 逐个查看。

（5）“高级操作”组　用于设置其他的操作。这些操作对使用该命令不是必需的。

◇ 单击图标，即可显示可用的设置。

◇ 撤销操作组合框：用于取消之前采用 Ctrl + Z 快捷键进行操作的步骤数量。该数值越小，需要的内存空间越小。节省内存。

> **提示**：也可用 Ctrl + Y 恢复“undo”前的数据。

（6）其他按钮

确定 按钮：保存操作，关闭该对话框。

取消 按钮：不保存，退出操作。

单击，将图3-81所示的问题，进行顶点的合并收缩。收缩后的效果如图3-82所示。

图3-81　收缩前

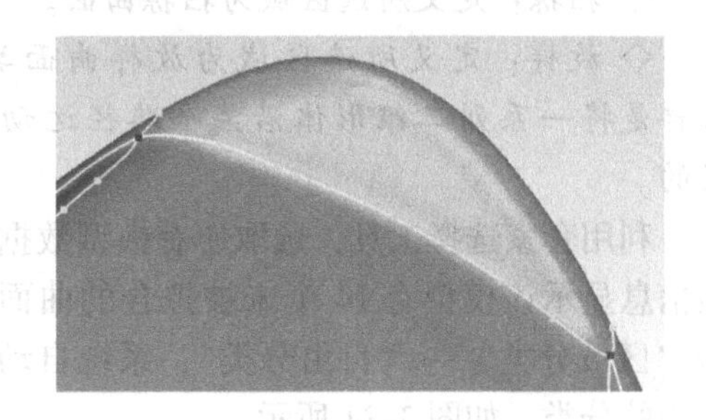

图3-82　收缩后

采用同样的方法消除其他地方出现的同样问题。

单击，在轮廓线上节点少的地方单击，补充一些点。或按住鼠标左键，拖动黄色的控制点，光滑轮廓线。

为了进一步光滑轮廓线，可单击，松弛轮廓线。

单击 检查问题 按钮，若系统提示问题数为“0”，则单击 确定 按钮，保存所做的修改。若提示还有问题的话，可通过逐个浏览找到产生问题的原因，进行进一步处理。

**Step 12　区域分类和编辑**

单击视图窗口中模型的某个区域，此时，所选择的区域显示出不同的颜色，工具栏上的区域分类被激活。单击该图标上的▼，展开菜单，可看到一系列不同的区域类型，如图3-83所示，并用不同的颜色表示。单击下拉菜

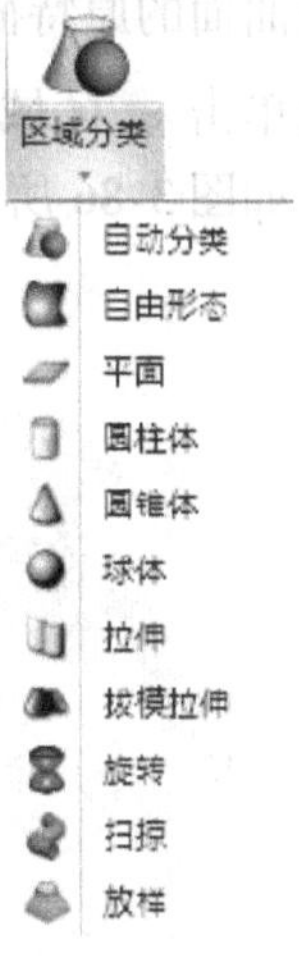

区域分类
自动分类
自由形态
平面
圆柱体
圆锥体
球体
拉伸
拔模拉伸
旋转
扫掠
放样

图3-83　“区域分类”下拉菜单

单中的某一项，可将所选区域定义为该类型。

> **提示**：采用 Shift + 鼠标左键，可选择多个区域。

### 相关知识

区域分类用于定义所选区域的曲面类型。Geomagic Studio 软件将曲面类型分为以下几种：

◇ 自动分类：系统自动定义所选区域的曲面类型。

◇ 自由形态：将所选区域定义为自由曲面。

◇ 平面：定义所选区域为平面。

◇ 圆柱体：定义所选区域为圆柱体。

◇ 圆锥体：定义所选区域为圆锥体。

◇ 球体：定义所选区域为球体。

◇ 拉伸：定义所选区域为拉伸曲面类型。

◇ 拔模拉伸：定义所选区域为拔模拉伸曲面类型。例如，圆锥体为一简单的拔模拉伸体。

◇ 旋转：定义所选区域为旋转曲面。旋转曲面是由一个二维截面线围绕一个轴旋转形成的。

◇ 扫掠：定义所选区域为扫掠曲面。

◇ 放样：定义所选区域为放样曲面类型。放样是将一系列二维形体沿某个路径运动所形成的。

利用套索选择工具，选取所有模型数据，模型信息显示该模型有 14 个未被拟合的曲面。单击“区域分类”→“自由分类”，系统自动进行曲面的分类，如图 3-84 所示。

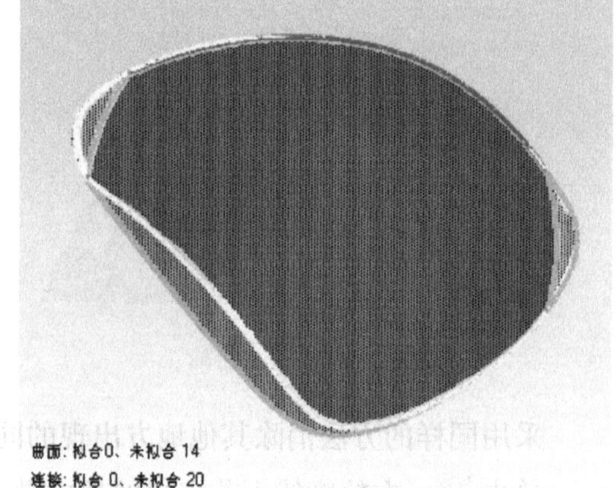


图 3-84　自动分类后的模型

转动该模型，可以看到某些区域不符合原来的特征。需要进行重新编辑和分类。

图 3-85 所示的曲面，被自动分类为任意形状，而该曲面的原特征为平面。此时可单击该曲面，然后单击区域分类→平面，将该面修改为平面，如图 3-86 所示。

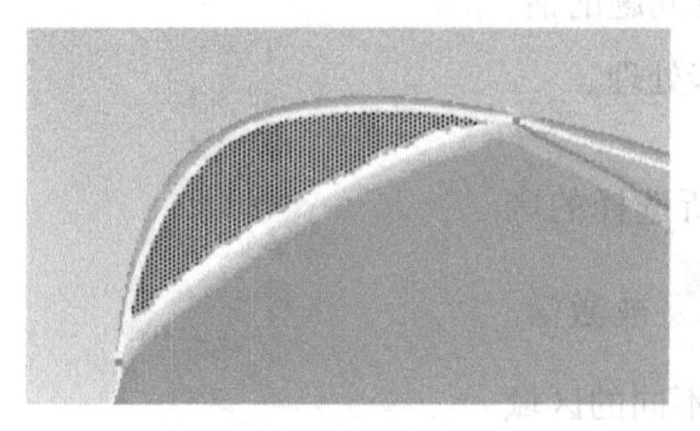

图 3-85　修改曲面类型前

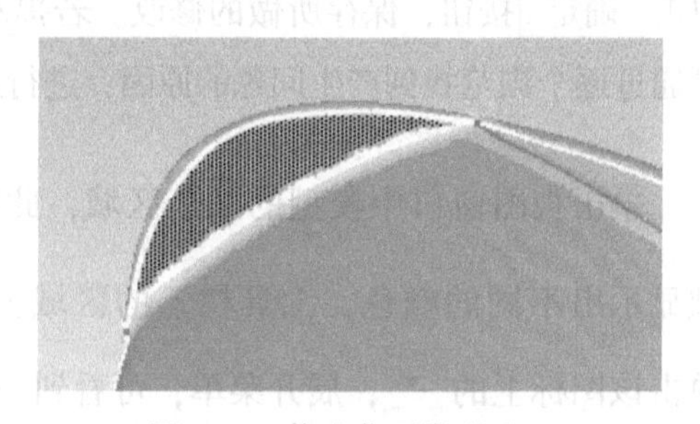

图 3-86　修改曲面类型后

3 PROJECT

进行上述操作后，在视图窗口单击鼠标右键，在弹出的菜单中，单击“全部不选”，退出刚才的操作。

单击图 3-87 所示的曲面，发现该曲面所选择的数据不完整，需要编辑该曲面。单击工具栏图标“编辑区域”，选择画笔选择工具，改变工具尺寸为 3，按住鼠标左键并拖动，补选一些数据，或按下 Ctrl 键后，按住鼠标左键并拖动，撤销一些选择的数据。修改后的曲面数据如图 3-88 所示。

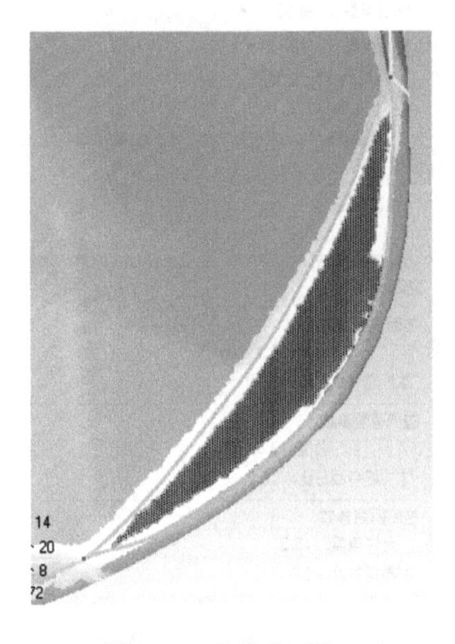

图 3-87　编辑曲面前

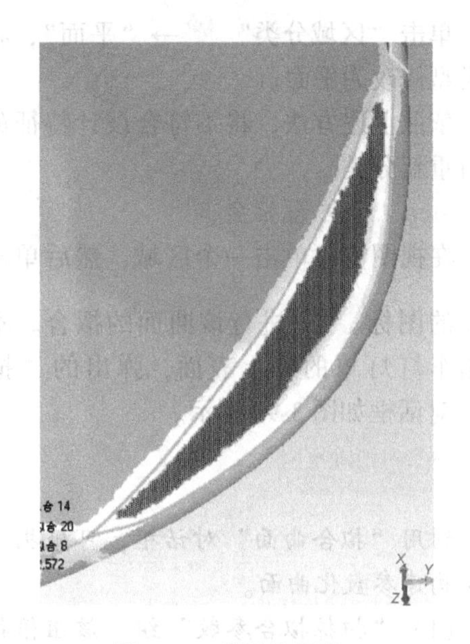

图 3-88　编辑曲面后

## 相关知识

“编辑区域”对话框如图 3-89 所示，可通过拟合处理忽略部分区域。

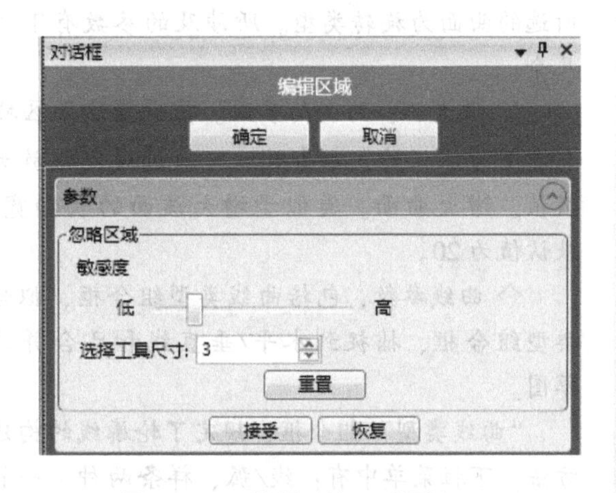


图 3-89　“编辑区域”对话框

（1）“参数”组　可确定选择工具的行为。

◇“敏感度”滑块：按照滑块所在位置自动排除所选择区域的数据。敏感度越低，所排除的部分越少。

◇ 选择工具尺寸：确定所有选择工具的尺寸。数值范围为 1 ~ 20。默认值为 5。

◇ 重置 按钮：撤销刚才所做的操作，恢复到执行“编辑区域”命令前的数据模型。也可以通过按住 Ctrl 键同时按住鼠标左键并拖动，实现重置的功能。

（2）其他按钮

接受 按钮：确定所有的删除操作，收起【参数】组。

恢复 按钮：若对最终的选择不满意，则可单击该按钮，恢复所忽略的部分。这些数据将会被用来拟合参数曲面。

确定 按钮：保存操作，关闭该对话框。

取消 按钮：不保存，退出操作。

单击“区域分类” →“平面”，将该曲面类型修改为平面。

依照上述方法，将不符合设计特征的曲面进行重新分类。

Step 13　曲面拟合

在视图窗口单击一个区域，然后单击工具栏上的图标 ，进行该曲面的拟合。本例中单击车灯灯罩的外上表面，弹出的“拟合曲面”对话框如图3-90所示。

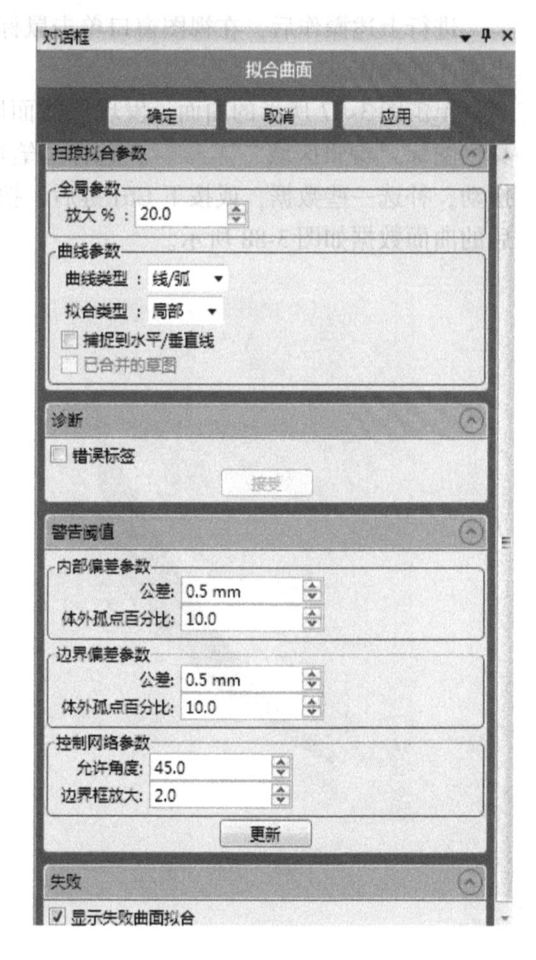

图3-90　“拟合曲面”对话框

相关知识

利用“拟合曲面”对话框，可根据曲面的分类构建参数化曲面。

(1)“扫掠拟合参数”组　该组根据所选择的区域类型不同，其参数有所不同。本例中，所选的曲面为旋转类型。所涉及的参数有下列几个：

◇ 放大%：为全局参数。该设置除了区域与类型为球体外，都有效。可通过设定该放大数值，增大曲面。类似于增大该面的长和宽。默认值为20。

◇ 曲线参数，包括曲线类型组合框、拟合类型组合框、捕捉到水平/垂直线和已合并的草图。

“曲线类型”组合框，规定了轮廓线的构建方法。下拉菜单中有：线/弧、样条两种。一般情况下，都采用这种方法来构建轮廓线。

◇“拟合类型”组合框，规定参数类型为局部或全局。

(2)“诊断”组　用于显示错误信息。

勾选“错误标签”复合项，当出现错误的拟合曲面时，将显示错误类型。图3-91提示所

图3-91　错误标签

拟合的曲面，产生了高内部偏差和高边界偏差的错误提示。

(3) “警告阈值”组

曲面拟合时，其颜色可能为下列其中的一种。

✓ 灰色：表示拟合成功。

✓ 红色：表示拟合失败。

✓ 橙色：表示曲面拟合虽然成功，但提出了一些警告。

警告阈值用于设定某些值，当超过该值时，拟合曲面将用橙色显示。这些参数包括如下几项：

✓ 内部偏差参数组：与某些区域或初级拟合曲面有关的警示参数，包括点与初级拟合曲面间超过阈值的最大偏差值，以及超过阈值点的百分比。

✓ 边界偏差参数组：与分割符或拟合连接区域有关的警示参数，包括点与拟合连接区域间超过阈值的最大偏差值，以及超过阈值点的百分比。

✓ 控制网络参数：允许角度和边界框放大。

公差：用于指定测试点与拟合曲面间最大的差值，超过该值，发出警告，用橙色显示。

体外孤点百分比：规定体外孤点的最大百分比。超过该数值，发出警告，用橙色显示。

允许角度：指定控制网格线间允许的最小角度。低于该设定角度，发出警告；角度小于该值的一半，将产生错误。

边界框放大：指定控制网格的边界框大小。超过该数值，发出警告，用橙色显示。

(4) “失败”组

◇“显示失败曲面拟合”复选项：勾选该项，视图窗口将显示拟合失败的曲面。

(5) 其他按钮

确定 按钮：保存操作，关闭该对话框。

取消 按钮：取消操作，退出该命令。

应用 按钮：按照所设定的数值，进行曲面的拟合。

勾选“错误标签”复合项，单击该对话框的 应用 按钮，再单击 确定 按钮，如果出现错误，弹出图 3-92 所示的警示对话框，单击 确定 按钮，退出。

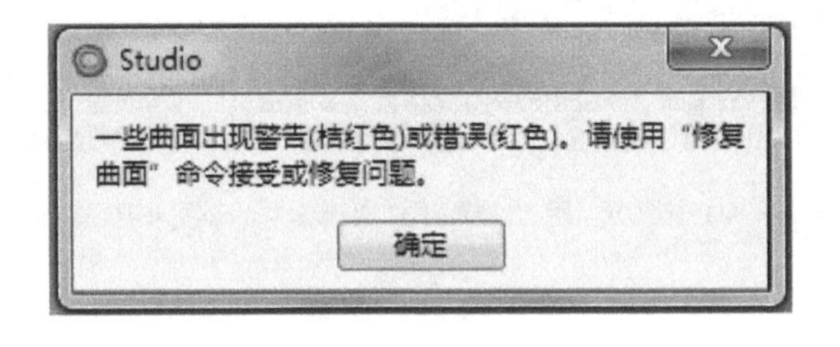


图 3-92 警示对话框

**Step 14 修复曲面**

现利用“修复曲面”命令修复曲面出现的问题，使之满足要求。

单击 修复曲面 图标，出现“修复曲面”对话框，如图 3-93 所示。

## 相关知识

图 3-93　“修复曲面”对话框

“修复曲面”对话框的功用是明确拟合曲面出现的问题，并提供相应的修复工具。

（1）“问题”组　在“问题”列表中列出了所有出现的问题。在列表中单击某个问题，该问题在视图窗口亮显。

（2）按钮组 有什么问题 按钮：描述在列表中亮显问题的解决方法。单击该按钮，会弹出一个“有什么问题”的对话框。该对话框提出了解决该问题的几种方案。

图 3-94 所示为该对话框的一个示例。仔细阅读后，单击 确定 退出。

固定 按钮：单击该按钮，出现针对解决该问题的“编辑曲面”对话框。编辑后，单击 完成 按钮，回到“修复曲面”对话框。

“编辑曲面”对话框上的功能将在后续讲解。

接受 按钮：只有当亮显的问题为警示而非失败提示时，该按钮才被激活。单击该按钮，该问题将从列表中清除。如果所接受的问题是该曲面的要解决的最后一个问题，则拟合曲面的视图

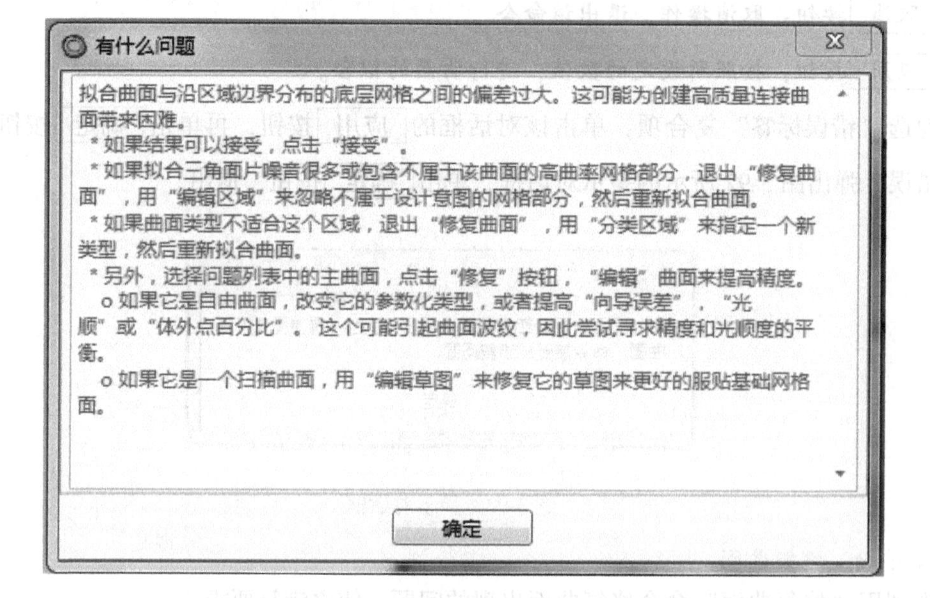


图 3-94　“有什么问题”对话框

状态将发生变化。如果该曲面是被选的，则变为蓝色；如果是未选定的，则变为灰色。

全部接受 按钮：清除列表中所有的警示问题。

(1)“选项”组 控制该命令的多种行为。

“剪切平面”复选项：确保亮显在问题列表中的曲面在视图窗口中一览无遗。

(2)“警告阈值”组 见“拟合曲面”命令。

(3) 其他按钮

确定 按钮：保存操作，关闭该对话框。

取消 按钮：取消操作，退出该命令。

对“修复曲面”中所列问题逐个解决，然后单击 确定 按钮。

> **提示**：除了采用修复曲面命令修复问题，还可以删除该构建的曲面（在模型管理面板中，展开曲面，将光标放在该曲面名称处，单击鼠标右键，在出现的即时对话框中单击删除），重新进行区域分类，再拟合曲面。

**Step 15 拟合其他曲面**

框选模型，选择所有未拟合的曲面，然后单击拟合曲面。

展开模型管理器面板中该模型的管理树，如图 3-95 所示。单击曲面下的任何一个进行查看。

在“任意形状 7”处单击鼠标右键，弹出图 3-96 所示的菜单。勾选“控制网络”，则在视图窗口中显示控制这个曲面的网格，如图 3-97 所示。可以看到，该网格杂乱不规则。下面讲述如何利用“编辑曲面”命令对该网格进行修改。

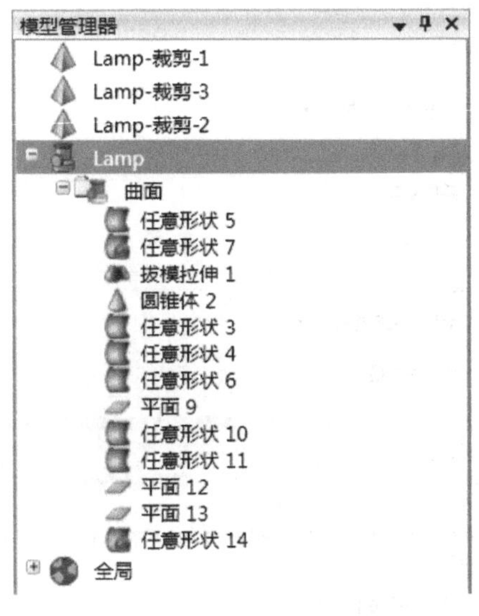


图 3-95 拟合曲面后的“模型管理器”

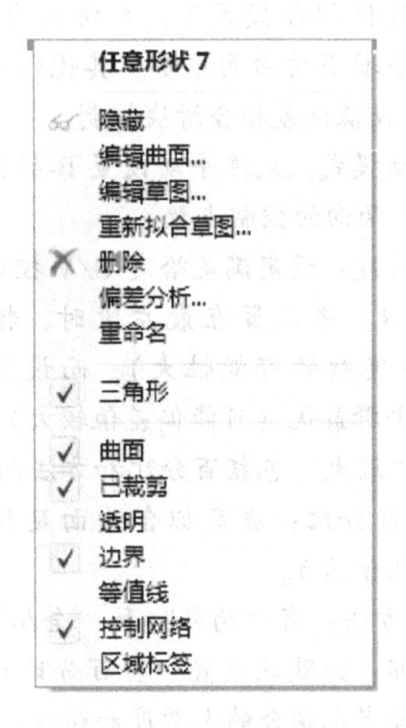


图 3-96 拟合曲面的功能菜单

**Step 16 编辑曲面**

单击上述弹出菜单中的“编辑曲面”，弹出“编辑自由曲面”对话框，如图3-98所示。

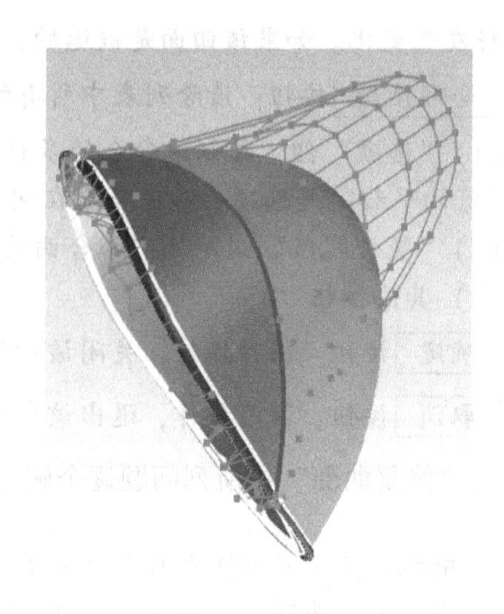

图 3-97 编辑前的控制网格

相关知识

“编辑自由曲面”对话框用于编辑平面、圆柱、圆锥、球、拉伸、拔模拉伸或旋转类曲面。

(1)“增强曲面”组 该组涉及“拟合准确度”、“放大”、“区域”、“参数化”几个分项。

◇“拟合准确度”包括下列设置：

✓ 引导公差：设定拟合曲面允许偏离所在区域内顶点间目标的最大距离值。

该设置对拟合过程非常重要。

✓ 体外孤点百分比：规定排除在最终拟合曲面外的体外孤点百分比。默认值为0.1。若该值为0.0，则拟合曲面应通过所有的点，适用于精确扫描数据点的情况。

当扫描数据点的质量较差时，体外孤点将导致拟合曲面不规则。因此，通过设定该数值，排除扫描精度差的数据，改善拟合曲面的质量。

✓ 模式：有最佳拟合和手动两种模式。

在最佳拟合模式下，系统将自动计算，获得一个增强的曲面质量。其优化程度受松散拟合/较低误差拟合滑块控制。

手动模式：允许手动设置B-样条曲面网格U、V两向的控制点数。

平滑度：设定满足给定U/V控制点设置的优先权。当设置在最左段时，精度优先(曲率不连续的可能性大)，而设置在最右边，则平滑最优（可能偏差值较大）。

◇“放大”包括百分比和方法两个参数：

✓ 百分比：决定拟合曲面延伸的百分比。默认值为5。

✓ 方法：有“局部”和“全局”两种。

局部：为默认设置。当百分比设置较高时，综合考虑拟合的光滑度和精度。

全局：当为该设置时，拟合和放大同时执行。

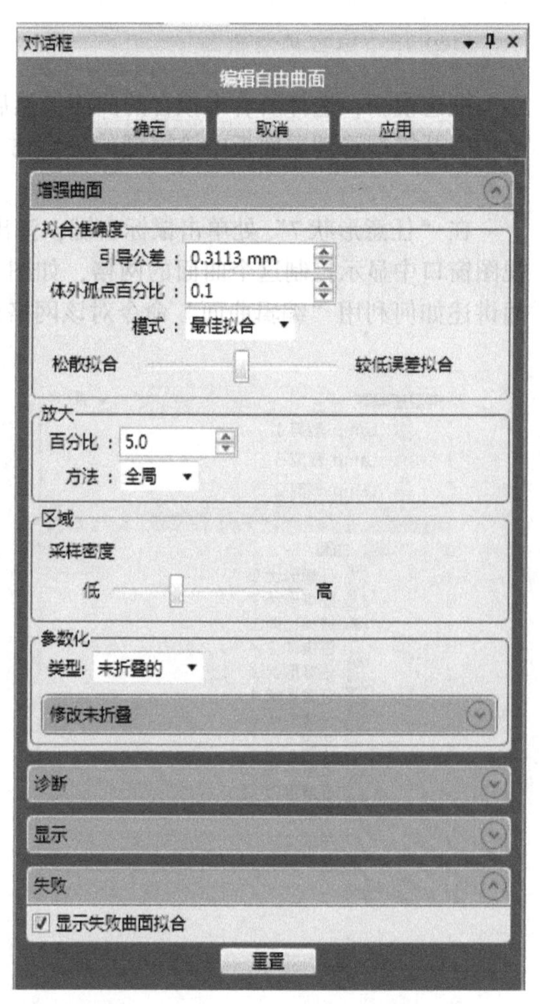


图 3-98 “编辑自由曲面”对话框

◇“区域”下有“采样密度”滑动条，滑块的位置从左到右表示密度逐渐由低变高。

◇“参数化”分项包含“类型”组合框。在其下拉列表中包含描述自由曲面的数学应用方法。特定区域的理想参数化方法取决于其形式。

在拟合过程中，软件自动设定控制网格的方向和等距线。参数化类型决定了设置这些方向的方法，对形成的曲面质量有很大影响。

参数化类型包含投影、自由、边标签、未折叠的。

✓ 投影：允许将所拟合的B-样条曲面（控制网格和等距线）的定位方向投影在一个平面。若想进一步修改该投影方向，则需要将该投影方向与一个现有的实体相匹配，或手动绘制该投影方向。如果所拟合曲面未投射到一个平面上，则列表中没有该选择。

✓ 自由：允许系统自动确定B-样条V向的最优方向。

✓ 边标签：允许重新定义B-样条曲面区域内的边界线，标注为边1、边2、边3、边4。

✓ 未折叠的：允许将所拟合的曲面投影到一个圆锥体上来定义B-样条曲面。当所拟合的曲面不是一个封闭的自由曲面时，该选项无效。

> **提示**：可采用偏差命令来查看所拟合的B-样条曲面的质量，以便选择哪种类型较适合。如果B-样条曲面已经存在，而偏差图显示的结果不令人满意，可通过调整B-样条曲面的定位来改善。也可选择别的参数化类型来获得满意的结果。

（2）“诊断”组　可选项。模型灰色显示表示拟合成功；橙色也表示拟合成功，但有警告；红色表示拟合失败。

◇“错误标签”复选项：勾选该项，在橙色和红色拟合曲面产生表述性的标签，显示错误的信息。

◇ 接受 按钮：对橙色表示的被选的拟合曲面敏感。单击此按钮，则消除被选拟合曲面的警告，并将其由橙色转变为灰色。

（3）“显示”组　同“拟合曲面”命令上的分项。

（4）“失败”组　同“拟合曲面”命令上的分项。

对于该例，最初拟合的曲面采用了“未折叠的”参数化类型。单击参数化“类型”组合框，重新选择为“边标签”。展开“修改标签”属性页，如图3-99所示。

图3-99　“修改标签”属性页

单击“修改标签”页上的，再在视图窗口选择该区域的一条轮廓线，此时该轮廓线变为绿色，说明第一条边选择成功。依次，选择其余三条边。选择后的边界将以不同的颜色相对应。注意选择的顺序。

单击 应用 按钮。此时，该曲面的控制网格变为图3-100所示，较为规则。单击 确定 按钮后，隐藏后网格控制线后，该曲面变为灰色，如图3-101所示，说明网格变化后，网格规则、编辑曲面成功。

控制网格变化

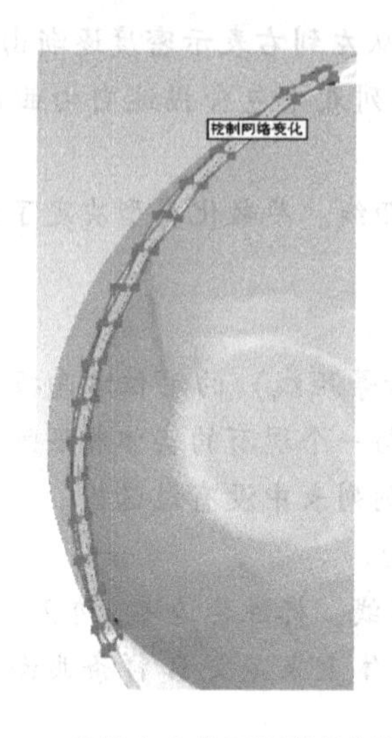

图 3-100　编辑自由曲面后的控制网格

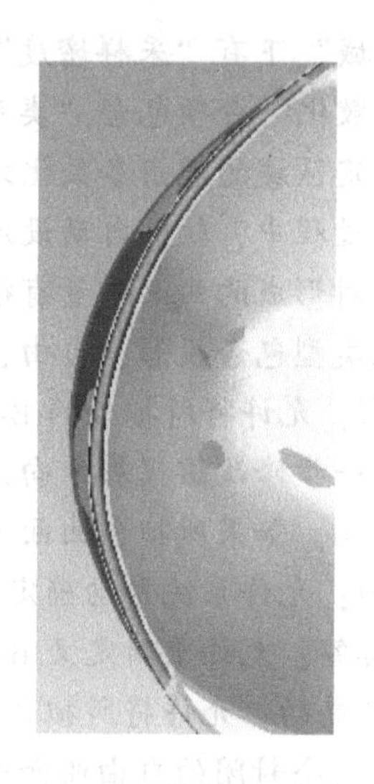

图 3-101　编辑后的自由曲面

采用“编辑曲面”命令，将所有的区域编辑修改成满足要求的曲面，如图 3-102 所示。此时“模型管理器”面板中的“曲面”显示为图 3-103 所示，视图窗口的模型信息面板显示为图 3-104 所示。可以看到，所有的曲面已成功编辑。

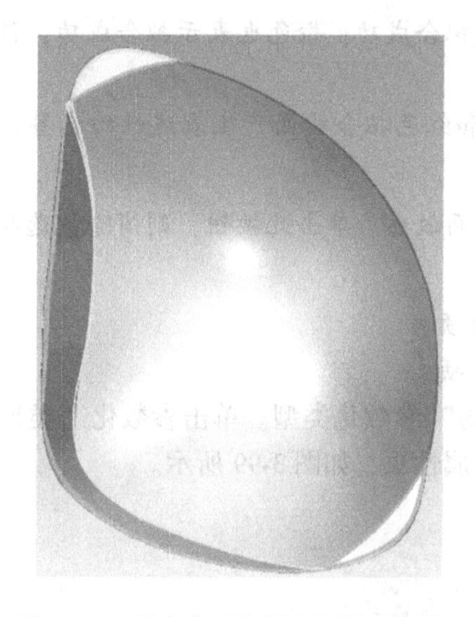

图 3-102　所有曲面编辑后的模型数据

曲面
拔模拉伸 1
圆锥体 2
任意形状 4
任意形状 5
任意形状 6
任意形状 7
平面 8
任意形状 11
平面 12
平面 9
平面 13
任意形状 14
任意形状 10
任意形状 3

图 3-103　编辑曲面后的模型管理树

曲面：拟合14、未拟合 0
连接：拟合 0、未拟合 20
转角：拟合 0、未拟合 8

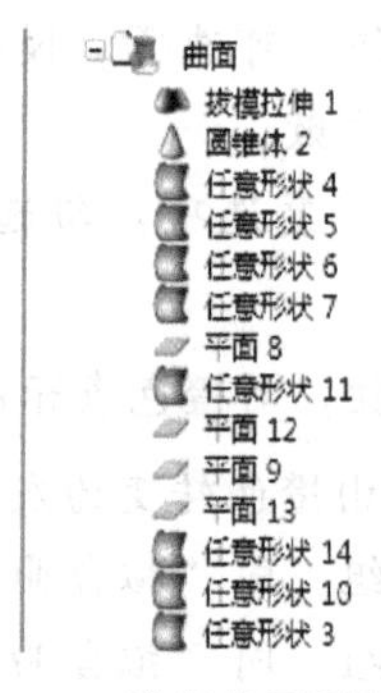

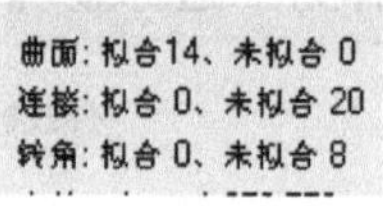

图 3-104　模型信息面板

**Step 17　分类连接**

在视图窗口单击鼠标，框选所有数据模型，此时“分类连接”图标被激活。单击“分类连接”图标，展开下拉菜单，如图 3-105 所示。单击“自动分类”项，弹出“自动分类连接”对话框，如图 3-106 所示，单击 确定 按钮，完成连接的自动分类。

分类连接
自动分类
自由形态
恒定半径
尖角

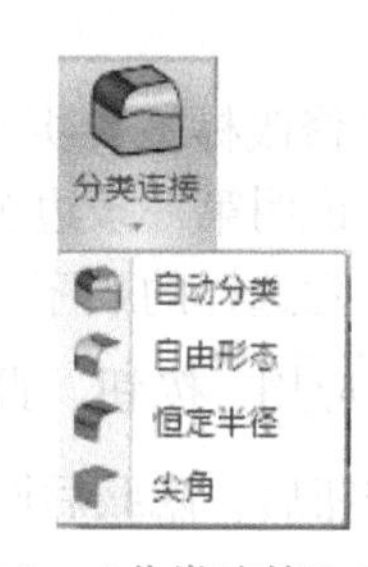

图 3-105　“分类连接”子菜单

"自动分类连接"对话框包含"设置"、"选择"选项及"确定"、"取消"按钮。

(1)"设置"组 用于控制自动分类过程中的行为。涉及的设置包括:

◇ 锐度滑动条:调节所选连接在自动分类时作为锐边的倾向性。

◇ 圆度滑动条:调节所选连接在自动分类时作为等半径圆弧的倾向性。

◇ 变量滑动条:调节所选连接在自动分类时作为自由形态的倾向性。

(2)"选择"组 用于浏览所选择连接的信息,给出作为锐化、等半径、自由形态的连接数。这些数值可能随着设置的值有所变化。

(3) 两个按钮

确定 按钮:保存自动分类结果,关闭该对话框。

取消 按钮:不保存,退出。

### Step 18 拟合连接

单击"拟合连接"图标,进入"拟合连接"命令。用鼠标框选所有模型数据,单击 应用 按钮,系统自动完成所有连接的拟合。图 3-107 所示为拟合连接后的效果图。

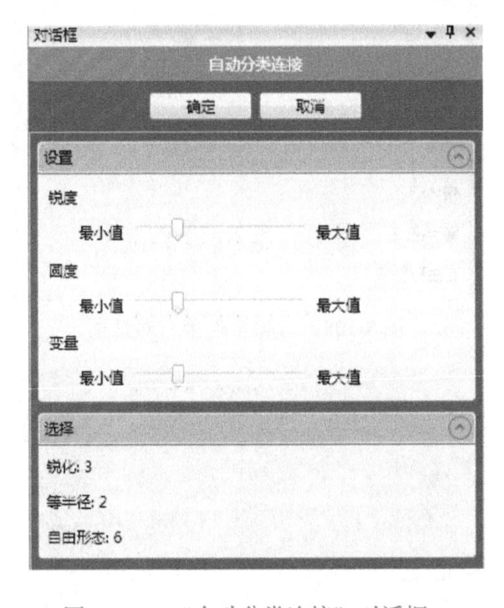


图 3-106 "自动分类连接"对话框

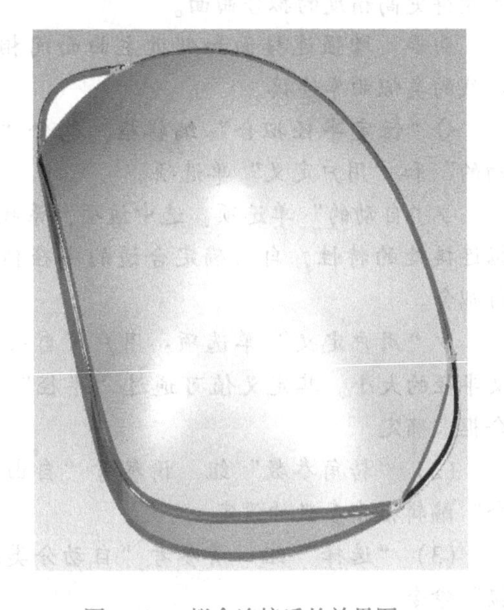

图 3-107 拟合连接后的效果图

拟合连接成功的将以蓝色显示,未成功的以深红色显示。

当出现未成功的情况,关闭"拟合连接"对话框时,将弹出图 3-92 所示的警示对话框,提示修改的方法。

"拟合连接"对话框如图 3-108 所示。

(1)"参数"组 设定等半径连接、自由形态连接及锐化连接拟合时的行为。

◇“包括相邻角点”复选项：勾选该项，在等半径和自由形态连接的相邻处采用角连接。

◇“自由拟合”编辑框，包含以下几项：

√“控制点”滑动条：该数值影响连接面的光滑性。默认值常在中间。值小，表示所拟合的光滑连接面可以不严格通过扫描点；值大，拟合精度高，但光滑欠佳。该设置仅用于复杂几何的连接曲面。

√“张力”滑动条：规定所拟合的连接面与扫描数据点间的贴合程度。最佳连接曲面的拟合其实是一种权衡，即平滑度和精度间的一种平衡。

√“连续性”组合框：可选择其下拉列表中间选项（切线和曲率），确定连接面和邻近主曲面间的光滑性。

切线：增强执行切向连接。采用该选项，可获得更高精度的拟合曲面。

曲率：增强连接面和邻近主曲面间相交曲线的类似曲率连接。

◇“恒定半径拟合”编辑框，包含“自动的”和“用户定义”单选项。

√“自动的”单选项：选中该项，系统根据连接处的特性，自动确定合适的半径值进行拟合。

√“用户定义”单选项：用户可自行定义半径的大小。其定义值可通过“半径”组合框来确定。

(2)“转角参数”组　请参考“自由拟合”编辑框中参数的设定。

(3)“选择”组　请参考“自动分类连接”命令。

**Step 19　偏差分析**

在视图窗口单击鼠标左键框选所有模型数据，再移动到工具栏，单击“偏差”图标，在弹出的对话框中，按照默认设定值，单击 确定 按钮，查看偏差是否符合要求。如不符合要求，则返回上述步骤重新编辑。图3-109所示为模型整体偏差图，模型的大

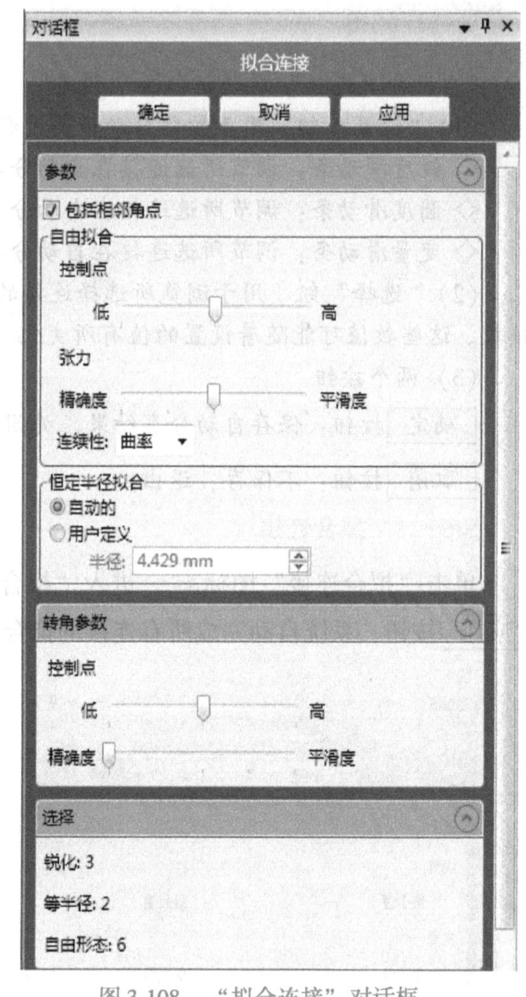


图3-108　“拟合连接”对话框

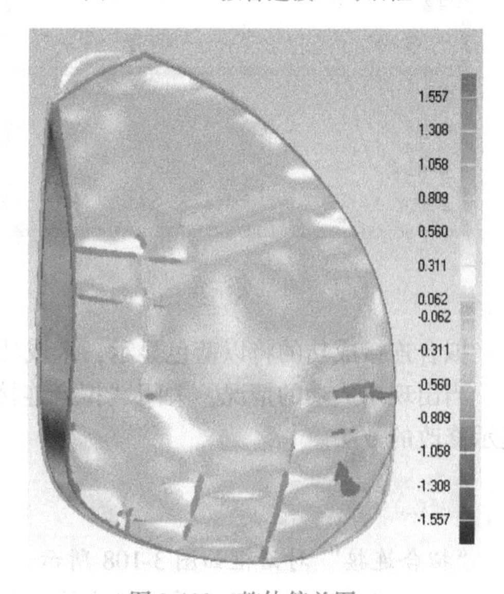


图3-109　整体偏差图

部分偏差值为（-0.062，+0.062）。

相关知识

“偏差分析”对话框如图3-110所示。该命令对拟合后的初级曲面和连接部分进行分析，分析是否达到预期目标，以便修改或重新拟合。

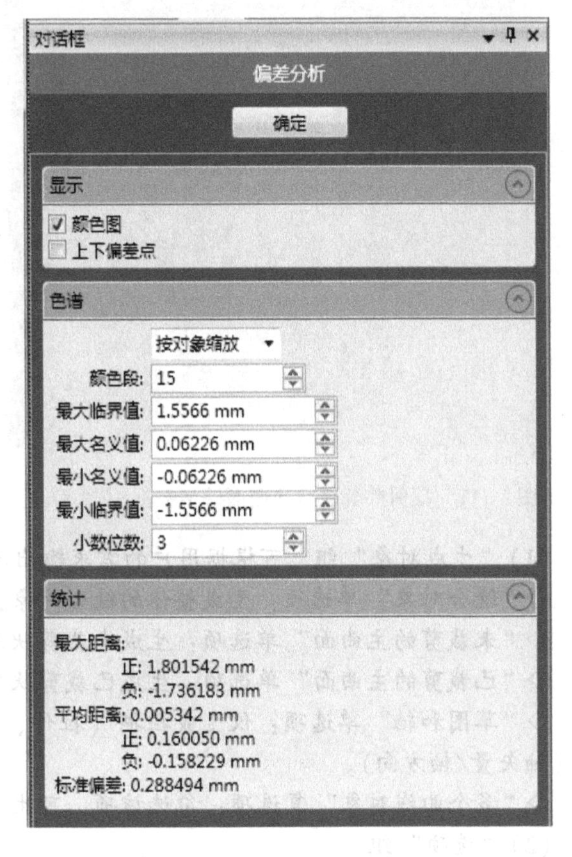


图3-110　“偏差分析”对话框

（1）“显示”组　包含下列设置。

◇“颜色图”复选项：勾选该项，模型以不同的颜色表示偏差的分布。

◇“上下偏差点”复选项：勾选该项，拟合曲面上具有最大和最小偏差的网格亮显。

（2）“色谱”组　通过下列设置，改变颜色图。

◇“颜色段”：设定该色谱表示偏差范围的数目。一种颜色代表一个偏差范围。默认值为15。

◇“最大临界值”：规定该色谱表示的最大正值。

◇“最大名义值”：规定可以接受或用绿色显示的该色谱的最大正值。

◇“最小名义值”：规定可以接受或用绿色显示的该色谱的最大负值。

◇“最小临界值”：规定该色谱表示的最大负值。

◇“小数位数”：规定色谱上误差表示值小数的位数。

（3）“统计”组　显示统计的信息，包括最大距离、平均距离、标准偏差。

**Step 20　裁剪并缝合**

单击“裁剪并缝合”图标，在弹出的对话框的“生成对象”编辑框中选中“缝合对象”，设置“最大三角形计数”为“200000”，单击 应用 按钮，再单击 确定 按钮。所生成的曲面模型数据如图3-111所示。

相关知识

“裁剪并缝合”命令用于对拟合后的主曲面和连接部分进行修剪并缝合为整体，可根据用户的要求输出多种对象。

“裁剪并缝合”对话框如图3-112所示。

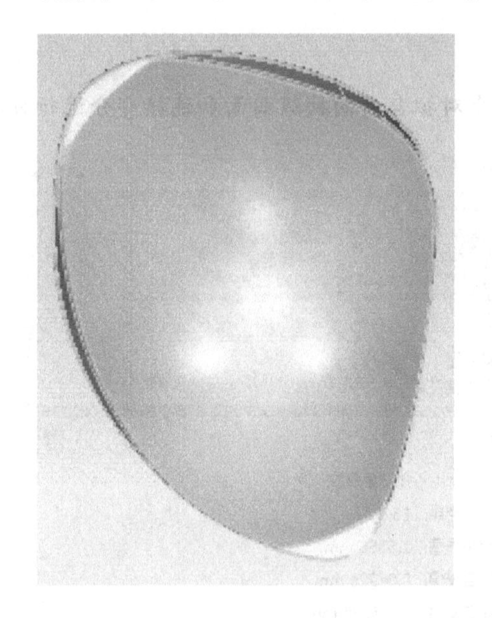

图3-111　裁剪并缝合后的曲面模型数据

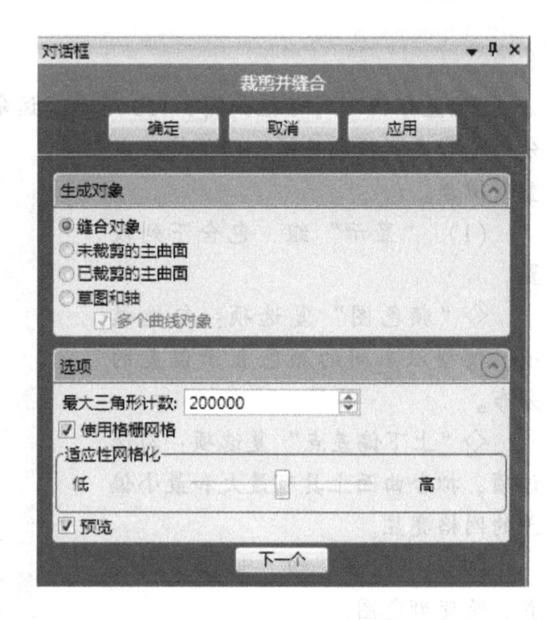


图3-112　“裁剪并缝合”对话框

(1)“生成对象”组　可根据用户的需求输出不同的对象。

◇“缝合对象”单选项：生成整体的缝合对象，包含已修剪主曲面和连接曲面。

◇“未裁剪的主曲面”单选项：生成未裁剪状态的主曲面。

◇“已裁剪的主曲面”单选项：生成已裁剪状态的主曲面。

◇“草图和轴”单选项：仅生成扫描（拉伸、拔模拉伸、旋转类型）曲面的草图以及轴（轴矢量/轴方向）。

◇“多个曲线对象”复选项：勾选该项，可生成多个曲面的截面线。

(2)“选项”组

◇“最大三角形计数”组合框：规定所生成的新模型中包含最大的三角形数目。该设置将影响图形的渲染，但不影响CAD模型。数值越大，可视效果越好，但可能花费的处理时间较长。

◇“使用格栅网格”复选项：勾选该项，使用格栅网格替代默认的STL网格，并产生较好的CAD面。

◇“适应性网格化”滑动条：规定多边形网格的自动细化程度。若设定数值低，则提倡统一尺寸的三角形；若数值高，则允许调整三角形适应基本形状。

◇“预览”复选项：勾选该项，可在视图窗口浏览处理的结果。

**Step 21　保存曲面文件**

单击图标，选择“另存为”。在弹出的“另存为”对话框中选择相应的文件格式，保存该文件。

> **提示**：IGS/IGES、STP/STEP为国际通用格式，保存为以上格式易于被其他CAD软件接受。

## 任务四　自行车挡泥板的数模重构

**【任务要求】**

利用 Geomagic Studio 软件，在一个已经处理好的多边形对象上，按照精确曲面构建主要流程，手动完成拟合 NURBS 曲面。通过完成该任务，掌握精确曲面构建的主要指令及流程。

**【任务分析】**

自行车挡泥板表面特征不够明显，在精确曲面重构时，根据零件的曲率特征进行区域的划分，并通过一些基本编辑改进曲面片的布局，以获得符合原模型特征的曲面模型。

在执行本任务时，使用 Geomagic Studio 软件所涉及的新指令见表 3-4。

表 3-4　任务四所用的新指令

| 阶　段 | 主要指令 |
|---|---|
| 精确曲面 | 探测曲率、升级/约束轮廓线、构造曲面片、移动面板、松弛曲面片、编辑轮廓线、构造格栅、拟合曲面 |

精确曲面构建的主要流程：区域划分— 构建四边曲面片—构建格栅—构建 NURBS 曲面。本阶段所用到的主要技术命令如下：

1）【轮廓线】→【探测轮廓线】→【探测曲率】。

2）【轮廓线】→【升级约束】→【升级/约束】。

3）【曲面片】→【构造曲面片】。

4）【曲面片】→【移动】→【移动面板】。

5）【曲面片】→【松弛曲面片(直线式)】。

6）【轮廓线】→【编辑轮廓线】→【拟合轮廓线】。

7）【格栅】→【构造格栅】。

8）【曲面】→【拟合曲面】。

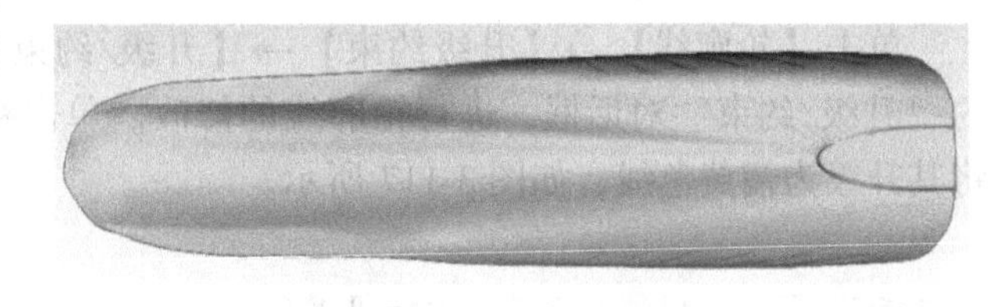

图 3-113　挡泥板模型

### Step 1　打开文件

启动 Geomagic Studio 软件，选择菜单栏→“打开”命令或单击工具栏上的“打开”图标，系统弹出“打开文件”对话框，查找并选中 Example-2. wrp 文件，然后单击 打开 按钮。所打开的模型如图 3-113 所示。

### Step 2　探测曲率

单击【探测轮廓线】→【探测曲率】，在管理器面板中弹出图 3-114 所示的“探测曲率”对话框。勾选“自

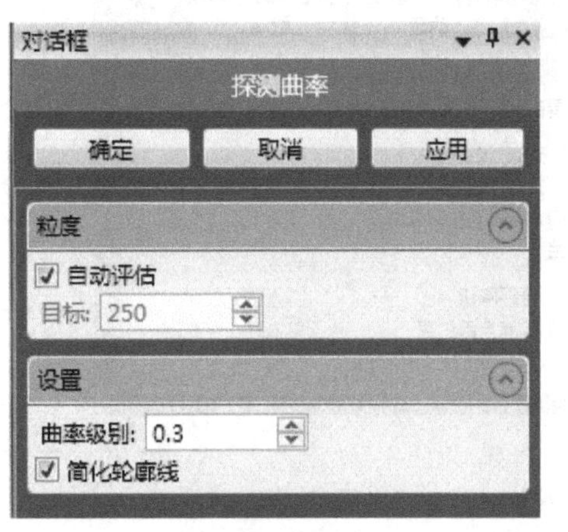


图 3-114　“探测曲率”对话框

动评估”复选项，“曲率级别”取默认值0.3，并勾选“简化轮廓线”复选项。单击 应用 按钮，自动探测生成的轮廓线如图3-115所示。

单击 确定 按钮，完成该命令。

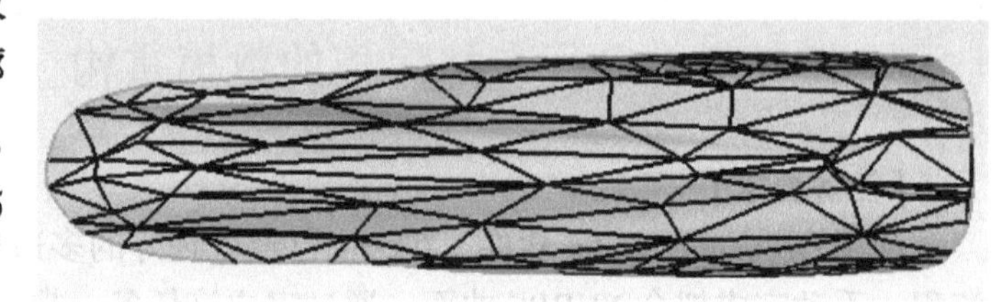

图3-115　自动探测所生成的轮廓线

执行“探测曲率”命令，系统将自动根据所设计的探测粒度和曲率级别划分曲面，用黑色线框将曲面划分为多个曲面片，并在曲率变化最大的区域生成橘黄色的轮廓线。但该操作不能与探测轮廓线同时使用，只能二选其一。

对话框中部分选项说明如下。

(1)“粒度”组　指探测曲率时用黑色线框将物体划分为网格的数目。

◇“自动评估”复选项：勾选该项，由系统自动决定黑色轮廓线划分的网格数目。

◇“目标”组合框：用户自行确定黑色轮廓线网格的数目，便于用户定量分析。

(2)“设置”组　用于设置探测曲率的参数。

◇“曲率级别”组合框：指在探测曲率时探测橘黄色轮廓线的不敏感度。所设的曲率级别越小，对曲率变化越明显，探测出的橘黄色轮廓线越多。

◇“简化轮廓线”复选项：勾选该项，可以简化生成的轮廓线。

### Step 3　升级/约束轮廓线

单击【轮廓线】→【升级约束】→【升级/约束】，在管理器面板中弹出图3-116所示的“升级/约束”对话框，进行轮廓线的修改。单击视图窗口中模型曲率变化大的轮廓线，将其升级为橘黄色线，如图3-117所示。

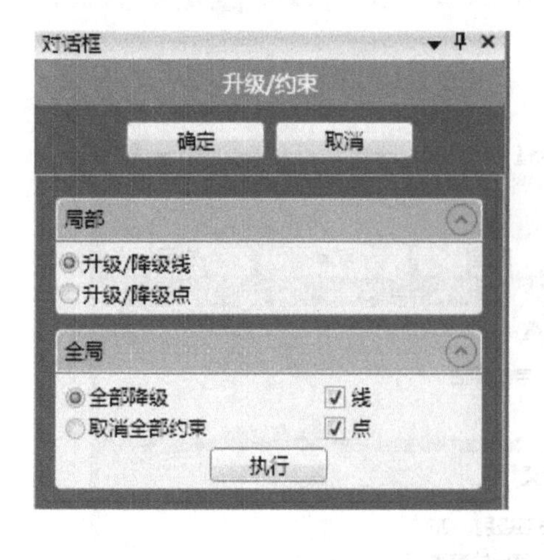


图3-116　“升级/约束”对话框

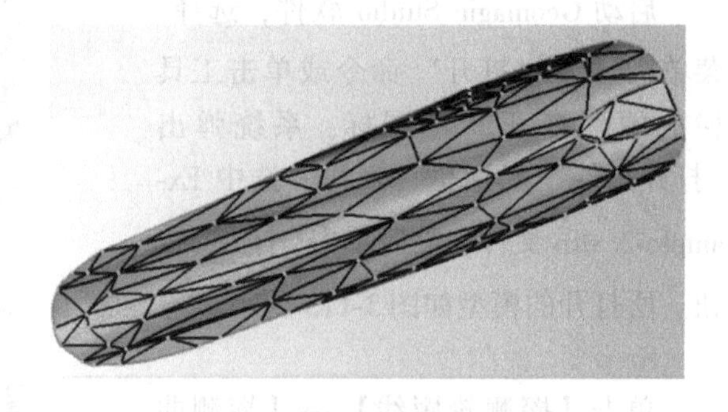

图3-117　升级后的轮廓线

提示：如果选错了轮廓线，按住 Ctrl 键，同时单击某轮廓线，可以取消升级或降级。

相关知识

利用“升级/约束”命令可进行轮廓线功能的修改，即将轮廓线由原来橘黄色的降级为黑色的，或由原黑色的升级为橘黄色的。对话框中选项说明如下：

（1）“局部”组。

◇“升级/降级线”单选项：选中该项，可以通过在视图窗口中直接单击或按住 Ctrl 键＋单击轮廓线来升级或降级轮廓线，为默认值。

◇“升级/降级点”单选项：选中该项，可以通过在视图窗口中直接单击或按住 Ctrl 键＋单击点来升级或降级点。

（2）“全局”组。

◇“全部降级”单选项：选中该项，将所有的点和线进行降级处理。

◇“取消全部约束”单选项：选中该项，将所有的点和线取消约束。

**Step 4　构造曲面片**

单击构造曲面片图标，依据轮廓线和边界线构建曲面片。在弹出的图 3-118 所示的对话框中，选中“自动估计”单选项，单击 应用 按钮，所生成的曲面片如图 3-119 所示。

图 3-118　“构造曲面片”对话框

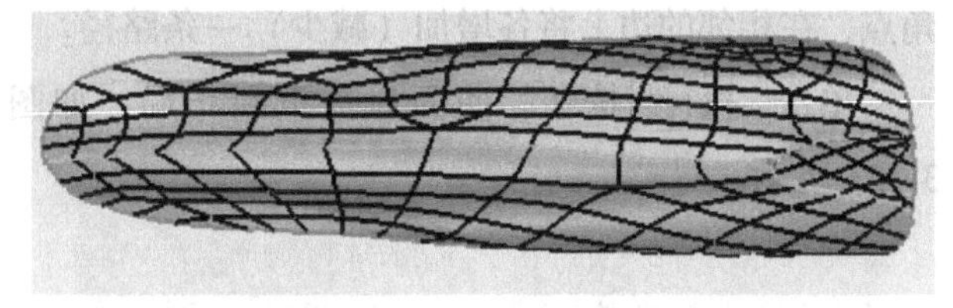

图 3-119　构造后曲面片

相关知识

利用“构造曲面片”命令，可根据轮廓线和边界线构造曲面片。对话框中选项说明如下：

（1）“曲面片计数”组　提供构造曲面片的两种方法。

◇“自动估计”单选项：系统根据模型的变化自动估算所构造曲面片的数目。

◇“指定曲面片计数”单选项：选中该项，可自行设定曲面片的数目，软件将根据所设定的数目进行曲面片的构造。

（2）“选项”组　包含一个“检查路径相交”复选项。勾选该项，在构造曲面片的过程中，将检查是否有路径相交的情况。如果有交叉路径，将给出一个提示对话框，如

图 3-120 所示。

图 3-120　存在交叉路径时的提示对话框

### Step 5　移动面板

单击工具栏曲面片中的图标 移动 →【移动面板】，弹出“移动面板”对话框，如图 3-121 所示。选中“操作”一栏中的“编辑”单选项，移动轮廓线上的顶点到想要到的地方。图 3-122 所示为凹槽部分轮廓线编辑前后的效果图。

> **提示**：在移动轮廓线的过程中，要注意移动后的点要在高曲率上，并且在移动的过程中，黑色线不能相交。

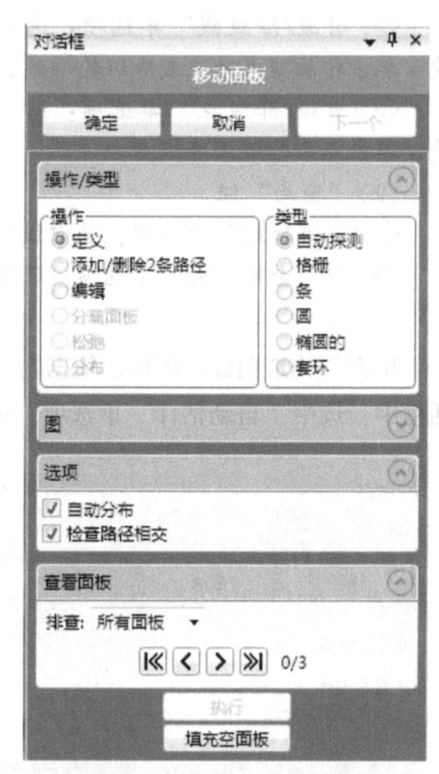

图 3-121　“移动面板”对话框

编辑后，选中“操作栏”中的“定义”单选项，在“类型”一栏中，选中“格栅”，然后在视图窗口选择凹槽部分，该区域以白色高亮显示。同时在轮廓线的节点上出现 4 个绿色圆圈的角点。单击每个角点，圆圈变成红色，同时由四个角点所定义的对边上出现带有方框的数字，如图 3-123 所示。若对边分别相等，则该数字显示为绿色。若不等，则以红色显示。若想调整到相等，需要选中“操作”一栏中的“添加/删除 2 条路径”单选项，然后在要改变的那条边上单击，即可一下增加 2 条路径；或者按住 Ctrl 键，同时单击鼠标左键，即可减少 2 条路径。按住鼠标左键单击（Ctrl 键同时单击）角点，在相邻的边上将各增加（减少）一条路径。

单击 执行 按钮，曲面片被重新布局，如图 3-123 所示。

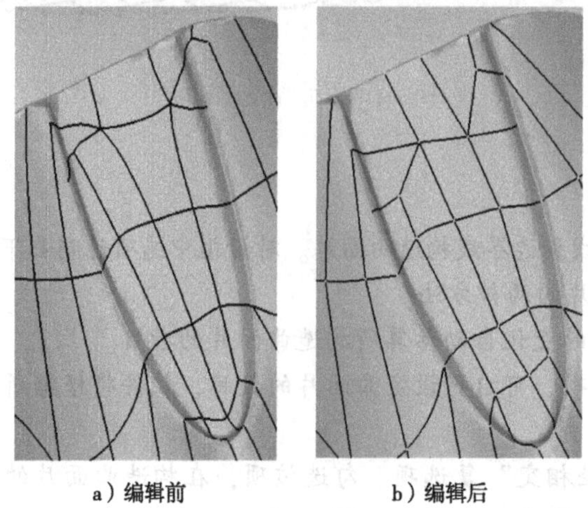
a）编辑前　　b）编辑后

图 3-122　凹槽轮廓线编辑前后

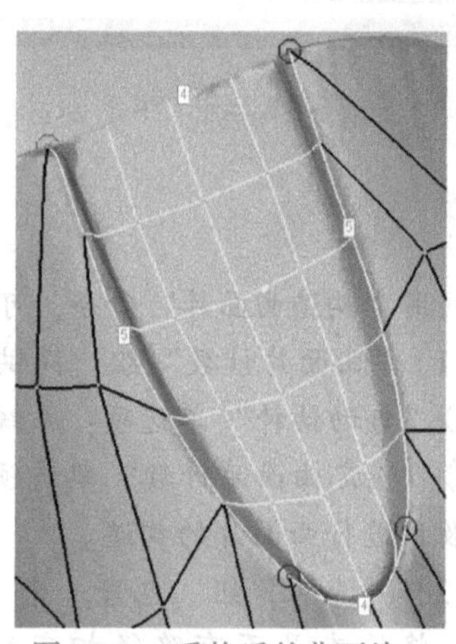
图 3-123　重构后的曲面片

3 PROJECT

单击 下一个 按钮，对其他的区域进行编辑，直至所有区域上的曲面片分布满足要求。图 3-124 所示为全部重新布局后的数据模型。

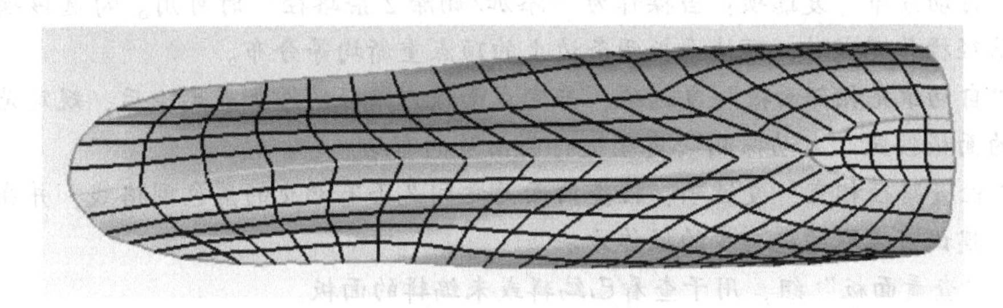

图 3-124 移动面板后的整体效果图

相关知识

利用“移动面板”命令可在一个面板内重新构建曲面片，并且可以使用曲面片去填补面板的空白处。对话框中的部分选项说明如下：

(1)“操作/类型”组 用于选择操作的方法和面板类型。

◇“操作”方法包括定义、添加/删除 2 条路径、编辑等。

✓“定义”单选项：选中该项，可以通过定义四边形的 4 个顶点定义一个四边形曲面片。

✓“添加/删除 2 条路径”单选项：可以编辑所选面板内的曲面片结构。通过适当添加或删除围成曲面片的路径，确保相对边所包含的路径相等。单击一条边即可添加两条路径；按住 Ctrl 键同时单击某一边即可删除一条边上的两条路径。单击角点，在相邻边上各添加一条路径；按住 Ctrl 键同时单击某角点，在相邻边上各删除一条路径。

✓“编辑”单选项：可以编辑顶点位置以及升级或约束轮廓线。

✓“分离面板”单选项：当且仅当面板中不含有曲面片时，可将该面板分成 2 个。

✓“松弛”单选项：提供松弛曲面片的功能（可激活“线性松弛”和“曲线松弛”）。

✓“分布”单选项：根据选择的曲面片边产生等间距的曲面片角点。

◇“类型”包括“自动探测”、“格栅”、“条”、“圆”、“椭圆的”、“套环”多种类型。选择好类型后，单击 执行 按钮，即可看到曲面片的移动。

✓“自动探测”单选项：利用四角点产生一个一般的网格状斑块布局。

✓“格栅”单选项：产生一个类似于网格的曲面片布局。

✓“条”单选项：在一个长条形面板内产生优化的面板布局。

✓“圆”单选项：在一个圆形面板内产生优化的面板布局。

✓“椭圆的”单选项：在一个椭圆形面板内产生优化的面板布局。

✓“套环”单选项：通过面板的圆心布局面板。

◇“编辑”组 当操作方法选为“编辑”时，控制鼠标的行为。

✓“升级/降级轮廓线”单选项：单击一条线，可将其升级为橙色；按住 Ctrl 键再单击，可将某条橙色线降级为黑色线。

✓“移动顶点”单选项：通过单击或拖动相交处，移动曲面片线。

(2)“图”组　几何图形类型的表示。

(3)“选项”组：

✓“自动分布”复选项：当操作为“添加/删除2条路径”时可用。勾选该项，当添加或删除路径操作完成时，可使面板两条边上的顶点重新均等分布。

✓“自动填充相邻面板”复选项：当完成面板内路径的添加或删除后，规定是否要执行将相邻的面板按照“自动探测”类型进行曲面片的布局。

✓“检查路径相交”复选项：检查曲面片之间是否有相交的黑色网格线，并在发现路径相交后，建议可采取的进一步的操作方法。

(4)“查看面板”组，用于查看已编辑或未编辑的面板。

(5)其他按钮 执行 按钮：单击该按钮，系统自动根据设定的编辑条件对组成曲面片的网格进行重新排布，使其变得均匀。

填充空面板 按钮：单击该按钮，系统自动用黑色网格填充原来没有网格的曲面片。

下一个 按钮：该按钮只有在完成对现有面板的操作后才被激活。单击该按钮，可对下一个面板进行操作。

**Step 6　松弛曲面片**

单击“曲面片”→“松弛曲面片（直线式）”。松弛曲面片是指放松轮廓线张力，使轮廓线更加光滑。直线式是用两端点来调整轮廓线，而忽略了相邻补丁线的位置。松弛曲面片后的模型如图3-125所示。

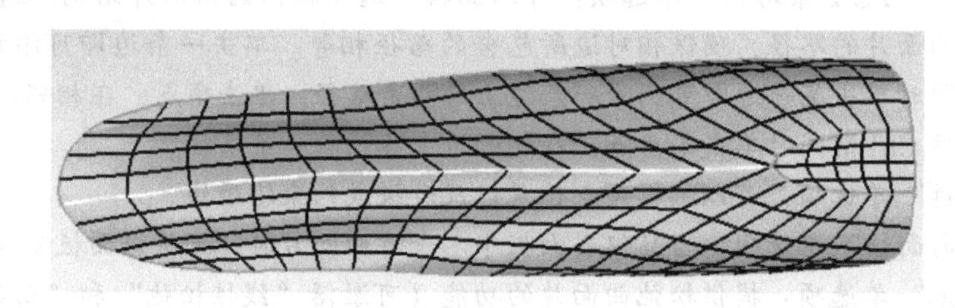

图3-125　松弛曲面片后的模型

**Step 7　拟合轮廓线**

单击挡泥板中间的橙色轮廓线，单击图标→“拟合轮廓线”，弹出图3-126所示的对话框。将“控制点”改变为“4”，单击 应用 按钮。明显看到轮廓线被拉直，如图3-127所示。单击 确定 按钮，退出该命令。

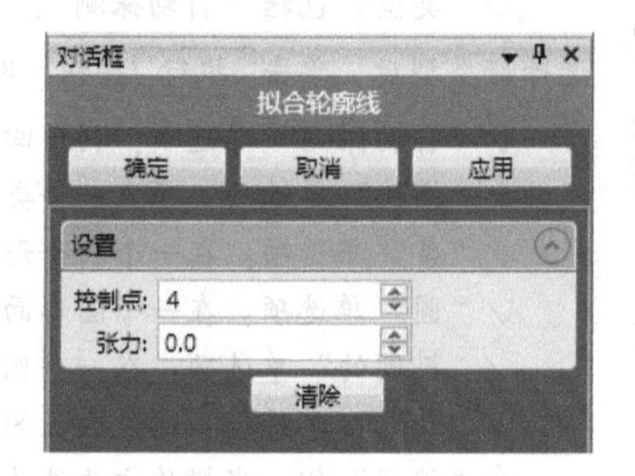


图3-126　“拟合轮廓线”对话框

执行“拟合轮廓线”命令，可通过减少控制点的数目以及调整张力，改变黄色或橙色轮廓线的曲率。

(1)“设置”组

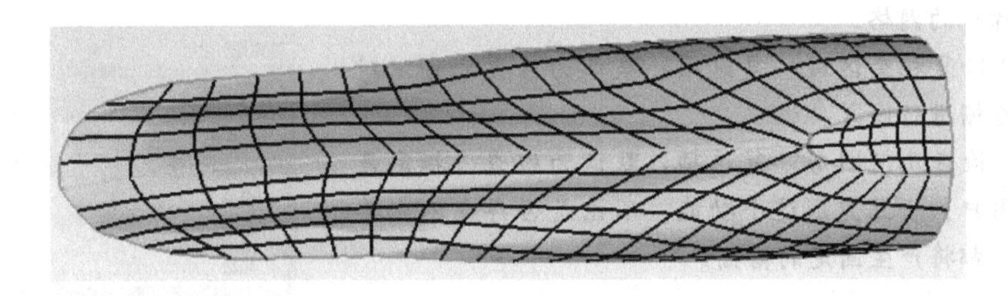

图 3-127 拟合轮廓线后的模型数据

◇ 控制点组合框：规定控制点的数目，将控制点均匀地分布在选定的轮廓线上。

◇ 张力：表示精度和光滑度之间的平衡值。此值越高，轮廓线的光滑程度越高，但可能会牺牲一些点的精度；此值越低，精度越高，但光滑度较差。

(2) 两个按钮

◇ 清除 按钮：清除图形区域内所选择的黄色轮廓线。

◇ 应用 按钮：根据给定的控制点和张力拟合所选轮廓线。

Step 8 构建格栅

单击“构造格栅”图标，在弹出的“构造格栅”对话框中，如图 3-128 所示。设置“分辨率”为 20，单击 应用 按钮，模型生成的格栅如图 3-129 所示，即在每个曲面片内生成 20 个更小的曲面片，这些曲面片以直角的形式分布于较大的曲面片中。这些格栅将成为 NURBS 曲面生成的控制点。

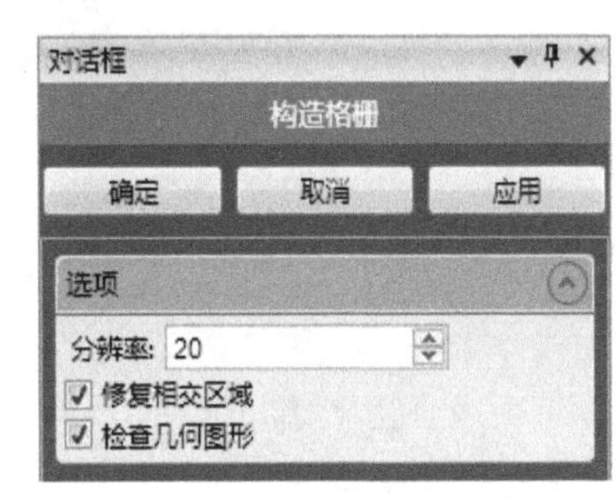


图 3-128 “构造格栅”对话框

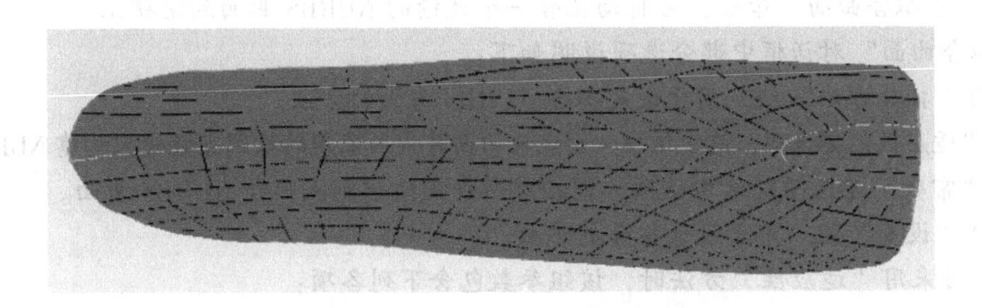

图 3-129 生成的格栅

执行“构造格栅”命令，可在每个曲面片内创建一个有序的 U-V 网格。

“构造格栅”对话框中的部分选项说明如下：

◇“分辨率”组合框：设定每个曲面片上网格的数量。该数值范围为 8 ~ 100，默认值为 20。在设定该数值时，要兼顾所有曲面片的大小，因为该数值应用在所有的曲面片上。若该数值过大，将使得小曲面片上产生较密的网格；而该数值较小的话，将使得大曲面片上产生较稀疏的网格。

◇“修复相交区域”复选项：默认为修复，可以对相交的格栅进行修复。

◇“检查几何图形”复选项：默认为检查，指定是否通知用户，一旦完成这个功能，不论是否存在不完善的区域，都将产生固定的格栅。

Step 9　拟合曲面

单击图标拟合曲面，在图3-130所示的“拟合曲线”对话框中，选择“常数”拟合方法，设定“控制点”为12，“表面张力”为0.25，展开“高级选项”，勾选“优化光顺性”。单击 应用 按钮。生成的NURBS曲面如图3-131所示。

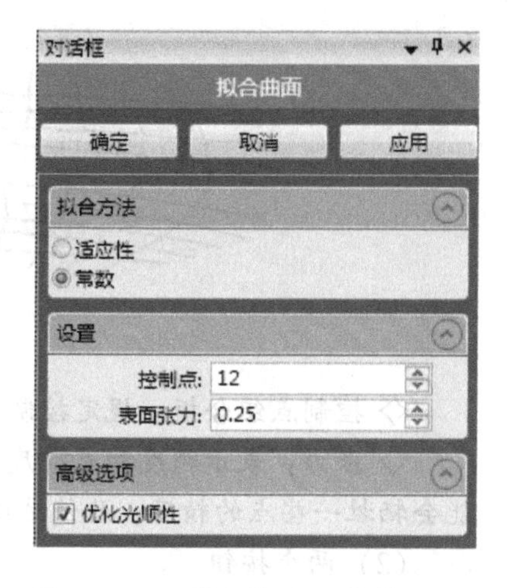


图3-130　“拟合曲面”对话框

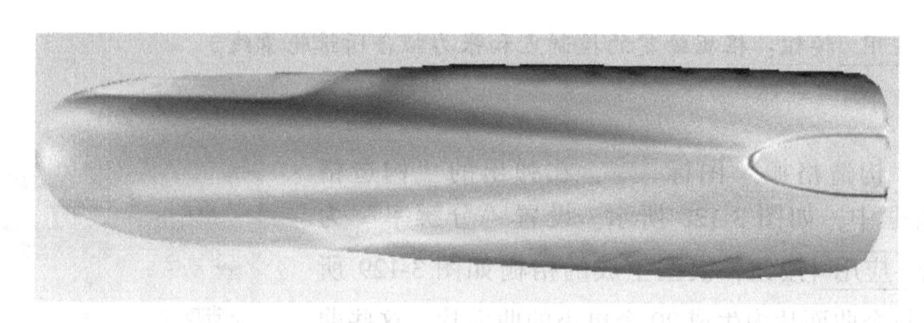

图3-131　NURBS曲面

相关知识

执行“拟合曲面”命令，可自动拟合一个连续的NURBS曲面到格栅上。

“拟合曲面”对话框中部分选项说明如下：

(1)“拟合方法”组　用于设定拟合NURBS曲面的方法。

◇“适应性”单选项：选中该项，则优化曲面片内所采用的控制点数量来构建NURBS曲面。

◇“常数”单选项：选中该项，则按照所设定的控制点拟合NURBS曲面。

(2)“设置”组　用于设置拟合的参数。

1）当采用“适应性”方法时，该组参数包含下列各项：

◇最大控制点数：指定控制点数的最大值。

◇公差：指定NURBS曲面相对原始曲面片偏离的最大距离。

◇表面张力：用于调整精度和平滑度之间的平衡。

◇体外孤点百分比：在NURBS曲面公差允许的范围内，指定基本网格内可以超出公差的点的百分比。

2）当采用“常数”方法时，该组参数包含：

◇控制点：设定拟合NURBS曲面的控制点数量。

◇表面张力：用于调整精度和平滑度之间的平衡。

(3)“高级选项”组，用于进一步改善NURBS曲面。

当采用“适应性”方法时，该组参数包含：

◇“优化光顺性”复选项：勾选该项，在公差允许范围内保证 NURBS 曲面的光滑。

◇“评估偏差”复选项：勾选该项，在执行拟合后，将在“统计”组中给出统计值，包括超出公差百分比、最大偏差、平均偏差、标准偏差。

当采用“常数”方法时，该组参数仅包含“优化光顺性”复选项。

**Step 10 保存曲面文件**

单击图标，选择“另存为”。在弹出的“另存为”对话框中选择文件类型为“*.igs”，即 IGES 文件，保存生成的 NURBS 曲面。

## 任务五 凸台点云的数据处理及数模重构

3-6

**【任务要求】**

利用 Geomagic Studio 软件，对所提供的凸台扫描数据点云进行数据处理，获得符合原模型特征的曲面模型。

**【任务分析】**

本凸台是比较典型的零部件，具有比较明显的特征。因此，在每个阶段的数据处理时，要注意对特征的保留。

本任务的原始数据是无序点云，有别于任务二的数据点云。因此点阶段的数据处理将应用新的命令来完成。

在执行本任务时，使用 Geomagic Studio 软件所涉及的新指令见表 3-5。

表 3-5 任务五所用的新指令

| 阶 段 | 主要指令 |
| --- | --- |
| 点阶段技术命令 | 联合点对象、着色、选择非连接项、选择体外孤点、减少噪音、统一采样、封装 |

### 一、点阶段的数据处理

本任务原始数据为一个圆形凸台的无序点云。采用合并点对象、去除非连接项、去除体外孤点、统一采样、封装等主要处理技术，封装成一个边界理想、孔数不多、表面完整的多边形模型。

本阶段用到的主要技术命令如下：

1）“点”→“联合”→“联合点对象”。

2）“点”→“修补”→“着色”→“着色点”。

3）“点”→“修补”→“选择”→“非连接项点”。

4）“点”→“修补”→“选择”→“体外孤点”。

5）“点”→“修补”→“减少噪音”。

6）“点”→“采样”→“统一”。

7）“点”→“封装”。

本阶段数据处理的思路为：

分离并删除无用杂点 ⟹ 采样处理减少数据量 ⟹ 封装

**Step 1　打开文件**

启动 Geomagic Studio 软件，打开文件 Example-3. wrp。在左边模型管理器中，可以看到该模型是由 7 个点云数据构成的，如图 3-132 所示。

显示在视图窗口的凸台点云数据如图 3-133 所示。

模型管理器
ScanPass1
ScanPass2
ScanPass3
ScanPass4
ScanPass5
ScanPass6
ScanPass7

图 3-132　凸台模型管理器

图 3-133　凸台点云数据

**Step 2　合并点对象**

选中模型管理器中的 7 个点云文件，然后选择菜单“点”→“联合”→“联合点对象”，在弹出的对话框中（图 3-134），修改名称为“凸台”，然后单击 应用 按钮。此时，在模型管理器中，可以看到修改后的模型名称为“凸台”。

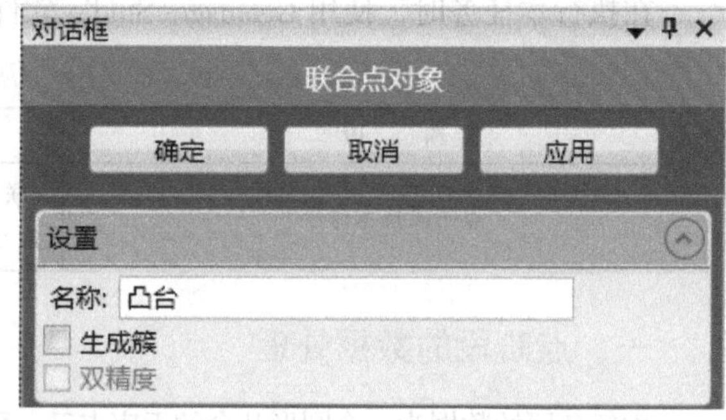


图 3-134　“联合点对象”对话框

相关知识

“联合点对象”命令可通过两个或多个点对象创建一个独立的点对象。执行该命令，无论原始数据是有序还是无序，所产生的都是一个独立的无序的点对象。

当在模型管理器中选择两个或多个相同类型的点对象时，才能执行该命令。

“联合点对象”对话框中部分选项说明如下：

“名称”文本框，为执行“联合点对象”命令后所生成的点对象命名。如果不指定名称，系统将提供一个默认名。

1）若联合的是几个无序点对象，则下面的设置有效。

◇“生成簇”复选项：若勾选该项，则在执行该命令后，在模型管理器中将列出该簇的原始数据名，可以方便地看到该联合点对象的数据来源。

◇“双精度”复选项：若原始数据中含有双精度数据，通过勾选该项，可以使所生成的点云数据中包含双精度的点云。

2）若要联合的是几个有序点对象，则下面的设置有效。

◇“删除重叠”复选项：若想所生成的点云中含有的数据量较少，则勾选该项，将重叠区域的数据删除。若该选项无效，则所联合的点对象将包含每个原始的点云数据。

◇“保持法线”复选项：若勾选该项，则所联合的点对象的法线方向一致。否则，所生成的联合点对象没有法线信息。

> **提示**：若在执行“联合点对象”命令时，勾选“生成簇”项，生成联合点对象后，想浏览原始的点云数据，可采取以下措施：
>
> ◇ 通过右击模型管理器中的该簇名，单击“选择”选项，浏览单个原始数据。
>
> ◇ 通过右击模型管理器中的该簇名，选择“删除簇”选项，则可返回到原始、单个点对象的状态。

### Step 3 着色对象

选择“点”→“修补”→“着色”→“着色点”，将联合后的点云对象进行着色。此时，点对象将由原来的黑色变成淡绿色，如图 3-135 所示，可以更加清晰、方便地观察点云的形状。

> **提示**：通过选择左边管理器中的“显示”属性页，勾选“几何图形显示”组中的“点”→“着色”复选项，同样可以着色点云数据。

### Step 4 选择非连接项

选择“点”→“修补”→“选择”→“非连接项点”，在模型管理器中弹出的对话框中，设置“分隔”下拉列表框中的值为“低”，“尺寸”的下拉列表框中选默认值，单击 确定 按钮，被选中的非连接项在图形窗口中呈现红色，如图 3-136 所示。图形窗口的模型信息显示出所选的点数。

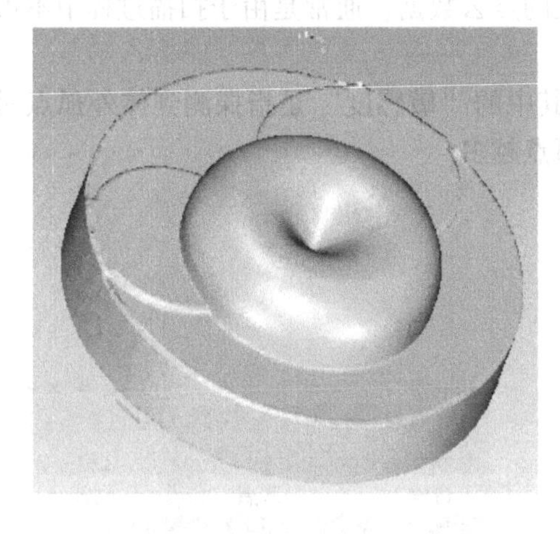

图 3-135 着色后的点云数据（淡绿色）

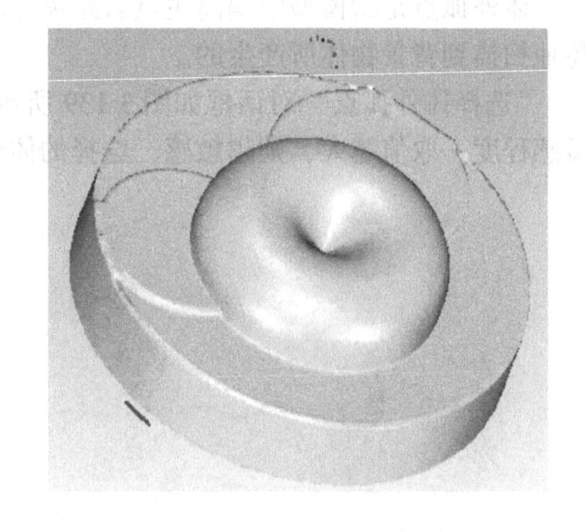

图 3-136 被选中的非连接项（红色）

“选择非连接项”命令中选择的是那些偏离主点云的“孤岛”数据，仅适用于无序点

对象。

可通过调整该命令中“设置”数值来修正自动选择非连接项点的过程。现将“选择非连接项”对话框（图3-137）中部分选项说明如下：

图3-137 “选择非连接项”对话框

（1）“分隔” 下拉列表中低、中间、高的数值用于确定选择点的方法。

◇“低”：选择该值时，每个不连接部分的点都代表“孤岛”。该选项常用，因为这样用户可以最大限度地将非连接项选中。

◇“中间”：选择该值时，相邻的几个非连接项被认为是“孤岛组”而被选中。

◇“高”：选择该值时，相邻或适度相邻的几个非连接项将被认为是“孤岛组”而被选中。

（2）“尺寸” 用于指定所选点所占的百分比。在执行该命令时，所选的非连接项点与总模型数据之比将小于或等于该数值。

**Step 5 删除非连接项**

选择“点”→“删除”，或按下Del键，删除所选择的非连接项点。

**Step 6 去除体外孤点**

选择“点”→“修补”→“选择”→“体外孤点”，在模型管理器中弹出的对话框中，设置“敏感度”值为85，单击 确定 按钮，此时体外孤点被选中，呈现红色，如图3-138所示。

选择“点”→“删除”，或按下Del键，删除所选择的体外孤点。

**相关知识**

体外孤点是指模型中偏离主点云距离比较大的点云数据，通常是由于扫描过程中不可避免地扫描到背景物体所产生的。

“选择体外孤点”对话框如图3-139所示，其中的“敏感度”是指探测到体外孤点时的敏感程度。取值越大，则越敏感，选择的体外孤点越多。

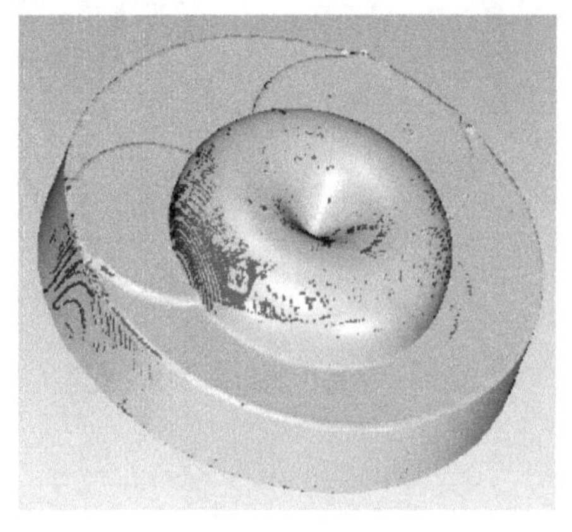
图3-138 所选择的体外孤点（红色）

图3-139 “选择体外孤点”对话框

> **提示**：如果点云中有明显的多余的点云数据，即有比较明显的“非连接项”，也可手动删除。

**Step 7　减少噪音**

选择“点”→“修补”→“减少噪音”，在弹出的对话框中，选择“自由曲面”，“平滑级别”滑块滑到“无”，“迭代”为2，“偏差限制”为0.2mm。

在“预览”框中定义预览点为3000，在视图窗口的模型上选择一小块区域来预览。左右移动“平滑级别”滑块，同时观察预览区域的图像变化。图3-140、图3-141所示分别为平滑级别为1、4时的预览效果。

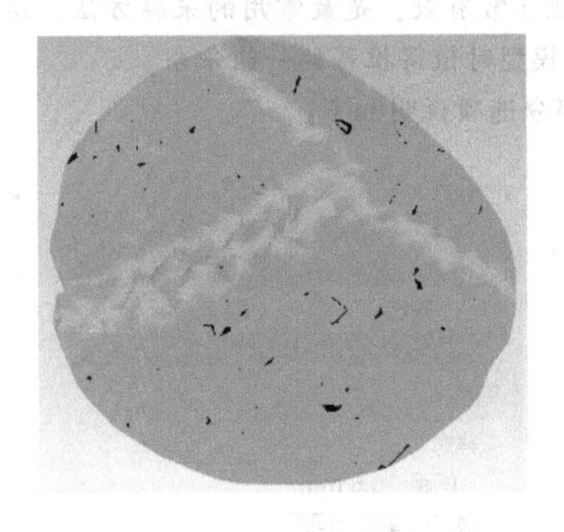

图3-140　平滑级别为1时的预览图

图3-141　平滑级别为4时的预览图

为了更好地了解改变“平滑级别”对噪音对象改变的程度，打开“显示偏差”，在一个色谱图中动态查看改变程度。定义“最大临界值”为1mm，“最大名义值”为0.1mm。图3-142和图3-143所示分别为平滑级别为1、4时对模型偏差的影响。

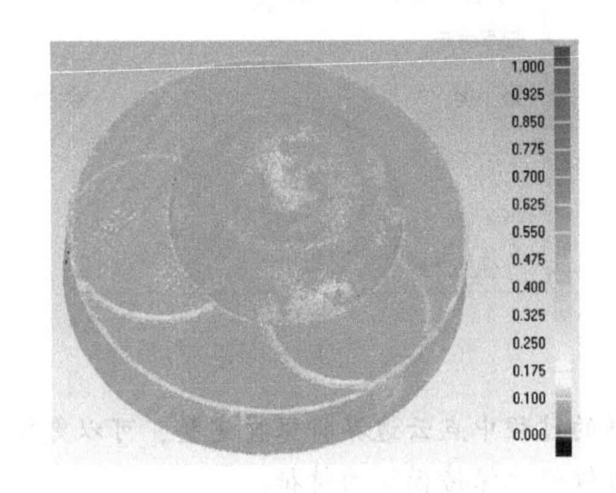


图3-142　平滑级别为1时的偏差图

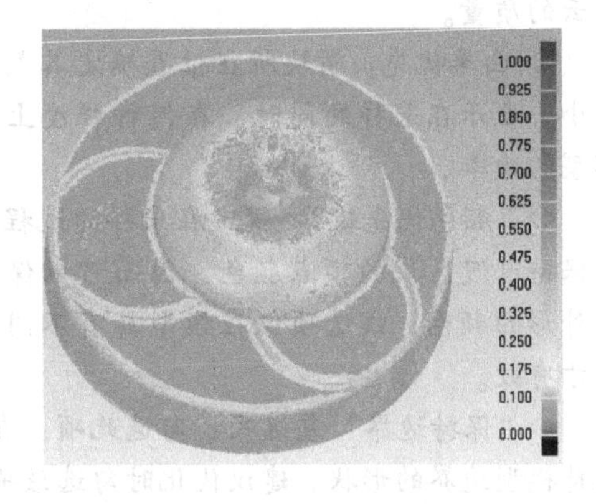


图3-143　平滑级别为4时的偏差图

通过上述的预览及偏差显示，将“平滑级别”确定为3，单击 确定 按钮，退出对话框。

“减少噪音”的具体操作见任务二。

**Step 8　统一采样**

选择“点”→“采样”→“统一”，在弹出的“统一采样”对话框中，选中“绝对”，定义“间距”为0.6mm，单击［应用］按钮，进行采样。然后单击［确定］按钮，退出对话框。

统一采样后的模型点云数据由原来的33万减少到5万左右。该信息显示在视图窗口的模型信息中。

“统一采样”可在保持模型精确度的基础上快速减少点云数据量。该命令仅当处理无序点云数据模型时有效。

“统一采样”技术对平滑曲面对象的数据处理非常有效，是最常用的采样方法。该命令与“封装”技术结合使用，是生成高精度多边形模型时值得推荐的一组命令。

“统一采样”对话框如图3-144所示，其中部分选项说明如下：

（1）“输入”组　包含“绝对”、“通过选择定义间距”、“由目标定义间距”三种确定采样距离的方式。

◇“绝对”单选项：选中该项，系统将根据“间距”文本框中输入的数值来进行采样。

◇“通过选择定义间距”单选项：选中该项，系统将根据用户在模型中选择的两个可见点之间的距离进行采样。

◇“由目标定义间距”单选项：选中该项，系统将根据所输入的点数自动确定采样距离。采样后的点数量就是输入的目标值。

（2）“优化”组　用于在采样的同时优化点云的质量。

◇曲率优先：滑块所在位置确定其数值的大小，表示在采样的同时，在何种程度上保持模型的曲率。

◇“颜色优先级”：规定在采样的过程中如何保持过渡区域的顶点颜色，因而可以保留整个外形的颜色。该选项仅在模型具有不同颜色时才有效。

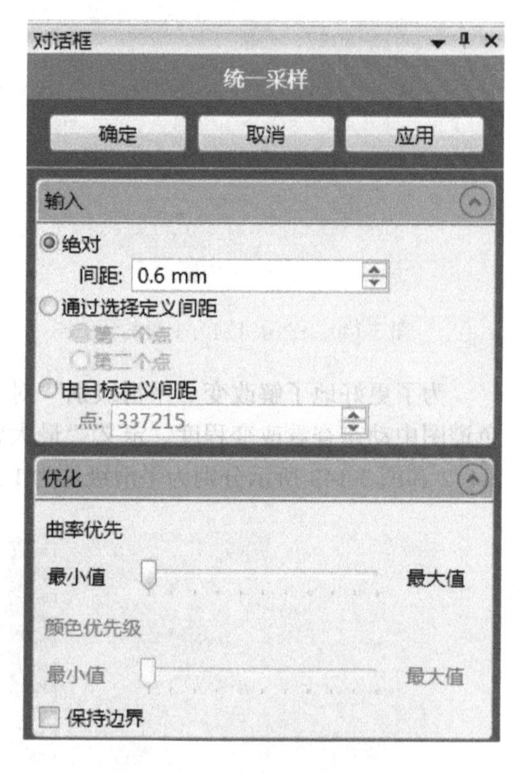


图3-144　“统一采样”对话框

◇“保持边界”复选项：勾选此项，在采样的过程中点云边界将保持完整，可以更好地保持模型边界的形状。建议优化时勾选该项，可较好地保持模型的特征。

**Step 9　封装数据**

选择“点”→“封装”，在弹出的“封装”对话框中的“噪音的降低”下拉列表选择“自动”，同时勾选“保持原始数据”和“删除小组件”复选项；勾选“最大三角形数”，设置其值为10万，移动“执行—质量”滑块置于为3。单击［确定］按钮，执行该操作，且

3 PROJECT

退出对话框。所形成的多边形模型如图 3-145 所示。至此，点阶段的数据处理结束，进入多边形阶段。

相关知识

“封装”指令用于将点云数据按照所设定的参数转化成多边形模型，“封装”对话框如图 3-146 所示。

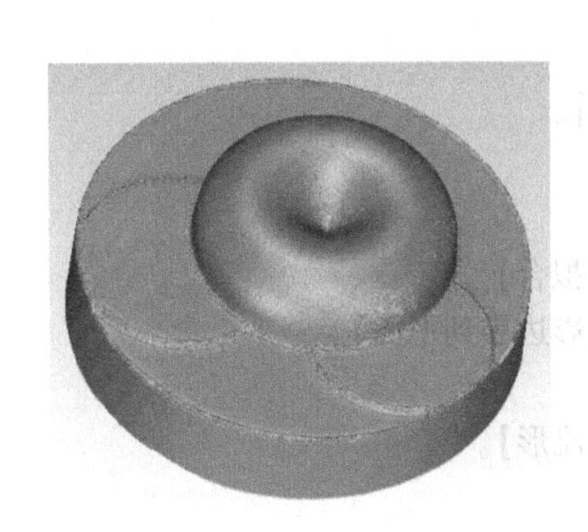

图 3-145 封装效果图

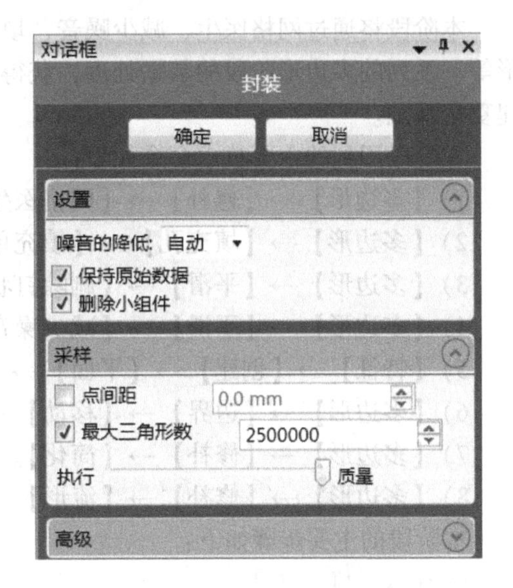


图 3-146 “封装”对话框

(1)“设置”组

◇“噪音的降低”文本框：通过下拉式列表，设定减噪的参数值，包含无、最小值、中间、最大值、自动五种方式。一般选择自动的方式。

◇“保持原始数据”复选项：勾选该项，系统将在模型管理器中保留原始的点云数据，否则不予保留。

◇“删除小组件”复选项：勾选该项，系统在封装的过程中将删除那些孤立的与主点云没有实际关系的点云。一般都勾选此项。

(2)“采样”组 用于确定采样的方式。

◇“点间距”复选项：勾选该项，系统将按照该文本框中的数值进行采样。

◇“最大三角形数”复选项：勾选该项，系统按照文本框中输入的目标值进行采样。该数值越大，封装后的多边形网格越密。

◇“执行—质量”滑动条：用于调节采样质量的高低，可根据点云数据的实际特征，进行适当的设置。滑块越靠近右边，在执行过程中模型的采样质量越高。

(3)“高级”组 用于设置封装时的一些参数。

◇“优化稀疏数据”复选项：勾选该项，系统采样时将对分布很不均匀的点进行多边形化，将允许更多的孔填充。

◇“优化均匀间隙数据”复选项：勾选该项，系统采样时将对分布均匀的点进行多边形化。

◇“边缘（孔）最大数目”文本框：规定在封装过程中、系统自动填充最大孔时，孔边缘线所能用的多边形的边数。

Step 10 保存数据文件

保存数据文件为 Example-3-封装 . wrp。

## 二、多边形阶段的数据处理

本阶段将通过网格医生、减少噪音、填充孔、编辑边界、投影边界到平面、简化、开流形等一系列的多边形阶段的数据处理，获得光滑的符合原特征的模型数据，为精确曲面的构建奠定基础。

本阶段用到的主要技术命令如下：

1）【多边形】→【修补】→【网格医生】。

2）【多边形】→【填充孔】→【填充单个孔】。

3）【多边形】→【平滑】→【删除钉状物】。

4）【多边形】→【平滑】→【减少噪音】。

5）【特征】→【创建】→【平面】→【最佳拟合】。

6）【多边形】→【边界】→【移动】→【投影边界到平面】。

7）【多边形】→【修补】→【简化】。

8）【多边形】→【修补】→【流形】→【开流形】。

本阶段的主要步骤如下：

Step 11 打开文件

打开文件 Example-3-封装 . wrp。浏览该模型，可以发现，该模型不够光滑，且有孔洞，底面边界不光滑等。因此，需要进行多边形阶段的数据处理。

Step 12 网格医生

单击【多边形】→【修补】→【网格医生】。在弹出的“网格医生”对话框中，将【分析】组中的复选项全部勾选，可以看到分析结果中有很多的自相交、钉状物、小组件等问题，如图 3-147 所示。这时浏览视图窗口中的数据模型，如图 3-148 所示，大部分不好的数据已被选中，以红色显示。单击 应用 按钮，执行网格医生操作，将所选中的数据删除。单击 确定 按钮，保存该操作。执行网格医生后的数据模型如图 3-149 所示。

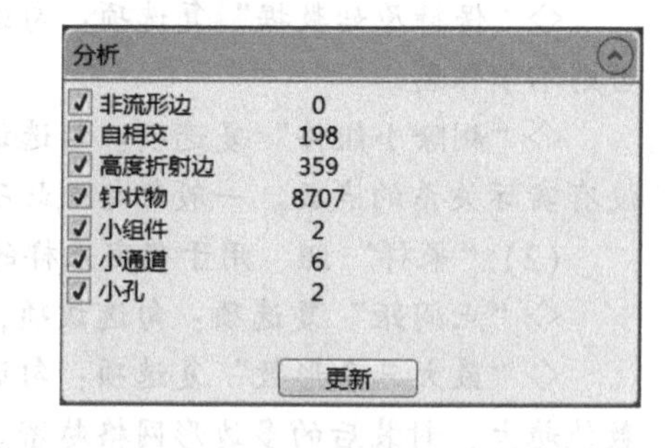

图 3-147 网格医生分析结果

Step 13 填充孔

放大视图窗口中的数据模型，仔细观察将要填充孔的局部区域，可以发现，孔的边界不清晰，出现重叠样，如图 3-150 所示。因此，进行手动删除，获得边界清晰的孔边界，如图 3-151 所示。

单击【多边形】→【填充孔】→【填充单个孔】，选择基于曲率的填充方式，将缺失的数据补上，如图 3-152 所示。

采用上述方法，将所有的孔都填充好。

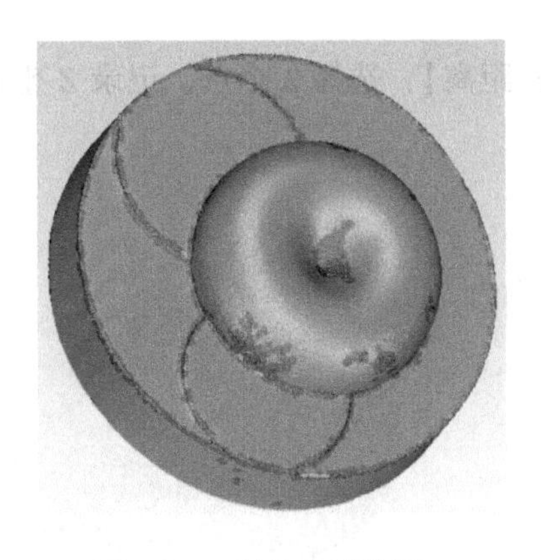

图 3-148 被选中的数据

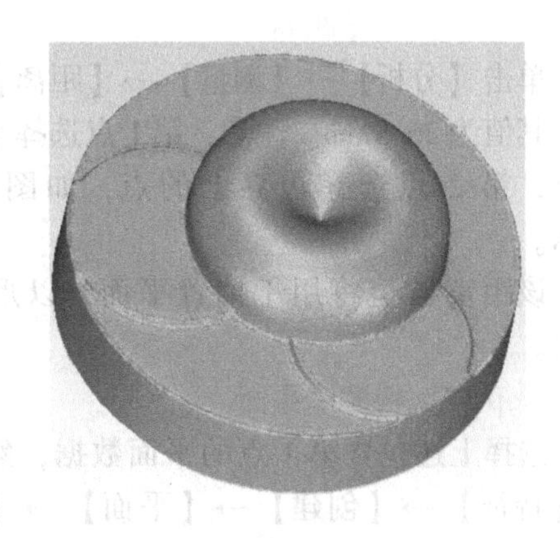

图 3-149 执行网格医生后的模型数据

图 3-150 所选择的孔

图 3-151 编辑孔边界

图 3-152 填充孔

**Step 14 删除钉状物**

单击【多边形】→【平滑】→【删除钉状物】。在弹出的对话框中，设置“平滑级别”为中间值，点击 应用 按钮，执行该操作。然后单击 确定 按钮，退出该命令。

**Step 15 减少噪音**

单击【多边形】→【平滑】→【减少噪音】。在弹出的对话框中，“参数”选择“自由曲面形状”，展开“显示偏差”组，改变“平滑度水平”的数值。观察视图窗口中的数据模型和偏差显示分布，如图 3-153 所示，设定“平滑度水平”数值为 2 较为合适。此时“统计”组显示的偏差如图 3-154 所示。

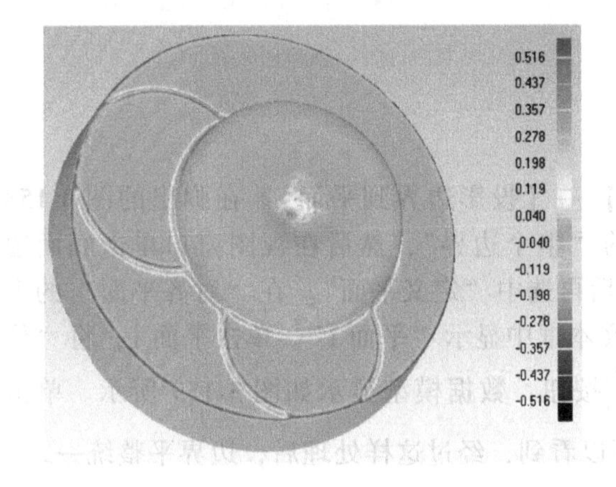


图 3-153 减少噪音的偏差分布

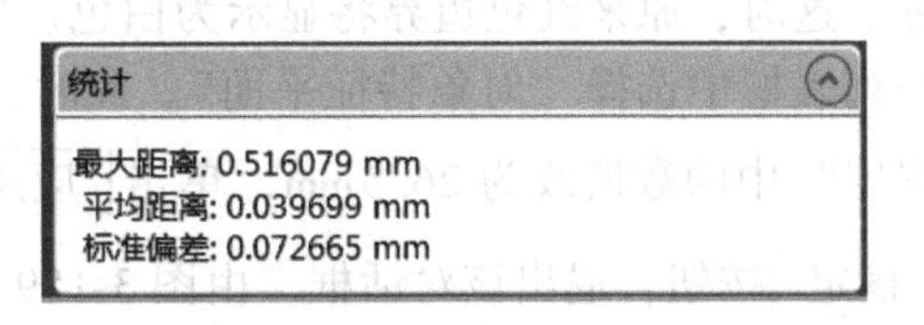

统计
最大距离: 0.516079 mm
平均距离: 0.039699 mm
标准偏差: 0.072665 mm


图 3-154 统计的偏差值

3 PROJECT

Step 16　测量距离

单击【分析】→【测量】→【距离】→【测量距离】，选择2个点，记录Z坐标的距离，其值为26.5mm。注意，第1点选择平面上的点，第2点选择边界上的点，如图3-155所示。

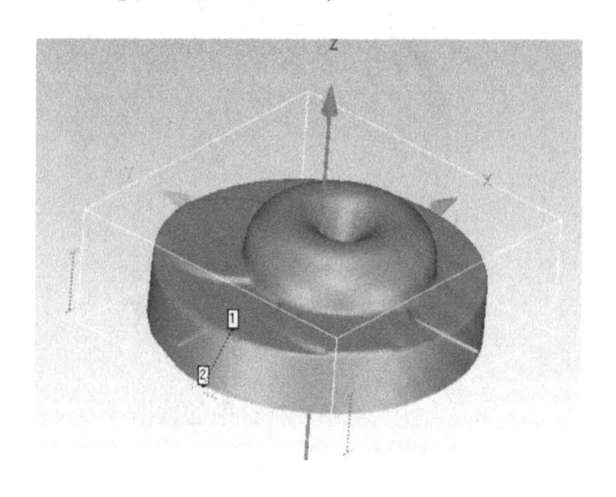

图3-155　测量距离

该距离数值将用于偏置平面，以形成底平面。

Step 17　构建底平面

选择上述包含第1点的平面数据，然后单击【特征】→【创建】→【平面】→【最佳拟合】。在弹出的对话框中，单击 应用 按钮，创建平面1。然后单击 确定 按钮，退出该对话框。

Step 18　构建新边界

利用选择工具，手动选择下边界上不在侧面的点，尤其是边界向内凹的点，如图3-156所示。注意，删除后所构建的新边界需在圆柱面的侧面，效果如图3-157所示。

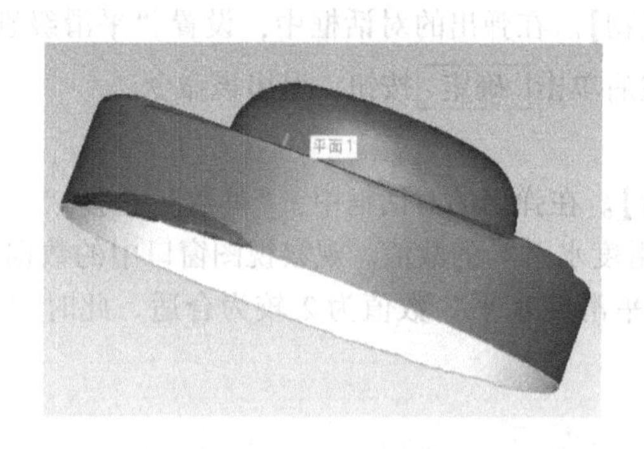

图3-156　手动选择点

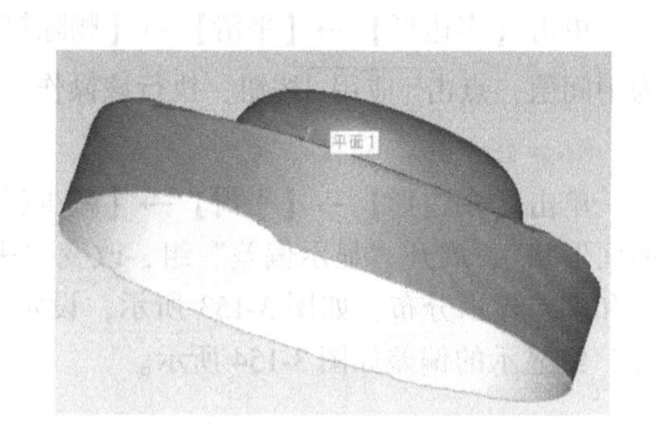

图3-157　删除所选择的点

Step 19　投影边界到平面

单击【多边形】→【边界】→【移动】→【投影边界到平面】。在弹出的图3-158所示的对话框中，选中“鼠标使用”组中的“整个边界”，然后在视图窗口单击底面边界。这时，原来红色边界将显示为白色。然后再选中“定义平面”。在“对齐平面”的下拉列表框中选择“对象特征平面”。此时，文本框中显示“平面1”。单击平面1，将“位置度”中的数值改为26.5mm，单击 应用 按钮，数据模型显示如图3-159所示。单击 确定 按钮，退出该对话框。由图3-159可以看到，经过这样处理后，边界平整统一。

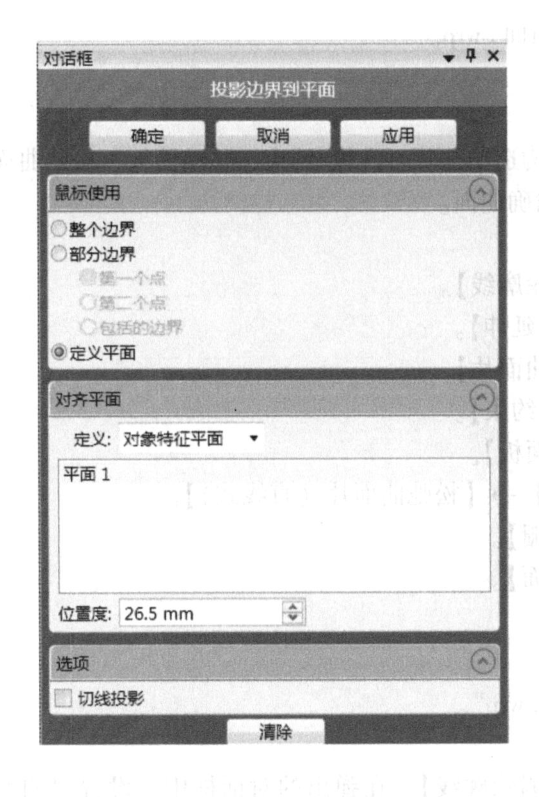


图 3-158 “投影边界到平面”对话框

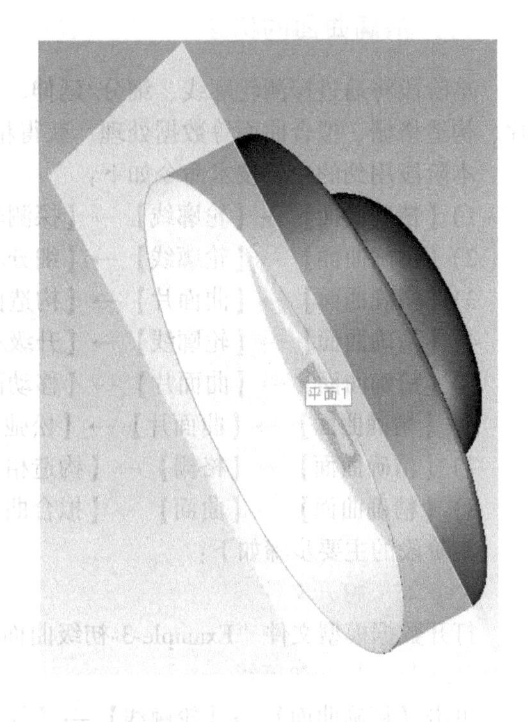


图 3-159 边界投影到平面 1 以后的效果

Step 20 简化多边形

单击【多边形】→【修补】→【简化】。修改“目标三角形计数”为 10 万，勾选“固定边界”复选项，然后单击 应用 按钮，再单击 确定 按钮，保存该操作结果。

图 3-160 所示为简化后的模型。可以看到，经过这样的处理后，模型仍非常好地保持了原有的特征。

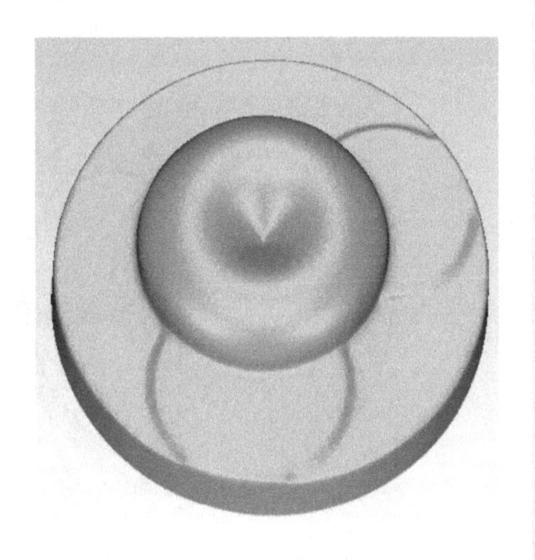

图 3-160 简化后的模型数据

Step 21 开流形

单击【多边形】→【修补】→【流形】→【开流形】，删除模型中的流形三角形。

Step 22 网格医生

此时可以再进行一次“网格医生”的操作，使整个模型更加流畅和光滑。

Step 23 进入精确曲面阶段

单击【精确曲面】→【开始】→【精确曲面】，在弹出的“精确曲面相位”对话框中，单击 确定 按钮，进入精确曲面阶段。

**Step 24 保存模型**

保存该模型数据文件为 Example -3-初级曲面 . wrp。

## 三、精确曲面的构建

本阶段将通过探测轮廓线、细分/延伸、构造曲面片、升级/约束、移动面板、松弛曲面片、构造格栅、拟合曲面等数据处理，获得精确曲面。

本阶段用到的主要技术命令如下：

1)【精确曲面】→【轮廓线】→【探测轮廓线】。
2)【精确曲面】→【轮廓线】→【细分/延伸】。
3)【精确曲面】→【曲面片】→【构造曲面片】。
4)【精确曲面】→【轮廓线】→【升级/约束】。
5)【精确曲面】→【曲面片】→【移动面板】。
6)【精确曲面】→【曲面片】→【松弛】→【松弛曲面片（直线式)】。
7)【精确曲面】→【格栅】→【构造格栅】。
8)【精确曲面】→【曲面】→【拟合曲面】。

本阶段的主要步骤如下：

**Step 25 打开文件**

打开数据模型文件“Example-3-初级曲面 . wrp”。

**Step 26 探测轮廓线**

单击【精确曲面】→【轮廓线】→【探测轮廓线】。在弹出的对话框中，设置“曲率敏感度”为 70.0，“分隔符敏感度”及“最小面积”分别为 60、100，然后单击 计算 按钮。视图窗口中将显示如图 3-161 所示的探测结果。

单击 抽取 按钮，然后单击 确定 按钮，退出该操作。

探测后的轮廓线如图 3-162 所示。

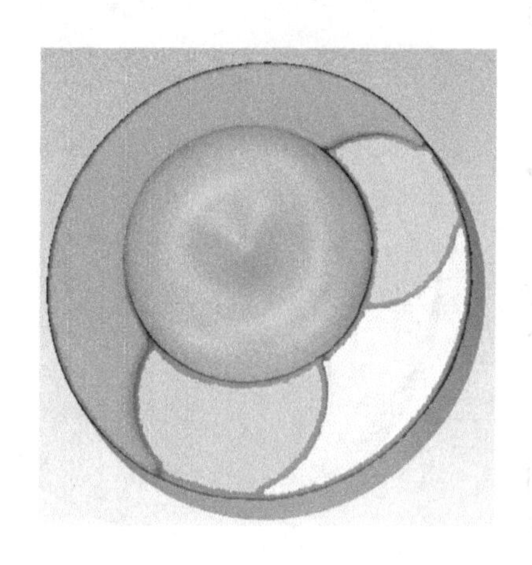

图 3-161 轮廓线探测结果

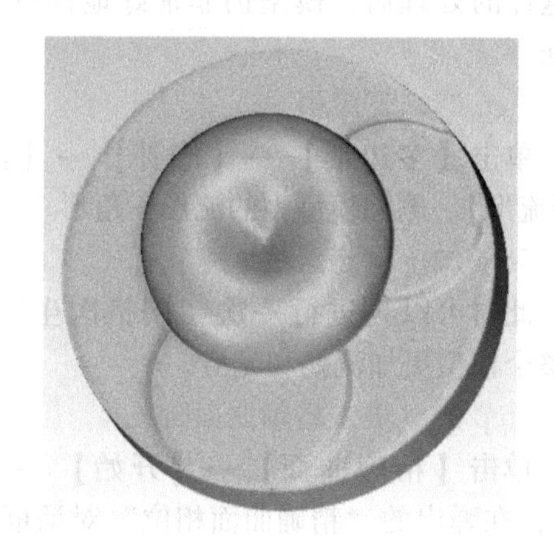

图 3-162 抽取后的轮廓线

Step 27 细分/延伸轮廓线

单击【精确曲面】→【轮廓线】→【细分/延伸】。在弹出的如图 3-163 所示的“细分/延伸轮廓线”的对话框中，单击 全选 按钮，将所有的轮廓线全部选中。

选中“细分”、“按长度”单选项，在“长度”项中将列出软件自动估算的细分轮廓线的长度值。

选中“延伸”单选项，并勾选“调整 T 型节点”，单击 延伸 按钮。轮廓线向两边延伸。改变“因子”值，以改变延伸的距离。在这里选择“因子”值为默认值 1.0。单击 确定 按钮退出该命令。

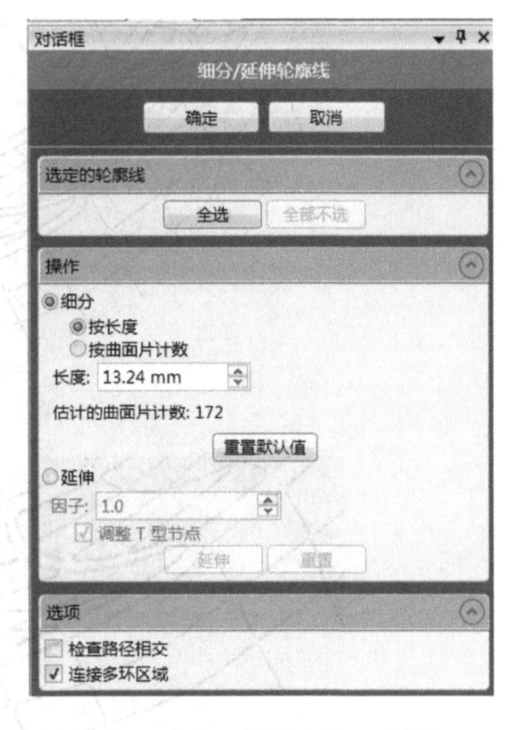

图 3-163 “细分/延伸轮廓线”对话框

图 3-164 所示为延伸后的模型数据。

Step 28 构造曲面片

单击【精确曲面】→【曲面片】→【构造曲面片】。在弹出的对话框中，勾选“自动估计”单选项，以及“检查路径相交”复选项。单击 应用 按钮，构造出图 3-165 所示的曲面片。单击 确定 按钮，退出该命令。

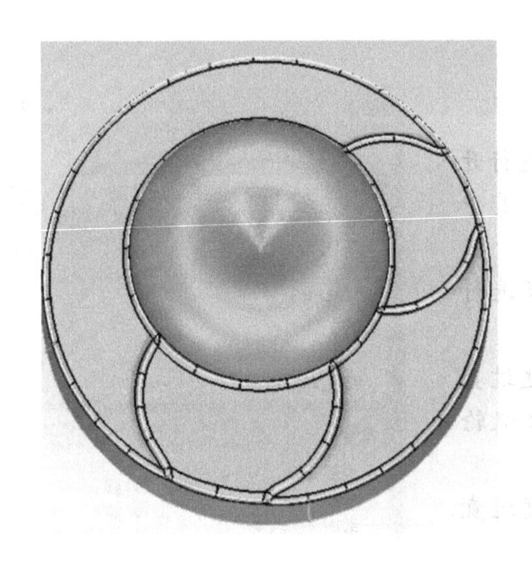
图 3-164 延伸轮廓线后的模型

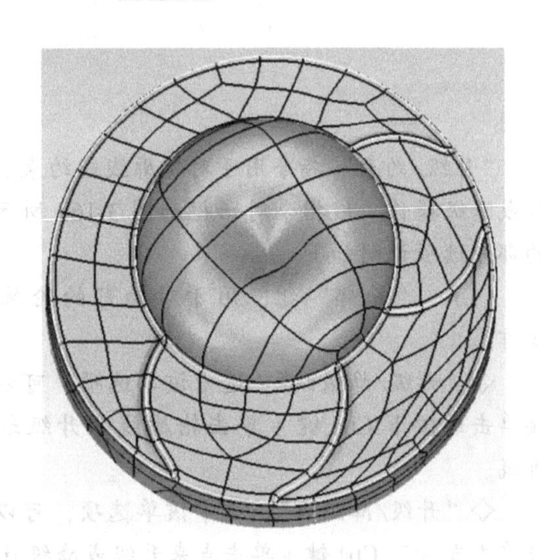
图 3-165 构建的曲面片

Step 29 升级/约束轮廓线

单击【精确曲面】→【轮廓线】→【升级/约束】。单击某些黑色的曲面片的分界线，将其升级为橘黄色的轮廓线，如图 3-166 所示。按住 Ctrl 键，同时单击某些橘黄色的轮廓线将其降级为黑色分界线，如图 3-167 所示。

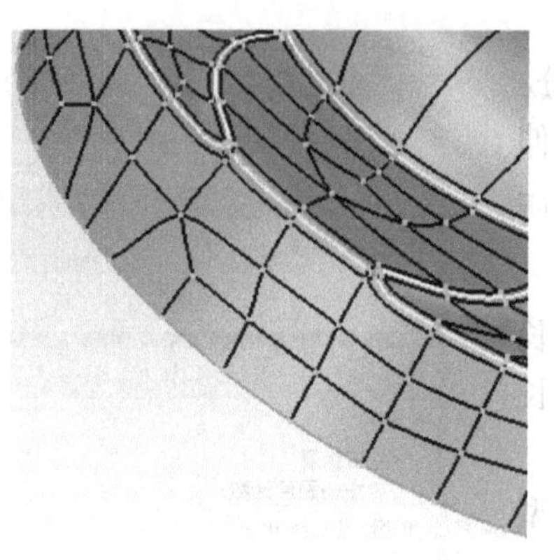
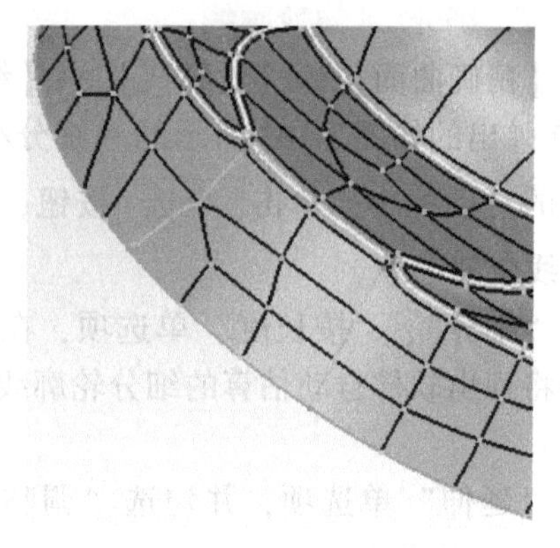

图3-166　升级前后

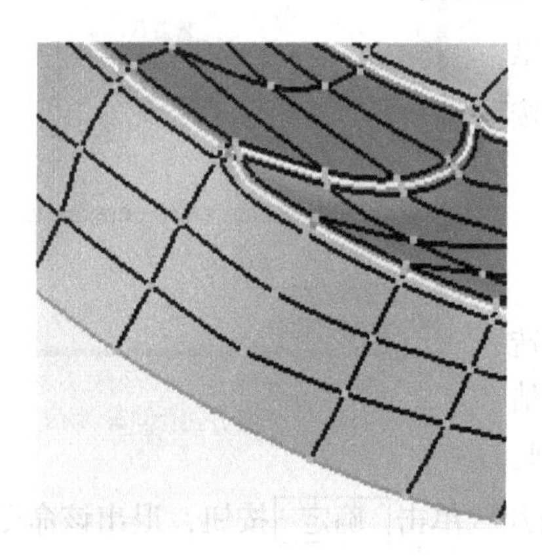
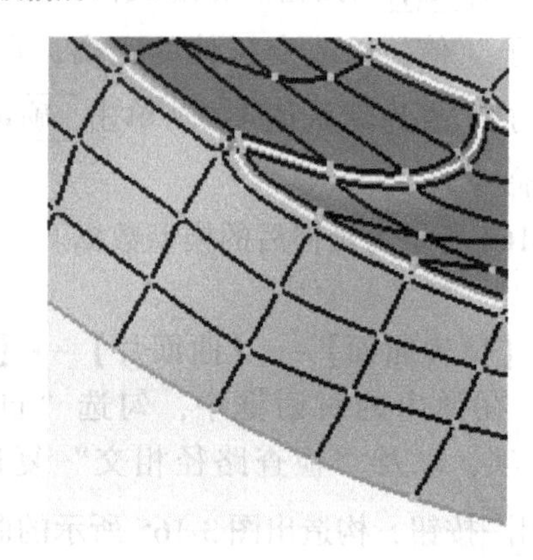

图3-167　降级前后

相关知识

“升级/约束”指令用于对轮廓线或约束点进行升级或降级操作。该指令对话框如图3-168所示，其中的部分选项说明如下：

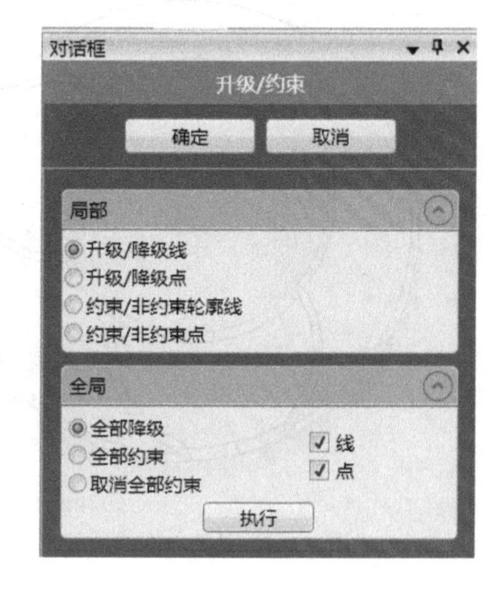


图3-168　“升级/约束”对话框

(1)　“局部”组，用于对局部的轮廓线进行操作。

◇“升级/降级线”：选中该单选项，可以通过直接单击或按下Ctrl键+单击轮廓线来升级或降级轮廓线。

◇“升级/降级点”：选中该单选项，可以通过直接单击或按下Ctrl键+单击点来升级或降级点。

◇“约束/非约束轮廓线”：选中该单选项，可以通过直接单击或按下Ctrl键+单击轮廓线来重新约束轮廓线或取消轮廓线的约束。

◇“约束/非约束点”：选中该单选项，可以通过直接单击或按下Ctrl键+单击点来约束点或取消点的约束。

(2)“全局”组，用于对全局的轮廓线进行操作。

◇“全部降级”：选中该单选项，可以将全部的线或点进行降级。

◇“全部约束”：选中该单选项，可以将全部的线或点进行约束。

◇“取消全部约束”：选中该单选项，将所有的点或线取消约束。

◇“线”：勾选该复选项，操作时将对线进行处理。

◇“点”：勾选该复选项，操作时将对点进行处理。

◇ 执行 ：单击该按钮，将执行所选的操作。

> **提示**：对于该例，升级/降级轮廓线以确保圆柱的曲面片区域的划分与上表面所划分的区域一致。

**Step 30　移动面板**

单击【精确曲面】→【曲面片】→【移动面板】。在操作一栏中，选择“定义”选项，单击所要操作的曲面片面板，并选择四个顶点，如图 3-169 所示；选择“编辑”选项，将轮廓线的顶点移动到想要去的地方，如图 3-170 所示。然后在类型一栏中，选择“格栅”，此时显示上下、左右边界线上的数字为红色，需要进行调整。选择操作中的“添加/删除 2 条路径”，单击右下角的角点，将原来的“3”条路径增加为“4”条，如图 3-171 所示，然后按下 Ctrl 键 + 单击“4”的边界，删除 2 条路径，使上下、左右的路径都显示为“2”，如图 3-172 所示。最后单击 执行 按钮，完成该面板的移动，如图 3-173 所示。

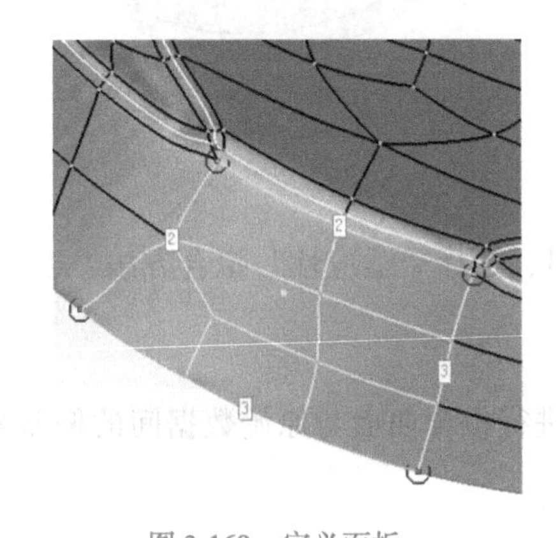

图 3-169　定义面板

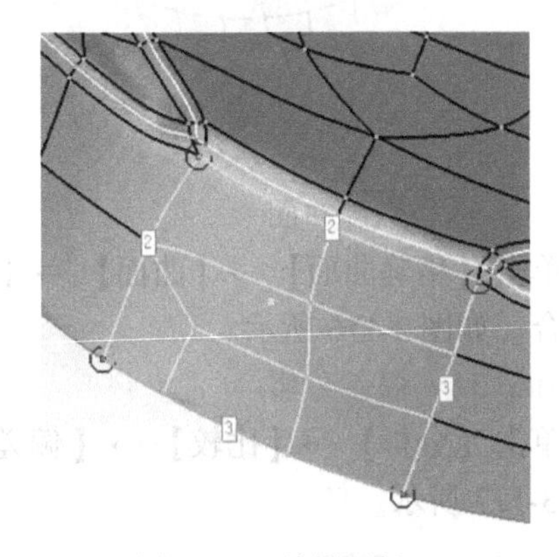

图 3-170　编辑面板

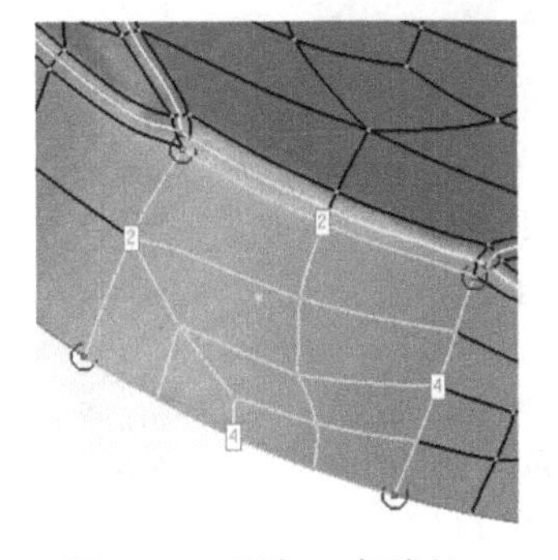

图 3-171　添加 2 条路径

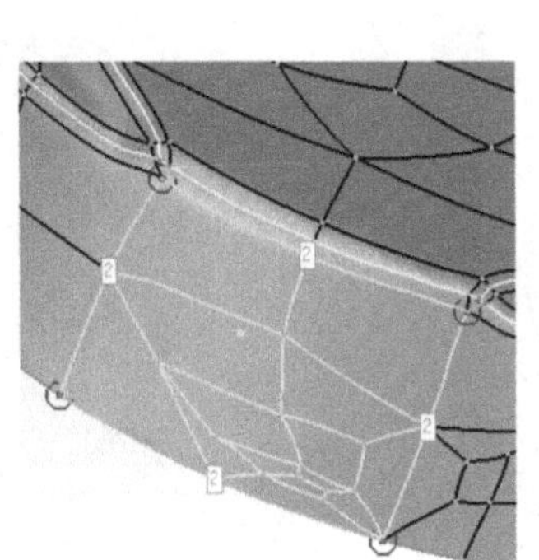

图 3-172　删除 2 条路径

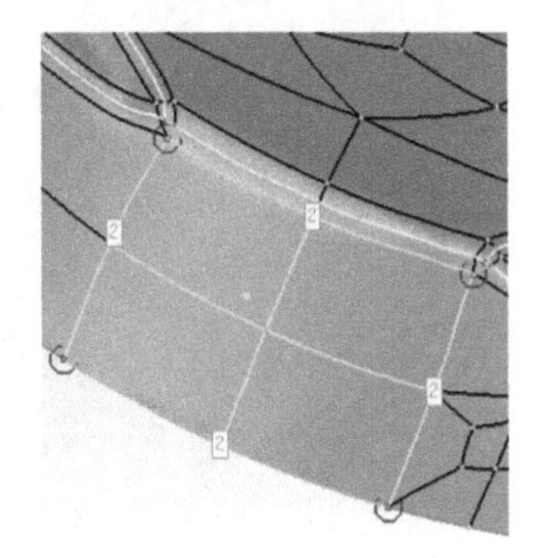

图 3-173　完成移动面板操作

3 PROJECT

单击 下一步 按钮，按照同样的方法完成面板的移动，如图3-174所示。

具体操作参见任务四。

Step 31　松弛面板

单击【精确曲面】→【曲面片】→【松弛】→【松弛曲面片（直线式）】，松弛曲面片的边界线。

提示：可多次进行松弛面板的操作。

Step 32　构造格栅

单击【精确曲面】→【格栅】→【构造格栅】，在弹出的对话框中，“分辨率”选项为20，勾选“修复相交区域”和“检查几何图形”，单击 应用 按钮，构造格栅，如图3-175所示。

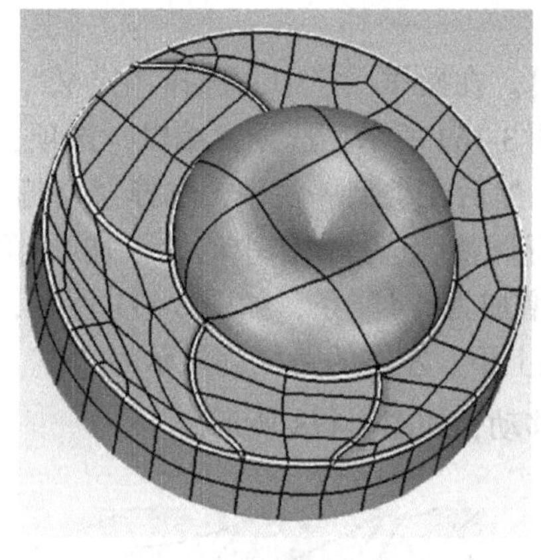

图3-174　移动面板

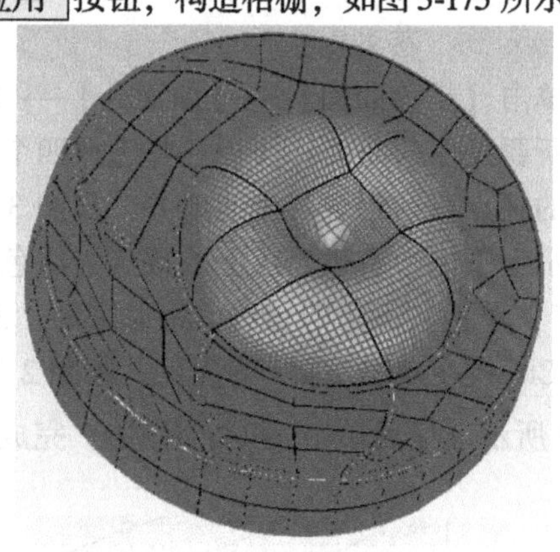

图3-175　构造格栅

Step 33　拟合曲面

单击【精确曲面】→【曲面】→【拟合曲面】，选择“适应性”拟合方法，进行曲面的拟合，如图3-176所示。

Step 34　偏差分析

单击【分析】→【比较】→【偏差分析】，进行拟合曲面与原始数据间的偏差分析，如图3-177所示。

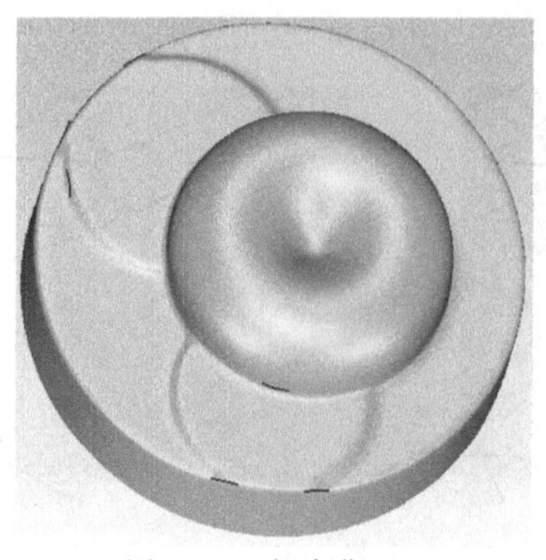

图3-176　拟合曲面

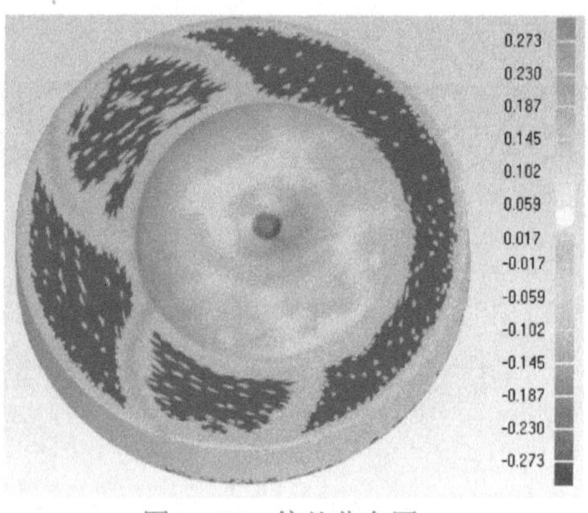


图3-177　偏差分布图

## 任务拓展　风扇的逆向造型

**【任务要求】**

利用 CATIA 软件，基于所提供的风扇扫描数据，进行逆向造型，构建出实体模型。

**【任务分析】**

风扇是比较典型的零部件，具有明显的特征。在逆向造型的过程中，可以利用 CATIA 软件的旋转、拉伸功能，分别获得风扇基座和叶片轮廓。再根据点云数据拟合叶片上下曲面，利用叶片轮廓修剪所需要的上下叶扇面，并缝合接合，形成一个完整的扇面。阵列扇面后，利用基座修剪，获得全部的曲面。在此基础上进行加厚，即可构建出实体模型。

### 一、CATIA 软件逆向造型简介

据不完全统计，目前世界上逆向技术占了设计领域 60% 的份额，而正向占了 40%。

CATIA 软件是居世界领先地位的高端 CAD/CAM/CAE 一体化软件，是众多支持逆向工程的应用软件之一。自 CATIA 软件第一个版本以来，平均每年发布 2 ~ 3 个版本。随着版本的不断升级，其模块总数也在迅速增加，功能也越来越全面。

CATIA 软件提供了从数据输入、坏点剔除、网格线提取到曲面的复原和修饰等逆向工程一套完整的工具。CATIA 软件的数字化外形编辑器（Digital Shape Editor，DSE）模块，可以方便快捷地导入多种格式的点云文件，还提供了数字化数据的输入、整理、组合、坏点剔除、截面生成、特征线提取、实时外形质量分析等功能，对点云进行处理，然后根据处理后的点云直接生成车身覆盖件的曲面。除此之外，创成式曲面设计（Generative Shape Design，GSD）可根据基础线架与多个曲面特征组合，设计满足要求的复杂表面。快速曲面重建（Quick Surface Reconstruction，QSR），不仅可以构造诸如不具有平面、圆柱面和倒圆角特征的自由曲面，还可以构造包括自由曲面在内的其他具有机械特征如凸台、加强肋、斜度和平坦区域的特征曲面。使用 QSR 模块可以直接依据点云数据重建曲面，也可以将原有实体修改后通过数字化处理成点云数据。

### 二、风扇的结构特点

风扇由四个叶片和一个轴构成，如图 3-178 所示。叶片为自由曲面类型，风扇基座由圆柱体、圆锥体等基本体素组成。四个叶片结构相同，在逆向造型时，只要构建出一个叶片，就可以采用 CATIA 软件进行阵列，从而完成四个叶片部分的造型。风扇基座具有回转体的特征，因此，基于该部分的轮廓线，旋转即可反求出该部分的实体。

图 3-178　风扇实物照片

下面讲述风扇逆向造型的详细步骤。

### 三、风扇的逆向造型过程

风扇的逆向造型主要涉及两大步：一是利用 Geomagic Studio 软件进行数据的点处理，使各视角的扫描数据统一成完整的数据模型，且创建基准、对齐到全局坐标系中；二是利用

CATIA 软件，根据特征信息，进行逆向造型。

利用 Geomagic Studio 软件进行数据的处理，所涉及的主要命令有：删除体外点、合并点对象、封装、最佳拟合创建平面、创建圆柱/圆锥/旋转轴类直线特征、对齐到全局、重定义模型等操作命令。很多的命令已在前面的任务中讲解过，在此主要讲述如何创建基准和对齐到全局。

利用 CATIA 软件对风扇进行逆向造型，所涉及的主要命令有：绘制轮廓线、旋转曲面、3 点绘面、最佳拟合曲面、拉伸曲面、分割、填充曲面、接合、圆周阵列、修剪、加厚。

## 主要步骤

### Step 1　导入扫描数据

启动 Geomagic Studio 软件，导入风扇扫描数据 fan. ply（在此不再赘述），进行点数据处理。

风扇点阶段处理的流程为：

联合点对象→着色→选择并删除非连接项和体外孤点→减少噪音→统一采样→封装。

### Step 2　填充孔

单击“多边形”菜单中“填充孔”图标，对封装后的模型进行单个孔的填充。在此，将贴标记的地方利用“基于曲率”，进行填充，以便进行下一步处理时能够保证数据的完整性。填充后的模型如图 3-179 所示。

### Step 3　创建平面

单击“特征”菜单栏中的平面图标，在其下拉菜单中单击图标。该命令将根据被选的点数据进行最佳拟合。分散选择轴端面上的点，如图 3-180 所示。单击“创建平面”对话框中的 应用 按钮，在“特征”文本框中将列出“平面 1”。单击 确定 按钮，退出该对话框。所创建的特征平面 1 如图 3-180 所示。

图 3-179　孔填充后的数据模型

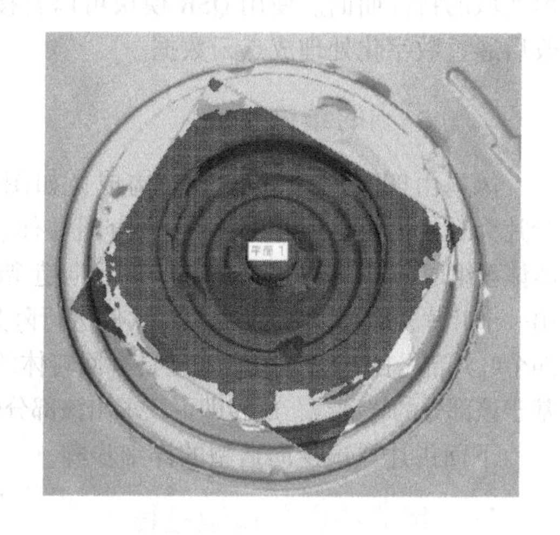

图 3-180　所选点及所创建的平面

此时，在模型管理器面板上，展开多边形模型文件名，将会看到所构建的特征。

3 PROJECT

创建平面的方法很多，如图 3-181 所示。所创建的平面可作为分析、对齐和裁剪工具。此处采用“最佳拟合”功能创建平面，即根据所选择的点，构建一个平面特征。其对话框如图 3-182 所示。

图 3-181　创建平面的方法

图 3-182　依据最佳拟合功能的“创建平面”对话框

对话框中部分选项说明如下：

(1)“定义”组　用于命名和创建特征平面。

◇“名称”文本框：定义所要产生的特征的名字，默认值名为“平面 1”。

◇“接触特征”复选项：勾选该项，可进行接触特征的选择。

◇ 应用 按钮：单击该按钮，产生依据设置和选择所构建的特征。

◇ 下一个 按钮：将刚生成的特征保存到模型管理器中，并为生成一个新特征做好准备。单击 确定 或 取消 按钮，可中止该操作。

（2）“特征”组　列出已存在的所有特征。该列表可通过过滤“特征类型”，使得某一种类型的特征在此显示。如果某个特征亮显，可通过“编辑”组中的指令对其编辑。利用↑、↓按钮可改变其在列表中的上下位置，按钮可使特征的方向反向，按钮可删除特征。

（3）“编辑”组　允许修改“特征”组中亮显的特征的参数。

◇ 接受 按钮：若有参数被修改，则被激活。单击该按钮，所做的修改被保存。

◇ 重置 按钮：将所有的参数重置到初始状态。

（4）“偏差”组　显示亮显特征的数值分析。

**Step 4　创建直线和点特征**

单击“特征”菜单栏中的圆柱体图标，在其下拉菜单中选择最佳拟合图标，该命令将根据所选择的点云拟合一个圆柱体。在视图窗口中选择点云（注意：在风扇轴的四周选择点）。在弹出的“创建直线”对话框中，选中“旋转轴”单选项，单击 应用 按钮，所生成的直线1如图3-183所示。若生成的直线方向不符合要求，则单击按钮，进行反向。

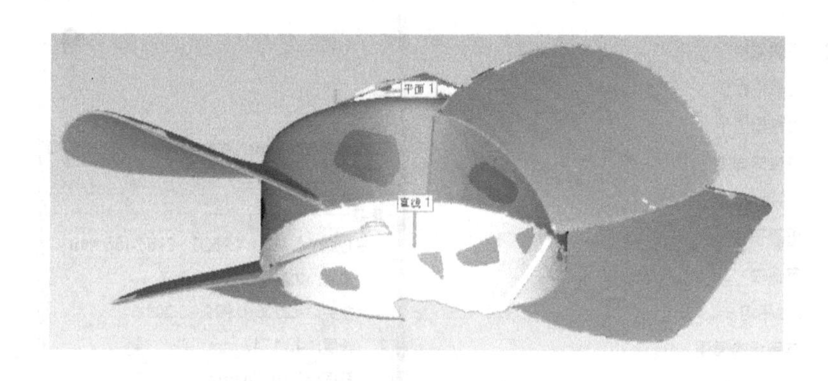


图3-183　选择的点及生成的直线特征

单击 确定 按钮，退出该对话框，并保存所生成的直线。下面将根据所生成的平面和直线进行点的生成。

**Step 5　创建点特征**

单击“特征”菜单栏中的点图标，在其下拉菜单中单击图标，即根据平面和直线生成一个点。选中“平面”单选项，在其下拉列表中选择“平面1”；选中“直线”单选项，在其下拉列表中选择“直线1”，然后单击 应用 按钮；在特征组的文本框中显示项“点1”。单击 确定 按钮，退出该对话框。

创建点的方法很多，如图 3-184 所示。根据平面和直线创建点只是其中之一。图 3-185 所示为“创建点”对话框。该对话框部分选项的功能说明如下：

“定义”组 用于命名和创建特征点。

◇“名称”文本框：用于命名即将生成的点的名称。

◇“平面”单选项：在其文本列表中选择一个平面。

◇“直线”单选项：在列表中可选择一条直线。

图 3-184 创建点的方法

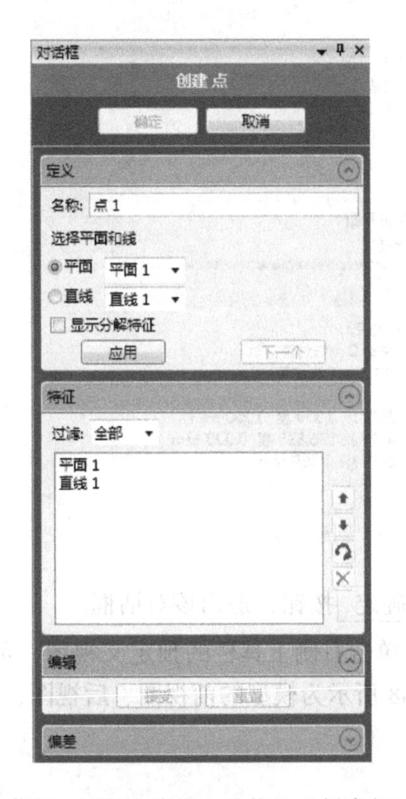


图 3-185 依据“平面和直线”功能的“创建点”对话框

◇“显示分解特征”复选项：勾选该项，可显示分解特征。

**Step 6 对齐到全局**

单击“对齐”菜单，在展开的工具栏中单击对齐到全局图标。该命令将利用特征对齐一个数据到全局坐标系，便于后续的截取截面和投影视图。

在弹出的对话框中，选择固定窗口中的“*XY* 平面”与浮动窗口中的“平面 1”，然后单击 创建对 按钮，创建了“*XY* 平面 & 平面 1”对。

同样，选择“*Z* 轴”与“直线 1”，创建“*Z* 轴 & 直线 1”对。

选择“原点”与“点 1”，创建“原点 & 点 1”对。

在“对”编辑组中，将出现 3 个创建对，同时在“统计”编辑组中，显示坐标系的约

束 状态，如图3-186所示。对齐后的数据模型如图3-187所示。

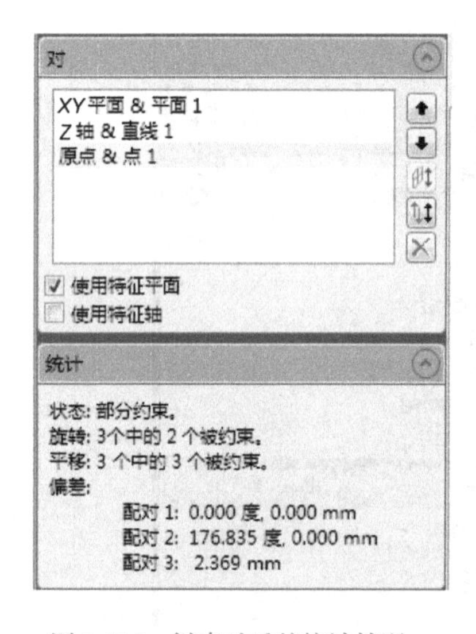

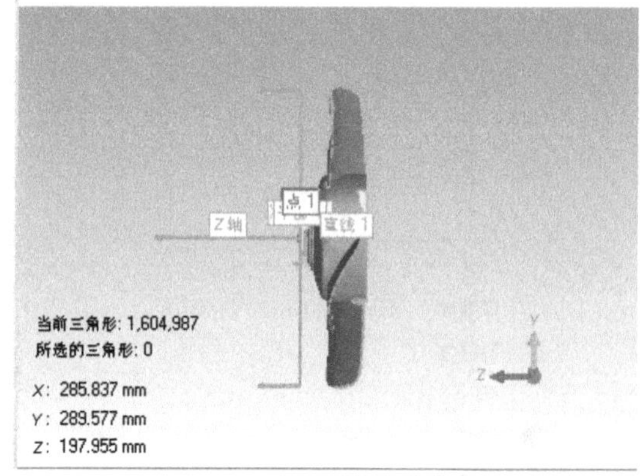


图3-186　创建对后的统计情况

图3-187　对齐后的数据模型

单击 确定 按钮，退出该对话框。

此时，单击右侧工具栏的预定义视图，可以看到该对象已被准确地对齐到全局坐标系中。图3-188所示为模型的前视图、后视图、左视图。

图3-188　模型三视图

**提示**：在操作的过程中，若特征平面或直线的指向错误，则可单击按钮，翻转特征，使其翻转到正确的方向。

Step 7 重定向模型

为了保留所进行的变化，单击“工具”菜单，在“移动”工具栏组中单击“重定向模型”，然后单击对话框中的 确定 按钮，确认这次改变为永久改变。

> **提示**：使用该命令后，将无法撤销。因此，需要谨慎。
> 如果知道变动的准确值，可以使用“工具→移动→变换→编辑”，或者使用“工具→移动→移动→精确移动”命令直接输入。

使用编辑变换命令可以显示最后一次模型的变动情况。

Step 8 保存模型

单击“另存为”，保存现有的数据模型为 fan. stl。

Step 9 启动 CATIA 软件，导入模型数据

单击“开始”菜单中的“逆向点云编辑”模块，然后单击图标，在弹出的“输入”对话框中，选择所要导入的数据文件 fan. stl，设定比例因子为 1.0，然后单击 应用 按钮，导入风扇的数据，如图 3-189 所示。

图 3-189 导入的数据模型

Step 10 绘制基座的轮廓线，旋转构建风扇基座

1）选择轮廓点，绘制截面线，如图 3-190a 所示。

2）进入参考平面，构建草图，并将草图与截面线施加重合约束，如图 3-190b 所示。

3）退出草图。利用旋转曲面命令，设定旋转角度，单击 确定 按钮，获得旋转曲面，如图 3-190c 所示。

4）显示点云数据，与所形成的旋转曲面进行对比，如图 3-190d 所示。可见所生成的旋转曲面与大部分基座的点云数据相吻合。

Step 11 构建参考平面

进入“自由曲面”模块，采用“3 点绘面”命令，绘制参考平面，如图 3-191 所示。

Step 12 拟合扇面

1）进入“创成式设计模块”，激活命令。在出现的“激活”对话框（图 3-192a）

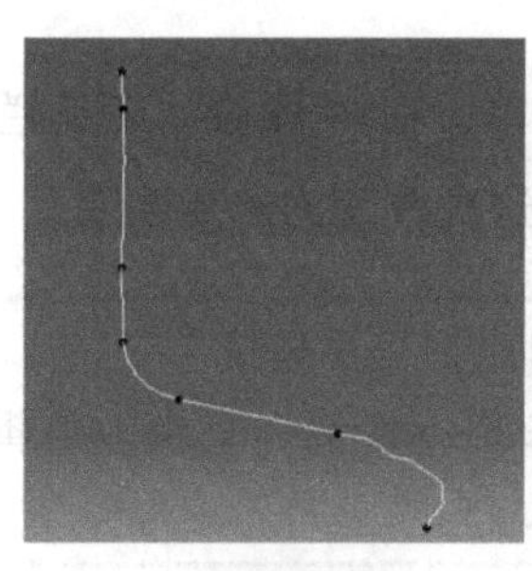

a）截面线绘制

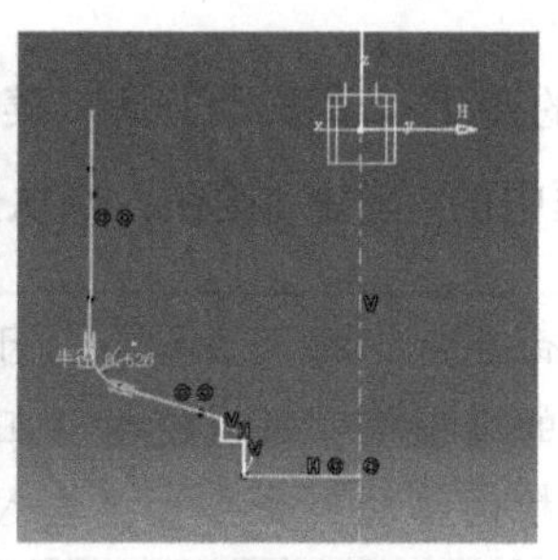

b）草图绘制与约束

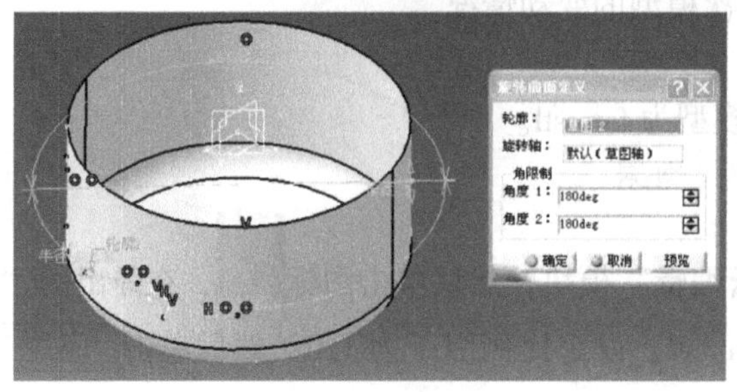


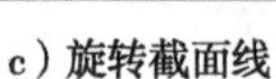

c）旋转截面线

d）旋转面与点云数据对比

图 3-190　风扇基座的逆向造型

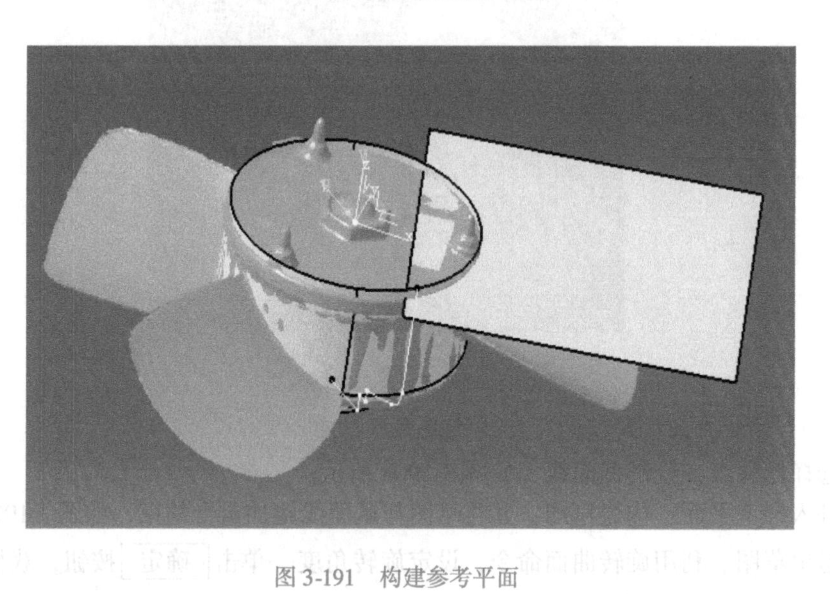

图 3-191　构建参考平面

中，选中“圈选”、“多边形”、“点”和“圈选内”。

2）在图形窗口，勾画多义线，框选出上扇面的数据，如图 3-192b 所示。

3）利用“刷子”工具，删除不在扇面的数据点云，编辑后的数据如图 3-192c 所示。

4）在“创成式设计模块”中，选择“最佳拟合曲面”命令，在弹出的对话框（图 3-192d）中设置参数。然后单击 应用 按钮，即生成上扇面的初始曲面，如图 3-192e 所示。

5）采用同样的方法，构建下扇面的初始曲面，如图 3-192f 所示。

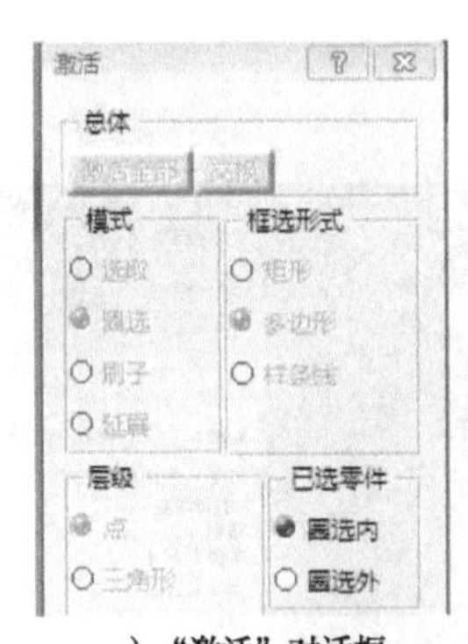


a）“激活”对话框

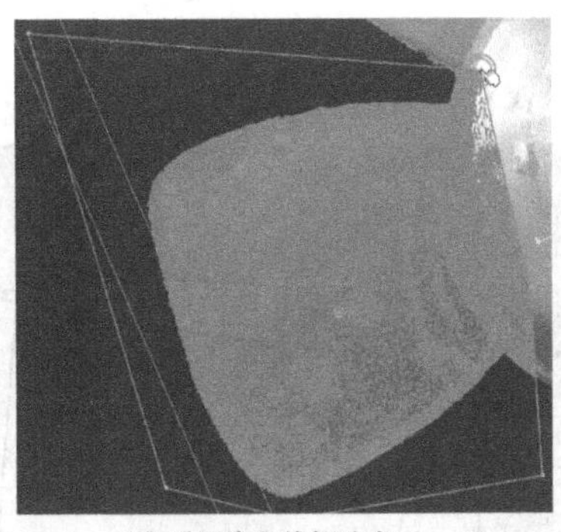

b）采用多义线框选点云

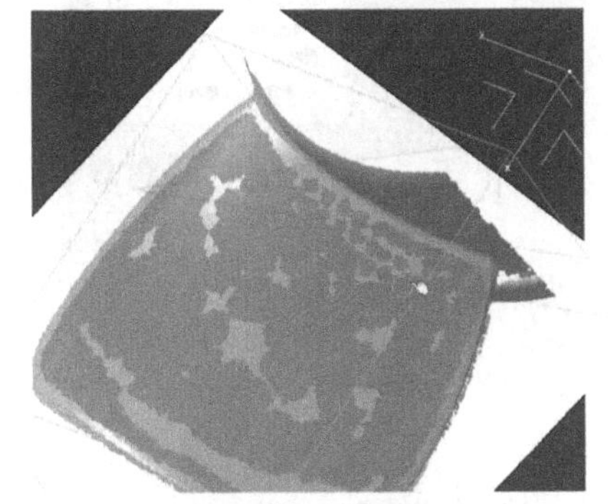

c）利用刷子编辑点云

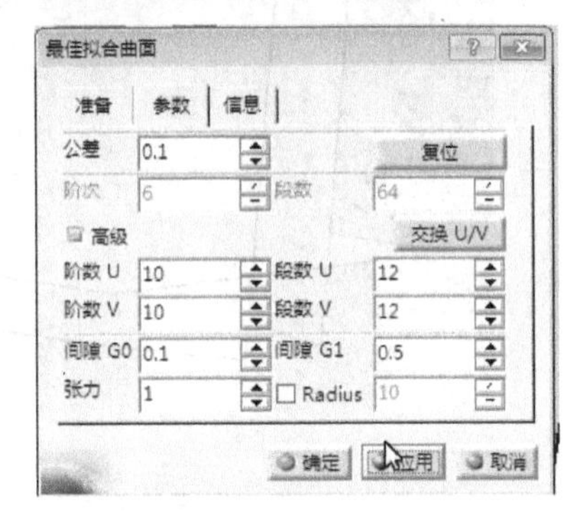


d）设置“最佳拟合曲面”参数

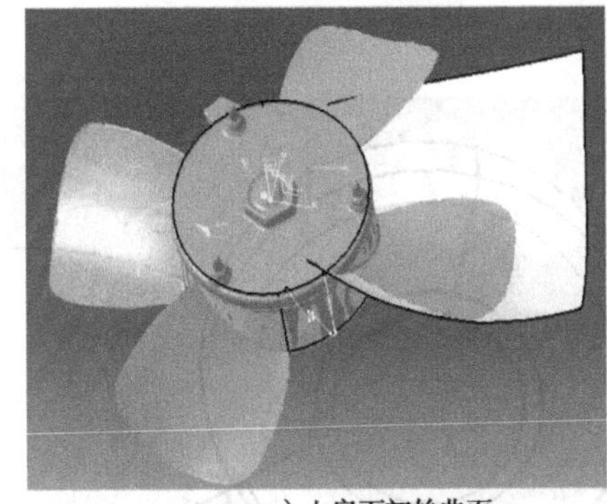

e）上扇面初始曲面

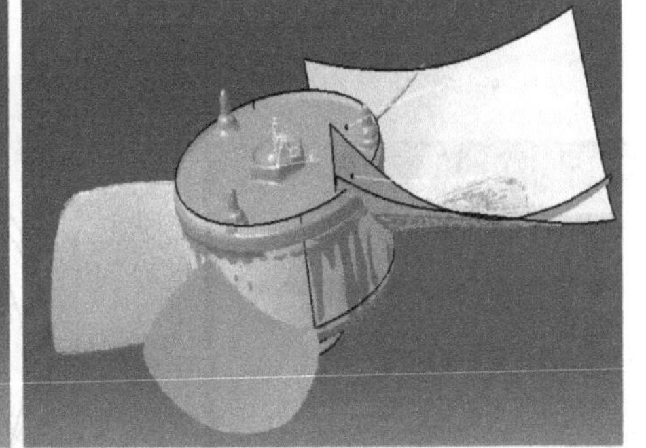

f）下扇面的初始曲面

图 3-192 构建上下扇面初始曲面的过程

**Step 13 在参考平面上绘制上扇面的轮廓线**

进入参考平面绘制扇面轮廓线的草图，如图 3-193 所示。

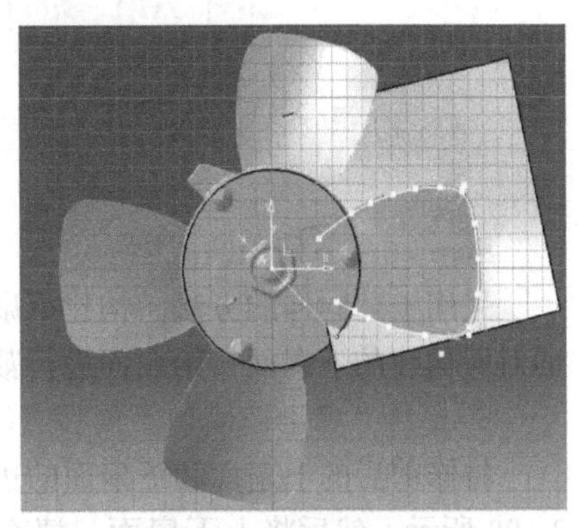

图 3-193 所绘制的上扇面轮廓线

**Step 14 对上扇面轮廓线进行拉伸**

在出现的对话框中，设定拉伸条件，拉伸轮廓线，如图 3-194 所示。

**Step 15 修剪上扇面**

在弹出的“定义分割”对话框中（图 3-195），将上扇面的初始曲面定义为要切除的图元，上述拉伸曲面定义为切除图元，进行上扇面的修剪。修剪后的上扇面如图 3-196 所示。

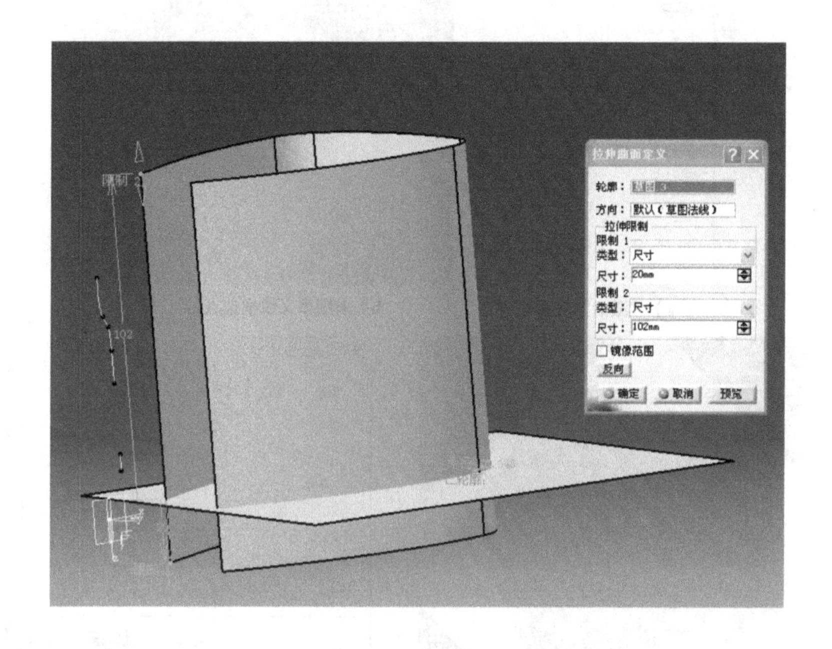

图 3-194　拉伸上扇面轮廓线

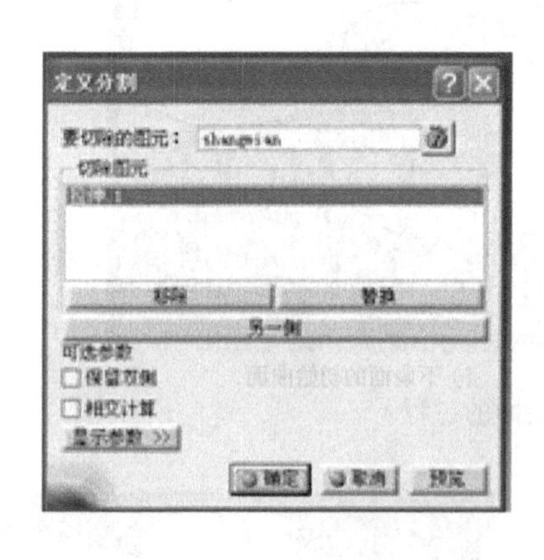

图 3-195　“定义分割”对话框

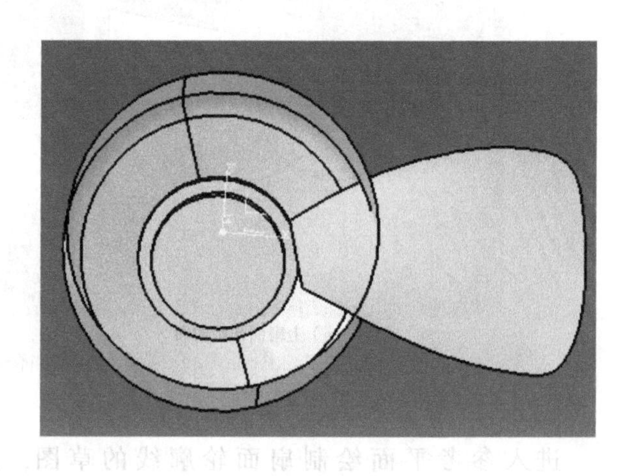

图 3-196　修剪后的上扇面

**Step 16　下扇面的成型**

采用上述同样的方法，构建下扇面在参考平面内的轮廓线，并进行拉伸。然后利用拉伸面对所构建的下扇面初始曲面进行裁剪，获得下扇面。其过程如图 3-197 所示。

**Step 17　将上扇面和下扇面进行填充接合，形成完整的叶片**

将修剪后的上扇面和下扇面的边界线定义为填充曲面的边界，构建部分填充曲面，如图 3-198 所示。然后将上下扇面、填充曲面定义为“要接合的图元”，进行各曲面间的缝合，

a）绘制下扇面轮廓线

b）拉伸轮廓线

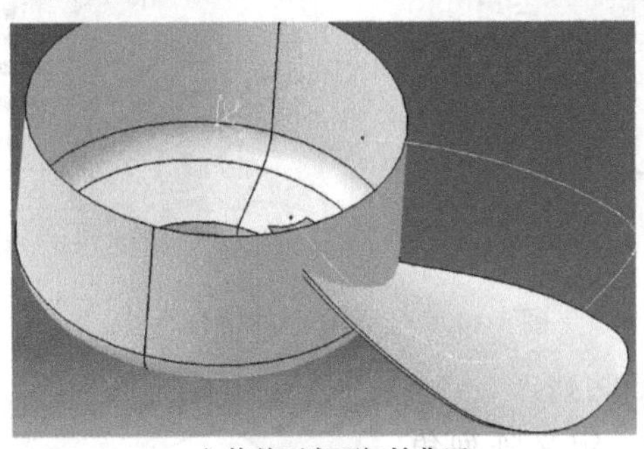

c）修剪下扇面初始曲面

图 3-197　下扇面的成型过程

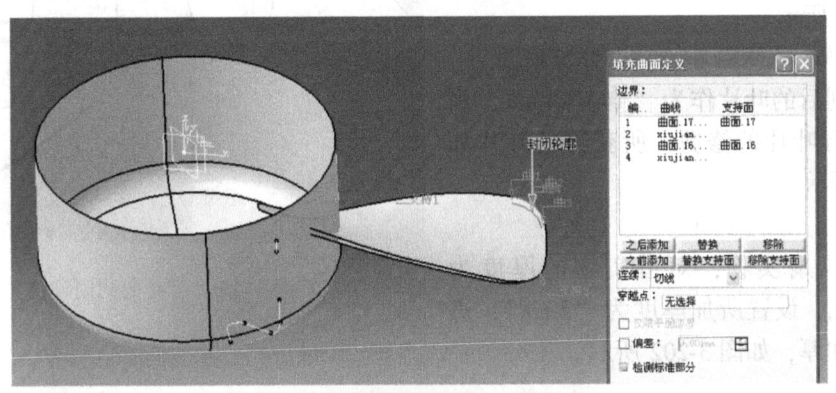


a）部分曲面的填充-1

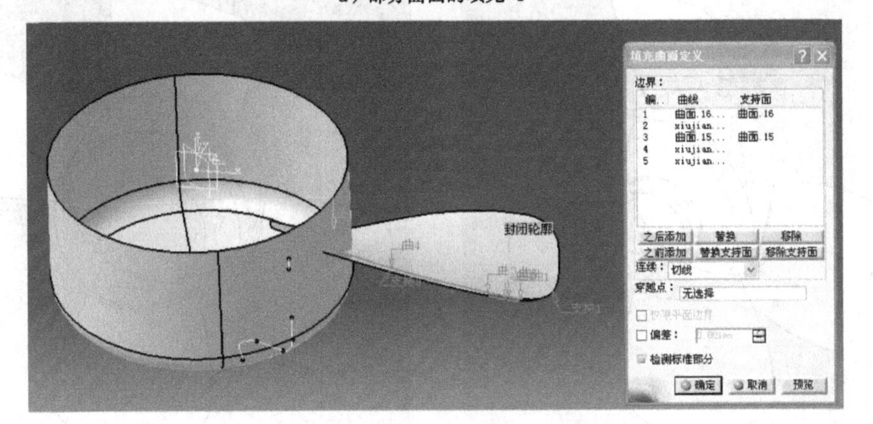


b）部分曲面的填充-2

图 3-198　上下扇面的填充

形成一个完整的叶片，如图3-199所示。

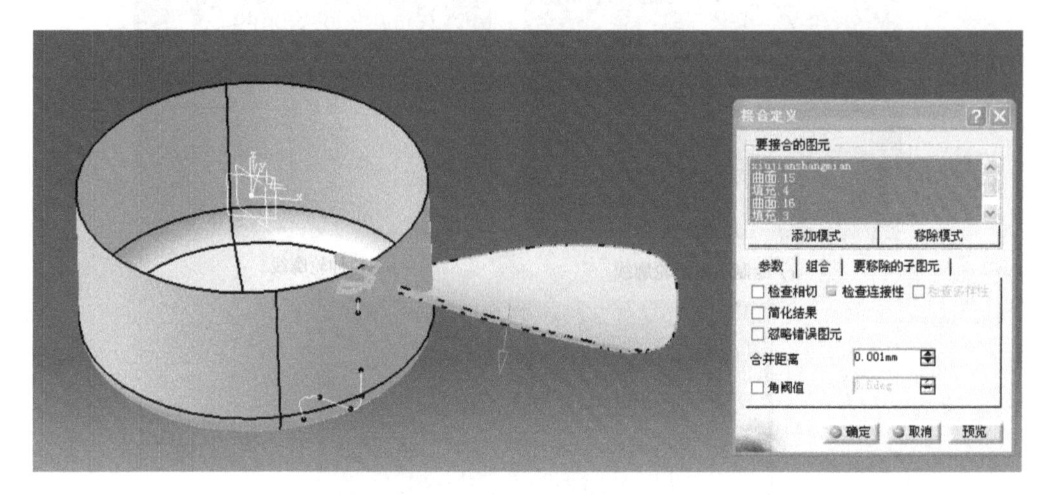


图3-199　上下扇面的接合

Step 18　将叶片进行圆周阵列

利用“圆周阵列”命令，定义阵列角度为“75deg”，进行四片叶片的圆周阵列，如图3-200所示。

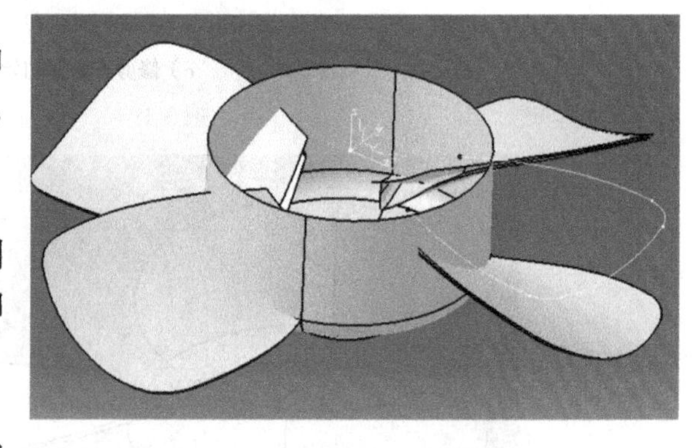

图3-200　叶片的圆周阵列

Step 19　利用基座圆柱面修剪扇面

将阵列后的叶片作为“修剪图元”，利用基座进行叶片的修剪。所获得的叶片如图3-201所示。

Step 20　加厚实体

根据风扇实物，知道实物的厚度为2mm，因此，设置所加厚度为“2mm”，进行实体的加厚，如图3-202所示。

图3-201　利用基座圆柱面修剪扇面

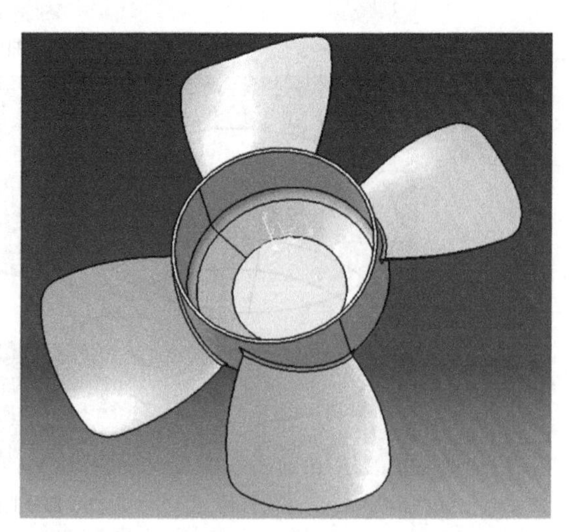

图3-202　加厚后的实体

至此，完成了整个风扇的逆向造型。

## 小结

通过完成本项目的几个任务，我们对利用 Geomagic Studio 软件进行数据处理和数模重构的流程、各操作命令的功能有了深刻的理解，对各操作命令的实际运用有了进一步的掌握。下面对各阶段的数据处理技巧加以总结。

### 一、点阶段

1. 点阶段数据处理的好坏直接影响多边形阶段的处理效果，所以在点阶段要仔细耐心操作，如果发现问题，最好多试验几次。

2. “减少噪音”操作时，“自由曲面形状”选项适用于模型表面比较平滑和曲率比较小的平面，如果模型的表面有棱边或者曲率急剧变化的特征，则用“棱柱形（保守）”或“棱柱形（积极）”选项；“平滑级别”的值越大，模型表面越平滑，但是如果平滑级别过高，模型的一些小特征就会被忽略。一般采用“局部”取点放大后，滑动“平滑级别”滑块，通过浏览效果来确定其值。

3. “统一采样”是在保持模型精确度的基础上减少点云的数据量，从而加快数据的运算速度，提高运算效率；曲率优先级别要调整到适当的位置，不可直接调到最大值，以免采样过程中点云表面特征的丢失。如果数据量过大或者在后来的封装阶段得不到理想的多边形，在载入点云的时候就可以进行一次“等间距采样”。一般“间距”项选 1mm。

4. 当使用“1 点注册”时，接近的方位很重要，否则注册不能正确工作。选择好点是获得好的对齐的关键，可以使它们几乎正确地在零件的相同位置。如果选择的点不理想，可以用 Ctrl + Z 组合键来撤销上一次选择。在注册计算的过程中，按 Esc 键将会停止当前的命令。

5. 一旦“全局注册”的计算完成，视窗将显示每个扫描数据是如何与它的邻居关联的，这是非常有用的。检查扫描数据是否有没有对齐的问题。如果有，可以从“全局注册”中将这个扫描数据拖出组外，然后重新注册在其他扫描数据后面。

### 二、多边形阶段

1. 使用“填充孔”命令时，对于比较规则的完整孔，可以通过设置孔边界长度的尺寸值、采用一次全部填充的方法进行填充以提高效率。一般在填充时，需要选中“曲率”单选项填充，以保证填充后模型局部特征的恢复。而对于模型上原有的特征孔要保留，不可盲目地进行全部填充。

2. 简化多边形时，勾选“曲率优先”复选项，能够保证简化之后的模型特征与原模型的保持一致，防止变形。同时简化程度不要太大，防止模型失真变形。

3. 执行“砂纸”和“去除特征”操作时，一定要适当选取需要去除特征的三角形区域，选取区域不可过大，因为可能存在非常不理想的三角形，导致操作无法正常进行。因此建议采用多次选取、多次去除的方法。

“去除特征”命令主要针对模型上凸出的部分，这个命令基本上可以删除选中的区域同

时执行基于曲率的孔填充。与“砂纸”命令不同，后者主要是去除模型上很小一部分凸出的特征。

4. 对多边形松弛的强度要适当，如果太小，起不到很好的平滑模型表面的效果，如果强度太大，就会使模型变形严重。

5. “锐化向导”是多边形高级阶段一个非常主要的命令。它是模型再现原始现状的一个很有用的操作，同时它的轮廓线也是平面、柱面进行进一步拟合的边界线。其中曲线的编辑是锐化最为重要的环节，如果曲线编辑得不好，就会使锐化无法进行。

6. 采用“创建/拟合孔”命令时，基准轴的方向沿着孔边缘的平面的法线方向。可以通过设置“箭头大小”的值来改变轴的大小。轴基准可以作为在CAD软件中编辑时的基准轴。用同样的方法，可以在一个平面上创建一个孔，也可以用这个命令设置这个孔的深度，连接两个孔等。

### 三、曲面阶段

1. “探测曲率”命令会自动地依据模型曲面的曲率生成轮廓线。“自动评估”是根据模型的复杂程度自动判断轮廓线的生成，当然也可以不勾选“自动评估”项，在“目标”项中填写想要生成的轮廓线的条数。“曲率级别”决定最高曲率线的临界值，其值越小，最高曲率线的临界值就越小。

2. 移动轮廓线顶点时要注意两点：一是轮廓线不可以相交，二是要尽量使最高曲率线处于区域最高的位置，这对于生成的曲面片的质量是有帮助的。

3. 注意：无论对多边形网格锐化得多么完美，在拟合NURBS时总会出现圆角。如果原模型具有尖角特征，那么在进行曲面拟合时，必须指出哪些是尖角轮廓线。

4. 如果想拉伸轮廓线使其变直，那么可以选择“松弛所有轮廓线”命令达到目的。

5. 在使用“编辑轮廓线”命令时，单击检查问题按钮，会因为操作的不同出现各种不同的问题，大部分问题可通过拖动轮廓线完成，其他问题可通过使用“帮助”文档来解决。

6. IGS/IGES、STP/STEP为国际通用格式，保存为以上格式可被其他CAD软件所接受。

## 思考题

3-1　各阶段数据处理的主要流程是什么？

3-2　点阶段中减少噪音时，参数选项中自由曲面、棱柱形各对应什么模型？平滑级别如何设置？

3-3　多边形阶段填充孔一般有几种方法？每一种填充方法针对不同类型的孔，如何完成？

3-4　松弛操作可以使模型表面平滑，如何控制松弛参数以获得效果比较好的多边形模型？

3-5　多边形阶段边界处理对整个模型的质量具有重要作用，如何设置各项参数以得到理想的边界（部分或者全部边界）？

3-6　锐化处理过程中，如何将抽取的轮廓线编辑成理想的锐化效果？

3-7　平面截面与投影边界到平面有何本质的区别？对数模重构有什么作用？

3-8　分隔符、轮廓线和延伸线三者之间有什么区别和联系？

3-9　如何纠正编辑轮廓线和编辑延伸线出现的错误？

3-10　将区域分类成各种不同类型的依据是什么？

3-11　如何应对拟合初级曲面时与点云数据出现较大偏差的情况？

3-12　移动面板处理时，形成格栅类型的曲面片需要满足什么条件？

## 课外任务

3-7

3-13　根据猪存钱罐（图3-203）的扫描数据Ex-存钱罐.wrp，在Geomagic Studio软件中进行多边形阶段的数据处理（二维码3-7），用精确曲面的自动曲面构造方法重构猪存钱罐的曲面模型。

3-14　根据音响（图3-204）的扫描数据Ex-音响.stl，在Geomagic Studio软件中进行多边形阶段的数据处理，用精确曲面的手动曲面化方法重构音响的曲面模型。

图3-203　猪存钱罐

图3-204　音响

3-15　对任务五多边形阶段数据处理后的模型Example-3-初级曲面.wrp，进行进一步的参数曲面数据处理，使之成为NURBS曲面模型。

3-16　根据项目二中课外任务2-5扫描的数据，完成数据处理和曲面重构，保存为STL格式文件，并完成实验（实训）报告。

3-17　观看摩托车挡泥板点云和多边形数据处理视频（二维码3-8、3-9），比较手动注册和全局注册使用场合方法，梳理多边形阶段的操作流程。

3-18　观看视频（二维码3-10），学习创建特征平面、裁剪等指令使用。

3-8

3-9

3-10

# 第二篇 快速成型技术应用

# 项目四　快速成型技术认知

4-1

4-2

**【学习目标】**

通过本项目的学习，掌握快速成型技术的特点和流程，熟知常用的快速成型工艺，了解快速成型的应用及发展趋势。

| 能力要求 | 知识要点 |
| --- | --- |
| 熟知快速成型的含义及技术及特点 | 物体成型的方式，快速成型原理 |
| 熟悉快速成型几种典型工艺及特点，能根据零部件的结构特点选择快速成型工艺方法 | 快速成型工艺的分类及特点 |
| 了解快速成型的应用 | 快速成型的应用 |
| 了解快速成型的发展趋势 | 快速成型的发展趋势 |

快速成型技术是近几年来制造技术的一次重大突破，因其具有产品制造的集成化、自动化、快速化等突出优点，适应市场快速响应的需求，应用越来越广泛。

## 任务一　认识快速成型技术

从20世纪90年代开始，市场环境发生了巨大变化，一方面表现为消费者的需求日益主体化、个性化和多样化，另一方面则是产品制造商们都着眼于全球市场的激烈竞争。面对市场，企业不但要迅速设计出符合人们消费需求的产品，而且还必须很快生产制造出来，抢占市场。快速响应市场需求，已成为制造业发展的成功之路。

快速成型（Rapid Prototyping，RP也称快速原型制造）技术就是在这种背景下发展起来的一种新型数字制造工艺技术，利用这项技术可以快速、自动地将设计思想物化为具有结构和功能的原型或直接制造出零部件，从而可以对设计的产品进行快速评价、修改，大大缩短了新产品的开发周期，降低了开发成本，最大程度避免了产品研发失败的风险，提高了企业竞争力。快速成型也称为增材制造（ Additive Manufacturing，AM）、材料累加制造（ Material Increase Manufacturing）、分层制造（ Layered Manufacturing）、实体自由制造（ Solid Free-Form Fabrication）、3D 打印（ 3D Printing）等。名称各异的叫法分别从不同侧面表达了该制造技术的特点。快速成型是一种能够不使用任何工具，而是直接从三维模型快速地制作产品物理原型（样件）的技术，使设计者在设计过程中很少甚至不考虑制造工艺技术。任意复杂结构、创新结构、免组装结构的零件，都可利用其三维设计数据在一台设备上可快速而精确地制造出来，解决了许多过去难以制造的复杂结构零件的成型问题，实现了“自由设计，快速制造”。

## 一、物体成型的方式

根据现代成型学的观点，物体成型的方式可分以下几类：

1）去除成型（Dislodge Forming）：运用分离的方法，把一部分材料有序地从基体上分离出去而成型的方法。传统的车、铣、刨、磨、钻、电火花加工、激光切割等都属于去除成型。这是目前最主要的成型方式。

2）受迫成型（Forced Forming）：利用材料的可成型性在特定的外界约束（边界约束或外力约束）下成型。传统的锻压、铸造、粉末冶金等都属于受迫成型，现在产品的冲压成型、注塑成型等也属于受迫成型。

3）添加成型（Adding Forming），又称为堆积成型：利用各种机械的、物理的、化学的等手段通过有序地添加材料堆积成型的方法。

4）生长成型（Growth Forming）：利用材料的活性进行成型的方法。自然界中的生物（植物、动物）个体发育均属于生长成型。这是最高层次的成型方法。

快速成型属于添加成型，在成型工艺上突破了传统的成型方法，通过快速成型设备与计算机数据模型结合，不需要任何附加的传统模具或机械加工，能够制造出各种形状复杂的原型或零件，生产周期短，生产成本低，是一种非常有前景的新型制造技术。

## 二、快速成型技术的原理

RP技术是由CAD模型直接驱动的快速制造任意复杂形状三维物理实体的技术总称。与传统制造方法不同，快速成型从零件的CAD几何模型出发，通过分层离散软件和成型设备，用特殊的工艺方法（熔融、烧结、粘结等）将材料堆积而形成实体零件。快速成型的过程如图4-1所示。快速成型分为前处理、分层叠加成型和后处理三个阶段，如图4-2所示。

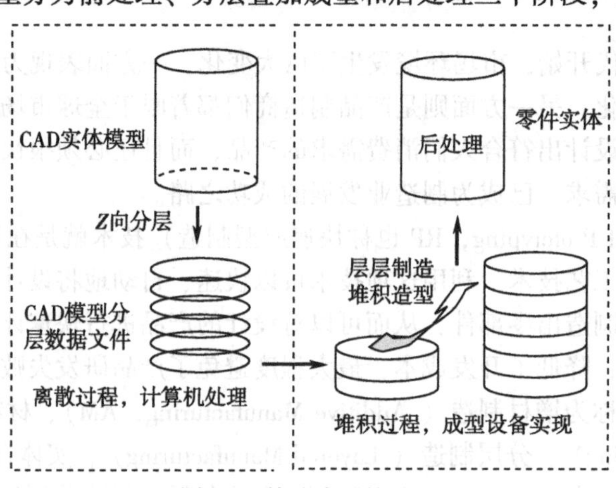


图4-1　快速成型的过程

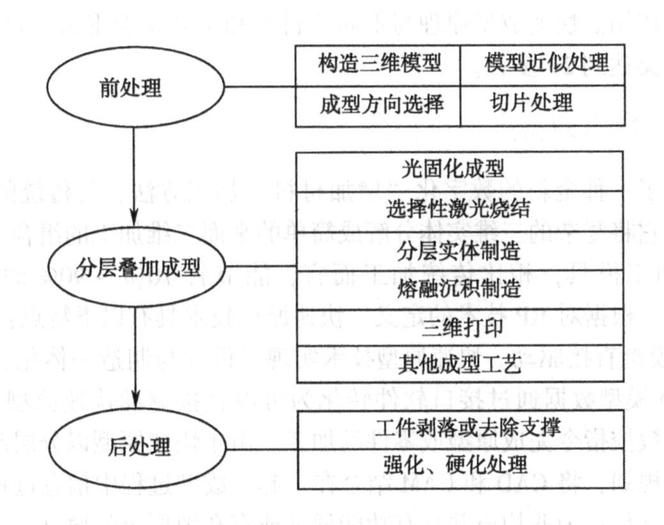


图 4-2 快速成型技术的三个阶段

（1）前处理 前处理包括零件 CAD 三维模型的构造及近似处理、成型方向的选择和模型的离散切片处理。

1）CAD 三维模型的构建。所有的快速成型工艺都需要 CAD 三维模型直接驱动，一种方法是使用专业的 CAD 实体造型软件生成物体的 3D 实体模型或曲面模型；另一种方法是使用逆向工程技术（如激光扫描技术）创建描述实体的 3D 模型。

2）模型近似处理。由于目前快速成型软件接受的数据文件一般为 STL 格式，所以必须对三维模型近似处理，用一系列的小三角形平面来逼近原来的模型。STL 文件格式已经成为快速成型的标准文件格式，几乎所有的快速成型设备都能够识别 STL 文件，并且几乎所有的 CAD 软件也能够输出这种文件格式。

3）STL 文件处理。STL 文件处理包括模型的检验与修复、确定模型成型的尺寸、位置和成型方向。成型方向的选择是十分重要的，不但影响着成型时间和效率，更影响成型过程中支撑的形成以及原型的表面质量。

4）切片分层处理。三维模型的切片分层是在成型高度方向上用一系列一定间隔的平面切割模型，以便提取截面的轮廓信息。间隔一般取 0.05～0.5mm，现最小分层厚度可达 0.016mm。间隔越小，成型精度越高，但成型时间也越长，效率就越低；反之则精度低，但效率高。

（2）分层叠加成型 根据切片处理的截面轮廓，成型设备在计算机控制下，相应的成型头（激光头或喷头）按各截面轮廓信息做扫描运动，在工作台上一层一层地堆积材料，最终得到原型产品。

（3）后处理 将原型从设备中移出后，需要去除支撑、打磨、抛光等额外的工作以获得较好的强度和表面质量。不同的成型工艺所需要的后处理方法也不同。

所以，快速成型是基于离散—堆积的思想，将一个物理实体复杂的三维加工，离散成一系列二维层片，逐点、逐面进行材料的堆积成型。该技术一出现就取得了快速的发展，在消费电子产品、汽车、航天航空、医疗、军工、地理信息、艺术设计等各个领域都取得了广泛的应用。快速成型的特点是单件或小批量的快速制造，这一技术特点决定了快速成型在产品创新中具有显著的作用。快速成型原理与不同的材料和工艺结合形成了许多快速成型设备。目前已有的设备种类达到20多种。

## 三、快速成型技术的特点

快速成型采用了一种全新的数字化“增加材料”加工方法，与传统的“去除材料”加工方法完全不同，它将复杂的三维实体分解成简单的平面二维加工的组合，因此它不需要传统的加工机床和加工模具，相比传统加工而言，能节省70%～90%的加工工时和降低60%～80%的成本。根据对RP技术的定义，快速原型技术具有以下特点：

（1）由CAD模型直接驱动。快速原型技术实现了设计与制造一体化，在快速原型工艺中，计算机的CAD模型数据通过接口软件转化为可以直接驱动快速原型设备的数控指令，快速原型设备根据数控指令完成原型或零件的加工。由于快速原型以分层制造为基础，可以较方便地进行路径规划，将CAD和CAM结合在一起，成型过程中信息过程和材料过程的一体化，尤其适合成型材料为非均质并具有功能梯度或有孔隙要求的原型。

（2）能够制造任意复杂形状的三维实体。快速原型技术由于采用分层制造工艺，将复杂的三维实体离散成一系列层片加工和加工层片间的叠加，从而大大简化了加工过程。它可以加工复杂的中空结构且不存在三维加工刀具干涉的问题。因此理论上讲，可以制造具有任意复杂形状的原型和零件。

（3）具有高柔性。快速原型技术在成型过程中不需要模具、刀具和特殊工装，成型过程具有极高的柔性，这是快速原型技术非常重要的一个技术特征。对于不同的零件，只需要建立CAD模型，调整和设置工艺参数，即可快速成型出具有一定精度和强度并满足一定功能的原型和零件。

（4）材料适用性好。快速原型技术具有极为广泛的材料可选性，其选材从高分子材料到金属材料、从有机材料到无机材料，这为快速原型技术的广泛应用提供了重要前提。采用快速原型技术可完成材料梯度结构，它将材料制备与材料成型紧密地结合起来。

（5）成型速度快。快速原型技术是并行工程中进行复杂原型和零件制作的有效手段。从产品CAD设计到原型件的加工完成只需几小时至几十小时，比传统的成型方法速度要快得多。

快速原型之“快”并不是由于成型过程中机器运行速度快，而是因为快速成型设备由零件CAD模型直接驱动和高度柔性，减少了从设计到制造中间环节，提高了全过程的快速响应性。

（6）有良好的经济效益。快速成型技术使得产品的制造成本与产品的复杂程度、生产批量基本无关，如图4-3所示。快速成型技术降低小批量产品的生产周期和成本，这有利于制造厂家把握商机，考虑新颖、复杂甚至以往认为没有效益的制造要求。

快速成型技术尤其适合新产品的开发与管理，适合小批量、复杂、不规则形状产品的直接生产，不受产品形状复杂程度的限制。该技术改善了设计过程中的人机交流，使产品设计和模具生产并行，从而缩短了产品设计、开发的周期，加快了产品更新换代的速度，在很大程度上降低了新产品的开发成本，同时也降低了企业研制新产品的风险。

（7）技术高集成化。快速成型技术是集计算机、CAD/CAM、数控、激光、材料和机械等一体化的先进制造技术，整个生产过程实现数字化与自动化，并与三维模型直接关联，所见即所得，零件可随时制造与修改，实现设计制造一体化。

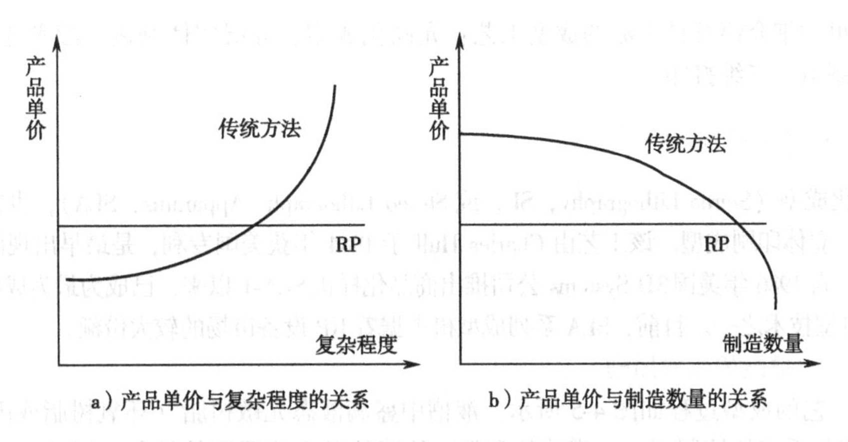


图 4-3 快速成型与传统制造方法的产品单价比较

## 任务二 了解快速成型技术的典型工艺

快速成型技术有多种成型工艺，有些快速成型工艺已经商业化，有些还未商业化，而有些工艺只是刚刚提出。根据所制造的原型的类型，快速成型技术可以分为四种类型：可视化原型制造、功能性原型制造、功能性材料制造和产品制造。根据零件的制造工艺可以分为：固化成型工艺、片材成型工艺、熔融成型工艺、烧结成型工艺和粘结成型工艺。另外，根据成型材料的类型，快速成型技术可以分为：液态材料成型工艺、颗粒材料成型工艺和固体片材成型工艺。Medellin-Castillo 等人提出了一种快速成型技术的新的分类方法（图 4-4）。

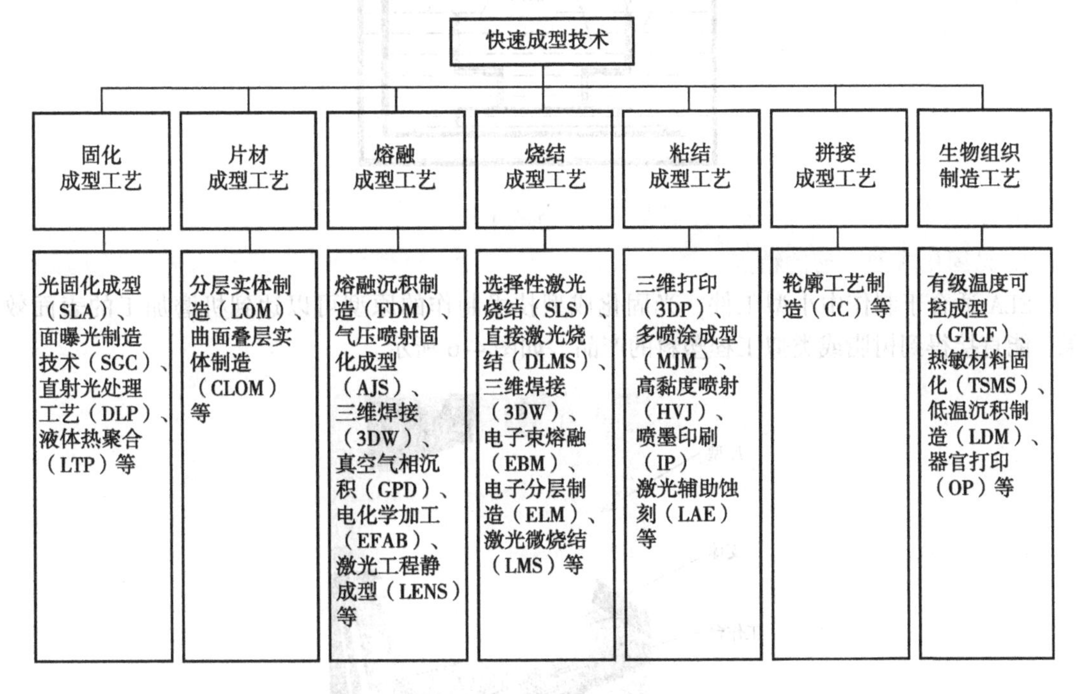


图 4-4 快速成型技术分类

在这里详细介绍五种主流的成型工艺：光固化成型、分层实体制造、激光选择性烧结、熔融沉积制造、三维打印。

## 一、光固化成型

光固化成型（Stereo Lithography，SL，或 Stereo Lithography Apparatus，SLA），也常称为立体光刻成型、立体印刷成型。该工艺由 Charles Hull 于 1984 年获美国专利，是最早出现的一种快速成型技术。自 1986 年美国 3D Systems 公司推出商品化样机 SLA-1 以来，已成为最为成熟和广泛应用的 RP 典型技术之一。目前，SLA 系列成型机占据着 RP 设备市场的较大份额。

### 1. 光固化成型的基本原理

SLA 工艺的成型过程如图 4-5 所示。液槽中盛满液态光敏树脂（环氧树脂或丙烯酸树脂等）。在控制系统的控制下，一定波长和强度的紫外激光按照零件的各分层截面信息，在光敏树脂表面进行逐点扫描。被扫描区域的树脂薄层产生光聚合反应而固化，形成零件的一个薄层。一层固化完毕后，升降工作台下移一个层厚的距离，以使在原先固化好的树脂表面再敷上一层新的液态树脂，然后刮平器将黏度较大的树脂液面刮平，进行下一层的扫描加工，新固化的一层牢固地粘结在前一层上，如此重复直至整个零件制造完毕，得到一个三维实体原型。当实体原型完成后，取出实体，排净多余的树脂。

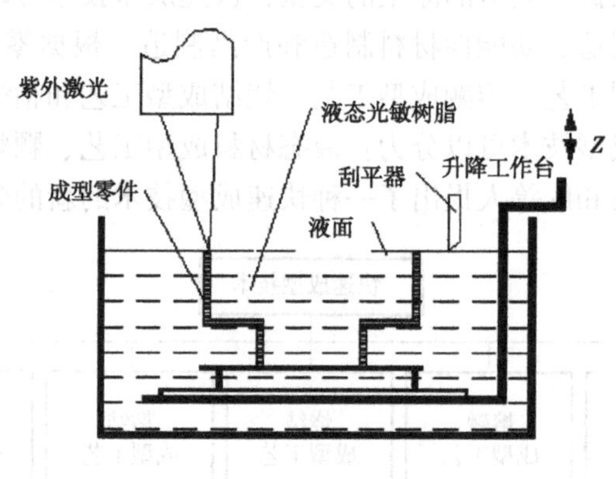


图 4-5 SLA 工艺

### 2. 光固化成型工艺的特点

SLA 适合于制作中小型工件，光固化成型技术制作的原型可以达到机磨加工的表面效果，能直接得到树脂或类似工程塑料的产品，如图 4-6 所示。

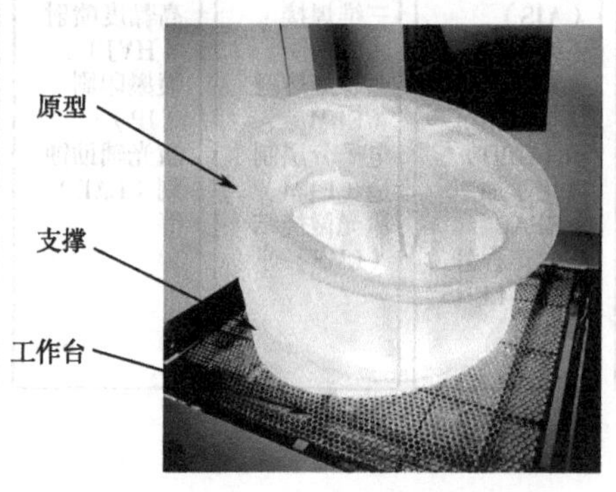


图 4-6 SLA 制作的原型

4 PROJECT

（1）SLA 成型的优点：

1）尺寸精度高。SLA 原型的尺寸精度可以达到 ±0.1mm。

2）表面质量较好。虽然在每层固化时侧面及曲面可能出现台阶，但上表面仍可得到玻璃面的效果。

3）可以制作结构十分复杂、尺寸比较精细的模型。

4）可以直接制作面向熔模精密铸造的具有中空结构的消失模。

当然，和其他几种快速成型工艺相比，该工艺还存在许多缺点。主要有：

（2）SLA 成型的缺点：

1）尺寸稳定性差。成型过程中伴随着物理和化学变化，导致软薄部分的翘曲变形，因而极大地影响成型件的整体尺寸精度。

2）需要设计工件的支撑结构，否则会引起成型件变形。支撑结构需要在未完全固化时手工去除，否则容易破坏成型件。

3）设备运转及维护成本较高。由于液态树脂材料和激光器的价格较高，并且为了使光学元件处于理想的工作状态，需要进行定期的调整，费用较高。

4）可使用的材料种类较少。目前可用的材料主要为感光性液态树脂材料，并且在大多数情况下，不能进行抗力和热量的测试。

5）液态树脂具有刺激性气味和毒性，并且需要避光保存，以防止提前发生聚合反应，选择时有局限性。

6）需要二次固化。在很多情况下，经快速成型系统光固化后的原型树脂并未完全被激光固化，所以通常需要二次固化。

7）液态树脂固化后的性能不如常用的工业塑料，一般较脆、易断裂，不便进行机加工。

## 二、分层实体制造

分层实体制造（Laminated Object Manufacturing，LOM）或叠层实体制造，是由美国 Helisys 公司的 Michael Feygin 于 1986 年研制成功的，自 1991 年问世以来，发展迅速。LOM 采用薄片材料如纸、金属箔、塑料薄膜等，由计算机控制激光束，按照模型每层的内外轮廓线切割薄片材料，得到该层的平面形状，并逐层堆放成零件原型。在堆放时，层与层之间以黏结剂粘牢，因此成型模型无内应力、无变形，成型速度快，不需要支撑，成本低廉，制件精度高，而且制造出来的原型具有外在的美感和一些特殊的品质，因此受到了较为广泛的关注。

### 1. 分层实体制造的基本原理

LOM 的工艺原理如图 4-7 所示。片材表面事先涂覆上一层热熔胶，加工时，热压辊热压片材，使之与下面已成型的工件粘结，用 $CO_2$ 激光器在刚粘结的新层上切割出零件截面轮廓和工件外框，同时将无轮廓区的材料切割成上下对齐的小方网格，以便在成型后剔除废料。网格越小，越容易剔除废料，但花费的时间越长。激光切割完成后，升降工作台带动已经成型的工件下降，与带状片材（料带）分离；供料机构驱动收料轴和供料轴，料带移动，使新层移到加工区域；升降工作台上升到加工平面；热压辊热压，工件的层数增加一层，高度增加一个料厚；再在新层上切割截面轮廓。如此反复直至零件的所有截面粘结、切割完毕，得到分层制造的实体零件，如图 4-8 所示。

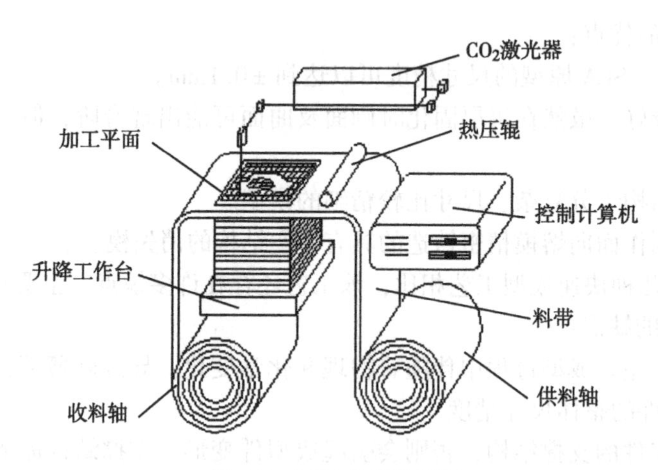


图 4-7　LOM 的工艺原理

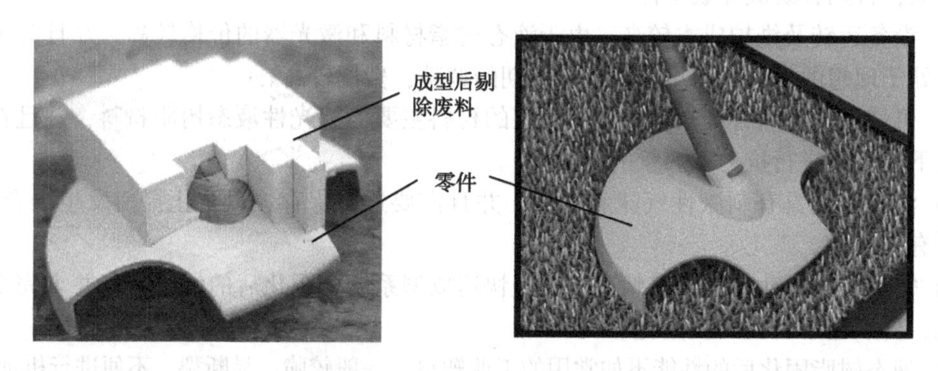


图 4-8　LOM 制作的原型

2. 分层实体制造工艺的特点

(1) LOM 工艺的优点

1) 成型速度较快。由于只需要使激光束沿着物体的轮廓进行切割，不需要扫描整个断面，所以成型速度很快。

2) 原型精度高，翘曲变形较小。

3) 制件能承受高达 200°C 的温度，有较高的硬度和较好的力学性能。

4) 不需要设计和制作支撑结构。

5) 可进行切削加工。

6) 废料易剥离，不需要后固化处理。

7) 可制作尺寸较大的制件。

8) 原材料价格便宜，原型制作成本低。

(2) LOM 成型技术的不足之处

1) 不能直接制作塑料工件。

2) 工件（特别是薄壁件）的抗拉强度和弹性不够好。

3) 工件易吸湿膨胀，因此，成型后应尽快进行表面防潮处理（树脂、防潮漆涂覆等）。

4) 工件表面有台阶纹理，难以构建形状精细、多曲面的零件，仅限于结构简单的零件，因此，成型后需要进行表面打磨。

根据以上介绍可知，LOM 工艺适合制作结构简单的大中型原型件，翘曲变形较小，成型时间较短，成型件有良好的机械性能，适合于产品设计的概念建模和功能性测试零件制作。由于制成的零件具有木质属性，特别适合于直接制作砂型铸造模，具有广阔的应用前景。

## 三、选择性激光烧结

选择性激光烧结（Selected Laser Sintering，SLS），又称为选区激光烧结、粉末材料选择性激光烧结等，由美国德克萨斯大学奥斯汀分校的 C. R. Dechard 于 1989 年研制成功。与其他 RP 工艺相比，SLS 最突出的优点在于它所使用的成型材料十分广泛。目前，可成功进行 SLS 成型加工的材料有石蜡、高分子、金属、陶瓷粉末和它们的复合粉末材料等。SLS 的原理与 SLA 十分相似，主要区别在于所使用的材料及形状。SLA 所用的材料是液态的紫外光敏可凝固树脂，而 SLS 则使用粉状的材料。采用该技术不仅可以制造出精确的模型和原型，还可以成型金属零件作为直接功能件使用。图 4-9 为 SLS 制作的 250 型双缸摩托车气缸头原型。

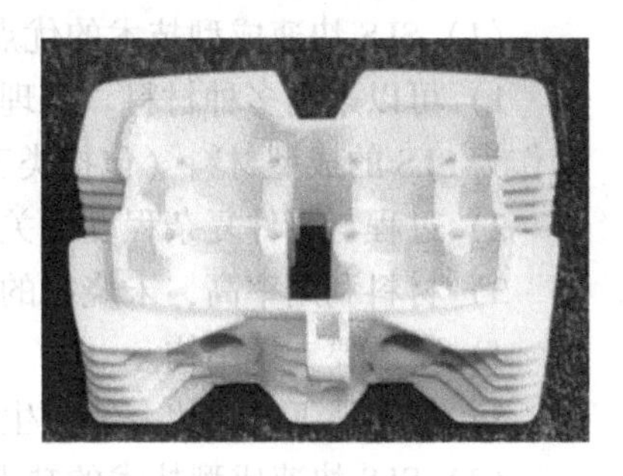

图 4-9 SLS 制作的原型

### 1. 选择性激光烧结的基本原理

SLS 工艺是利用粉末材料（金属粉末或非金属粉末）在激光照射下烧结的原理，在计算机控制下层层堆积成型。图 4-10 所示的成型装置由粉末缸和成型缸组成，工作时，供粉活塞（送粉活塞）上升，由铺粉辊将粉末在成型活塞上均匀推铺上一层，计算机根据原型的切片模型控制激光束的二维扫描轨迹，有选择地烧结固体粉末材料以形成零件的一个层截面。粉末完成一层后，成型活塞下降一个层厚，铺粉系统铺上一层新粉，控制激光束再次扫描烧结以形成新的层截面。如此循环往复，层层叠加，直到三维零件成型。成型过程中，未烧结的粉末被回收到粉末缸中。SLS 工艺在烧结之前，整个工作台被加热至一定温度，这样可减少成型中的热变形，并利于层与层之间的结合。

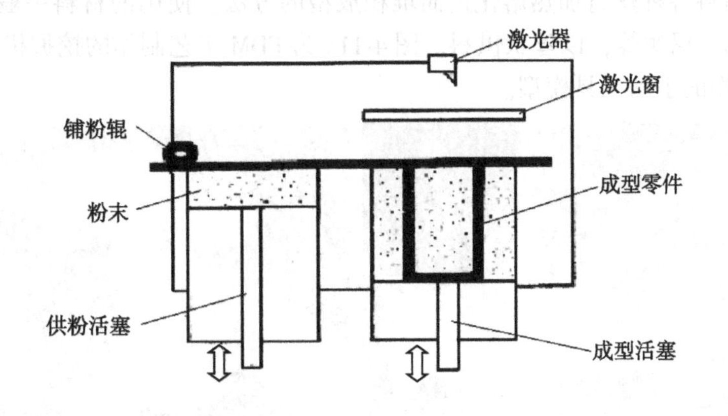


图 4-10 SLS 的工艺原理

粉末受热会产生收缩、气化和变形，激光加工参数对制件的性能以及精度会产生很大的影响。激光烧结成型的质量主要包括成型强度与成型精度，在SLS工艺中，成型强度由制件烧结密度决定，制件烧结密度也直接影响着制件后处理质量的好坏。

**2. 选择性激光烧结工艺的特点**

粉末材料选择性激光烧结工艺适合于产品设计的可视化制作和功能测试零件的加工。由于它可以采用各种不同成分的金属粉末进行烧结，还可以对成型件进行渗铜等后处理，因而其制成的产品可以具有与金属零件相近的机械性能。

（1）SLS快速成型技术的优点

1）可以采用多种材料。从理论上说，任何加热后能够形成原子间粘结的粉末材料都可以作为SLS的成型材料（包括类工程塑料、蜡、金属、陶瓷等）。

2）过程与零件复杂程度无关，制件的强度高。

3）材料利用率高，未烧结的粉末可重复使用，材料无浪费。

4）不需要支撑结构。

5）与其他工艺相比，能够生产较硬的模具。

（2）SLS快速成型技术的缺点

1）成型件结构疏松、多孔，且有内应力，制件易变形。

2）生成陶瓷、金属制件的后处理较难。

3）需要预热和冷却，后处理麻烦。

4）成型表面粗糙多孔，并受粉末颗粒大小及激光光斑的限制。

5）成型过程产生有毒气体和粉尘，污染环境。

由于激光烧结速度很快，粉末熔融后来不及充分相互扩散和融合，大大影响了成型件的强度。需采用适当的后处理工艺来提高成型件的强度。

## 四、熔融沉积制造

熔融沉积制造（Fused Deposition Modeling，FDM）也称熔融挤出成型，是继光固化成型和分层实体制造工艺后的另一种应用比较广泛的快速成型工艺。其工艺是一种不依靠激光作为成型能源，而将各种丝材加热熔化进而堆积成型的方法。使用的材料一般是热塑性材料，如蜡、ABS、PC、尼龙等，以丝状供料。图4-11a为FDM工艺制作的挖掘机模型，图4-11 b为FDM工艺制作的手动工具模型。

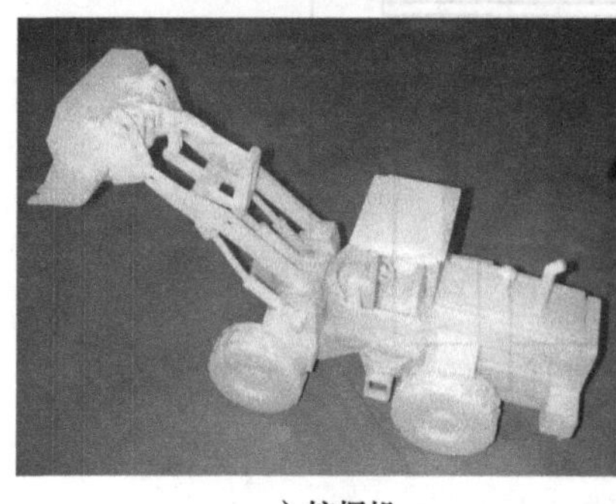

a）挖掘机

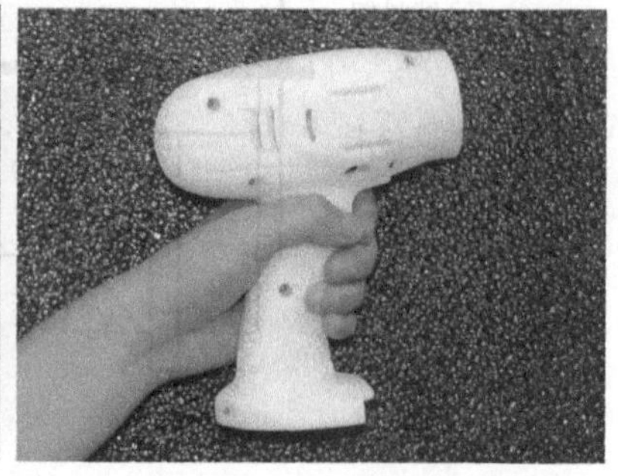

b）手动工具

图4-11　FDM制作的原型

**1. 熔融沉积制造的基本原理**

熔融沉积制造的基本原理如图 4-12 所示。材料在喷头内被加热熔化，加热喷头在计算机的控制下，根据产品零件的截面轮廓信息，做 *X-Y* 平面运动，热塑性丝状材料（丝材）由供丝机构送至热熔喷头，并在喷头中加热和熔化成半液态，然后被挤压出来，有选择性地涂覆在工作台上，快速冷却后形成一层薄片轮廓。一层截面成型完成后工作台下降一定高度，再进行下一层的熔覆，好像一层层“画出”截面轮廓，如此循环，最终形成三维产品零件。当原型形状发生较大的变化时，上层轮廓就不能给当前层提供充分的定位和支撑作用，这就需要设计一些辅助结构——“支撑”，为后续层提供定位和支撑，以保证成型过程的顺利实现。

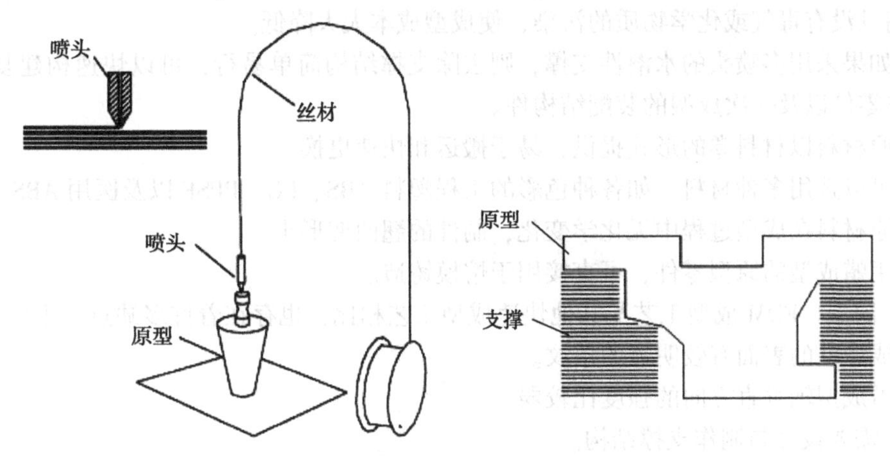


图 4-12 FDM 的工艺原理

熔融沉积制造工艺在原型制作时需要同时制作支撑，为了节省材料成本，提高沉积效率，新型 FDM 设备采用了双喷头，如图 4-13 所示，一个喷头专用于沉积原型材料，另一个

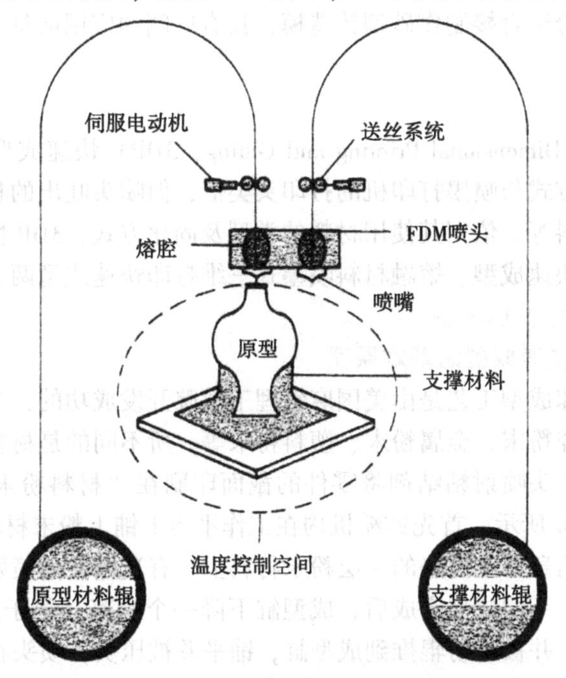


图 4-13 双喷头 FDM 的工艺原理

喷头用于沉积支撑材料。一般来说，原型材料丝精细而且成本较高，沉积的效率也较低。而支撑材料丝较粗且成本较低，沉积的效率也较高。双喷头的优点是：除了沉积过程中具有较高的沉积效率和降低原型制作成本以外，还可以灵活地选择具有特殊性能的支撑材料，以便后处理过程中支撑材料的去除，如采用水溶性材料、低于原型材料熔点的热熔材料。

**2. 熔融沉积制造工艺的特点**

（1）优点　熔融沉积快速成型工艺之所以被广泛应用，是因为它有其他成型方法不具有的许多优点。具体如下：

1）成本低。熔融挤出造型技术用液化器代替了激光器，设备费用低；另外，原材料的利用率高且没有毒气或化学物质的污染，使成型成本大大降低。

2）如果采用多喷头的水溶性支撑，则去除支撑结构简单易行，可以快速构建复杂的内腔、中空零件以及一次成型的装配结构件。

3）原材料以材料卷的形式提供，易于搬运和快速更换。

4）可以选用多种材料，如各种色彩的工程塑料 ABS、PC、PPSF 以及医用 ABS 等。

5）原材料在成型过程中无化学变化，制件的翘曲变形小。

6）用蜡成型的原型零件，可直接用于熔模铸造。

（2）缺点　FDM 成型工艺与其他快速成型工艺相比，也存在着许多缺点，主要如下：

1）成型件的表面有较明显的条纹。

2）沿成型轴垂直方向的强度比较弱。

（3）需要设计与制作支撑结构。

（4）需要对整个截面进行扫描涂覆，成型时间较长。

FDM 适合于制作结构简单的大中型原型件，翘曲变形较小，成型时间较短，成型件有良好的机械性能，适合于产品设计的概念建模和功能性测试零件。同时，由于制成的零件具有木质属性，特别适合于直接制作砂型铸造模，具有广阔的应用前景。

## 五、三维打印

三维打印（Three Dimensional Printing and Gluing，3DP）快速成型，以某种喷头作为主要的成型源，其运动方式与喷墨打印机的打印头类似，但喷头吐出的材料不是墨水，而是粘结剂或液态的光敏材料等。依据其使用材料的类型及固化方式，3DP 快速成型技术可分为粉末材料三维喷涂粘结快速成型、熔融材料喷墨式三维打印快速成型两大类。

### （一）三维喷涂粘结快速成型

**1. 三维喷涂粘结快速成型的基本原理**

三维喷涂粘结快速成型工艺是由美国麻省理工学院开发成功的，与 SLS 工艺类似，采用粉末材料成型，如陶瓷粉末、金属粉末、塑料粉末等。所不同的是材料粉末不是通过烧结连接起来的，而是通过喷头喷射粘结剂将零件的截面印刷在“材料粉末”上面。三维喷涂粘结的基本原理如图 4-14 所示，首先铺粉机构在工作平台上铺上粉末材料，喷头在计算机控制下，按照截面轮廓的信息，在铺好的一层粉末材料上，有选择性地喷射粘结剂，使部分粉末粘结，形成截面轮廓。一层成型完成后，成型缸下降一个距离（等于层厚），供粉缸上升一高度，推出若干粉末，并被铺粉辊推到成型缸，铺平并被压实，喷头在计算机控制下，再次按截面轮廓的信息喷射粘结剂建造层面。铺粉辊铺粉时，多余的粉末被集粉装置收集。如此周而复始地送粉、铺粉和喷射粘结剂，最终完成一个三维粉体的粘结。

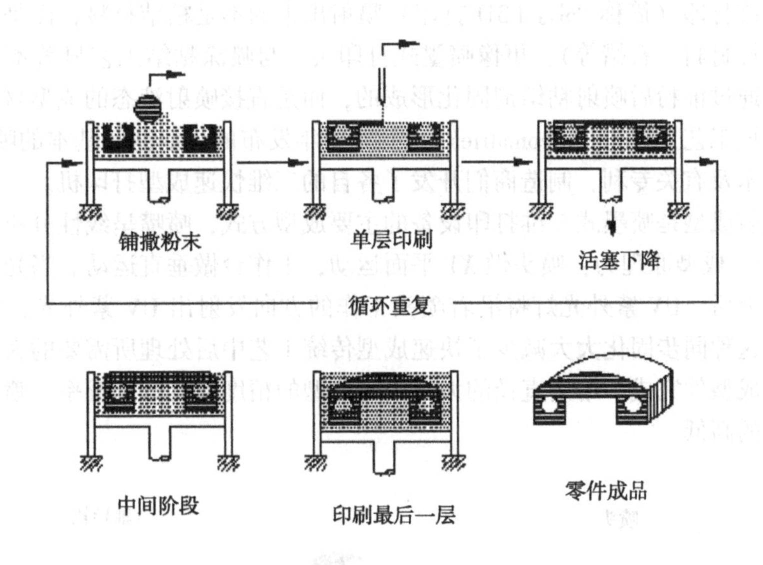


图 4-14 三维喷涂粘结成型的工艺原理

2. 三维喷涂粘结工艺的特点

1）设备成本低，不需要复杂昂贵的激光系统。

2）成型速度快，成型喷头一般具有多个喷嘴，喷射粘结剂的速度比 SLS 或 SLA 单点逐行扫描速度快得多。

3）成型材料价格低，适合用作桌面型的快速成型设备。

4）在粘结剂中添加颜料，可以制作彩色原型，这是该工艺最具竞争力的特点之一。图 4-15a 为无色胶水打印的实体，图 4-15b 为彩色胶水多喷头打印的实体。

a）无色胶水

b）彩色胶水

图 4-15 三维喷涂粘结制作的原型

5）成型过程不需要支撑，没有被喷射粘结剂的地方为干粉，在成型过程中起支撑作用，且成型结束后，多余粉末的去除比较方便，特别适合于制作内腔复杂的原型。

但成型件的强度较低，只能制作概念性模型，而不能做功能性试验。

（二）喷墨式三维打印快速成型

喷墨式三维打印（简称 PolyJet 3D 打印）喷射出来的不是粘结材料，而是成型材料（可以熔化的热塑性材料、石蜡等），更像喷墨式打印头。与喷涂粘结工艺显著不同之处是其累积的叠层不是通过铺粉后喷射粘结剂固化形成的，而是直接喷射液态的成型材料，瞬间凝固而形成薄层。该工艺是 Object Geomatries 公司 2007 年发布的，依据其基本的喷墨打印原理、不同的喷射技术及有关专利，制造商们开发了各自的三维快速成型打印机。

多喷嘴喷射成型是喷墨式三维打印设备的主要成型方式，喷嘴呈线性分布，其基本原理如图 4-16 所示。成型原理为：喷头做 *XY* 平面运动，工作台做垂直运动。当光敏聚合材料被喷射到工作台上后，UV 紫外光灯将沿着喷头工作的方向发射出 UV 紫外光，对光敏聚合材料进行固化。这种同步固化大大减少了快速成型传统工艺中后处理所需要的大量工作，通过多次反复直至成型件完成。熔滴直径的大小决定成型的精度或打印分辨率，喷嘴的数量多少决定成型效率的高低。

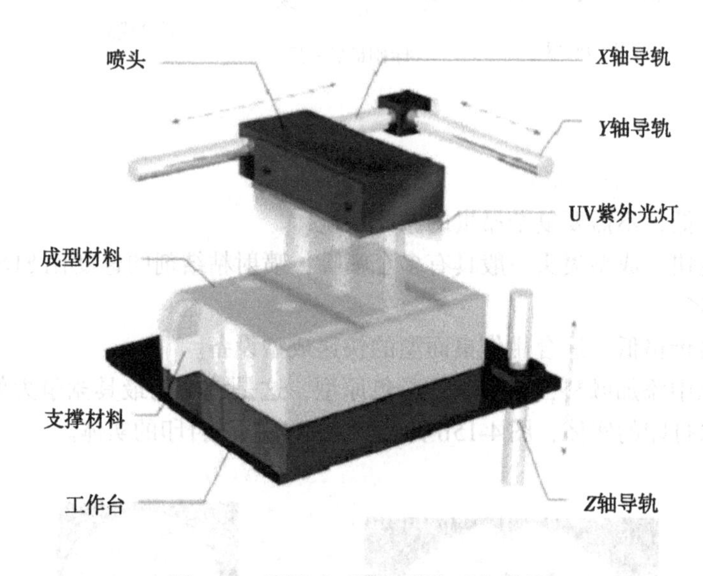


图 4-16　喷墨式三维打印的工艺原理

PolyJet 3D 打印技术具有快速原型制造方面的诸多优势，主要特点如下：

1）质量高。最小层厚 16μm，高分辨率可以确保获得流畅、精确而且非常完美的部件与模型。

2）精确度高。精密喷射与构建材料性能可保证细节精细及制作出薄壁结构。

3）清洁。适合于办公室环境，采用非接触树脂载入/卸载，容易清除支撑材料，容易更换喷射头。

4）快捷。多个喷嘴在全宽度上的高速光栅构建，可实现快速的流程，并且不需要事后凝固。

5）多用途。材料品种多样，包括数百种色彩鲜亮的刚性不透明材料和橡胶类材料、透明或彩色的半透明材料、类聚丙烯材料以及用于牙科和医学行业的专用光敏树脂，如图 4-17 所示，可适用于不同几何形状、机械性能及颜色的部件。

a）数字ABS
打印模拟生产塑料的原型

b）高温材料
打印耐热且尺寸稳定的模型

c）橡胶类
打印柔韧、软触感模型

d）刚性不透明材料
打印半透明色调和图案

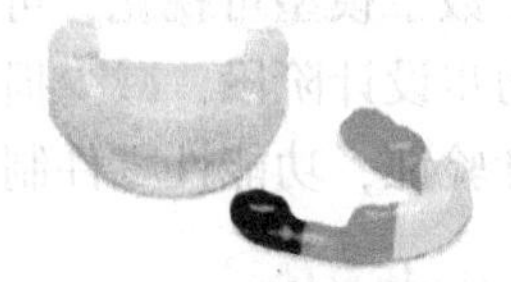

e）牙科材料
打印牙科和牙齿矫正模型

f）生物相容性
打印医疗设备

图4-17 不同材料打印的不同用途的零件

## 六、几种主流快速成型工艺的比较

五种典型成型工艺的成型特点分析比较见表4-1。从安全性来说，由于SLA的紫外光激光器是利用光敏树脂对紫外光敏感凝固的特性进行成型，不产生高热；FDM的热压喷头温度远低于成型材料的燃点；3DP由喷头喷出粘结剂或成型材料，所以SLA、FDM、3DP在安全性方面较好。从使用环境来说，LOM和SLS使用时产生烟尘，SLA、LOM和SLS使用激光，具有危险性，因此从严格意义上说SLA、LOM和SLS均不适合在办公室内使用。

表4-1 主流快速成型工艺的比较

| | SLA | SLS | LOM | FDM | 3DP（粉末喷涂粘结） |
|---|---|---|---|---|---|
| 成型速度 | 较快 | 慢 | 快 | 慢 | 快 |
| 成型精度 | 高 | 低 | 较高 | 较低 | 较低 |
| 行程范围 | 中小 | 中小 | 中大 | 小 | 中大 |
| 材料价格 | 贵 | 较贵 | 便宜 | 较便宜 | 低 |
| 制造成本 | 较高 | 高 | 低 | 高 | 低 |
| 支撑结构 | 是 | 否 | 否 | 是 | 否 |
| 常用材料 | 光敏树脂等材料 | 金属、陶瓷等粉末材料 | 纸张、塑料薄膜等材料 | 熔点较低的热塑性材料 | 石膏粉、陶瓷粉等 |

## 任务三 了解快速成型技术的应用

快速原型技术的出现，创立了产品开发研究的新模式，使设计人员很快以直观的方式体会设计的感觉，用最经济、最高效的方式验证和修改设计，自行制作原型，避免了设计方案外泄，提高了产品开发的成功率，缩短了开发周期，使设计、制造工作进入一个全新的境界。

就RP技术的发展水平而言，在国内主要是用于新产品（包括产品的更新换代）开发的设计验证和模拟样品的试制，即从产品的概念设计（或改型设计）→造型设计→结构设计→基本功能评估→模拟样件试制各阶段开发过程都会用到RP技术。快速成型应用的领域几乎包括制造领域的各个行业，以及医疗、人体工程、文物保护等行业。

在现代产品设计中，设计手段日趋先进，计算机辅助设计使得产品设计快捷、直观，但由于软件和硬件的局限，设计人员仍无法直观地评价所设计产品的效果和结构的合理性以及生产工艺的可行性，每一个设计环节都可能存在一些人为的设计缺陷，如果不及早发现，就会影响后续工作。RP原型将CAD数字模型可视化，可以进行设计评价、干涉检验，甚至某些功能测试，将设计缺陷消灭在初步设计阶段，减少损失。快速成型技术的应用主要分四个层次：概念模型可视化，结构设计验证，功能性零件制造和破损零件现场修补。

## 一、概念模型的可视化、设计评价

快速成型制造技术能够迅速地将设计者的设计思想变成三维实体模型，不仅能节省大量的时间，而且能精确地体现设计者的设计理念；为产品评审决策工作提供直接、准确的模型，减少决策工作中的不正确因素。

新产品的开发总是从外形设计开始的，外观是否美观实用往往决定该产品是否能够被市场接受。传统的加工方法中，二维工程图样在设计加工和检测方面起着重要作用，其做法是根据设计师的思想，先制作出效果图及手工模型，经决策层评审后再进行后续设计。但由于二维工程图样或三维观感图不够直观，表达效果受到很大限制；手工制作模型耗时长，精度较差，修改也困难。

快速成型制造技术制作出的样件能够使用户非常直观地了解尚未投入批量生产的产品外观及其性能，并及时做出评价，使厂方能够根据用户的需求及时改进产品，为销售创造有利条件，并避免由于盲目生产可能造成的损失。同时，在工程投标中投标方采用样品，可以直观、全面地提供评价依据，使设计更加完善，为中标创造有利条件。图4-18所示为护肤品瓶子和电话机外壳的快速成型样件，它在样品展示会可让厂商更直观地做出评价，起到投石问路的作用。

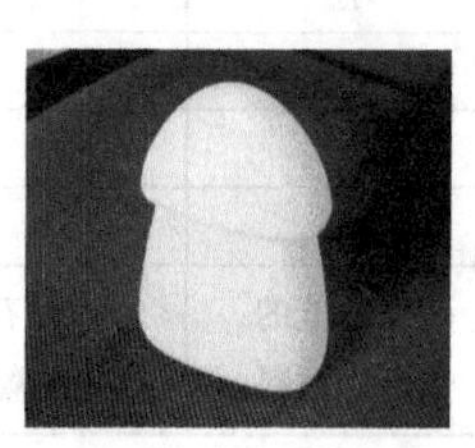

a）护肤品瓶子

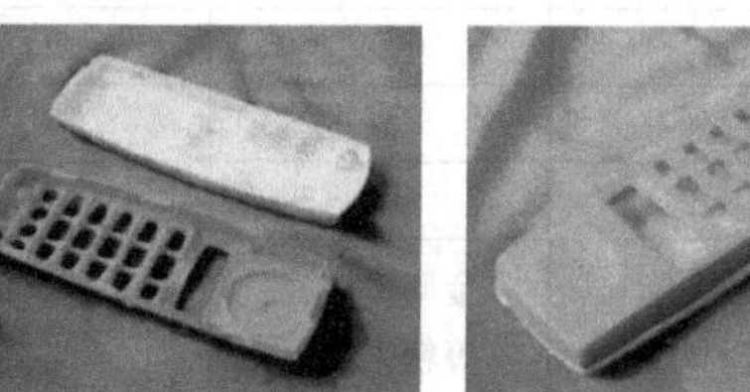

b）电话机外壳

图4-18　快速成型样件

在艺术设计领域，快速成型制造技术为艺术家以三维形式更细腻、形象、准确、生动、迅速地表达自己的思想情感提供了一种新的手段。艺术家在利用陶瓷、玻璃、石材及其他材料进行三维艺术创作时，从创作灵感的萌发到作品的完成需经历几个月甚至几年的时间，其中绝大多数时间为创作思想物化的过程，为力求三维表达的准确而做的逐步修正，以及艺术品制作过程中因各种失误造成残缺的作品必须从头再来。而当采用快速成型制造技术时，艺术家的思想可以首先转化为计算机的 CAD 三维造型，当 CAD 造型满意后，再通过快速成型制造系统快速制作出三维物化作品，以判断构思的合理性和作品表达思想的准确性。如果不满意，可立即进行 CAD 模型的修改，重新制作出修改后的新作品，直至满意为止。图 4-19 所示为直接用设计软件设计、打印的工艺品。

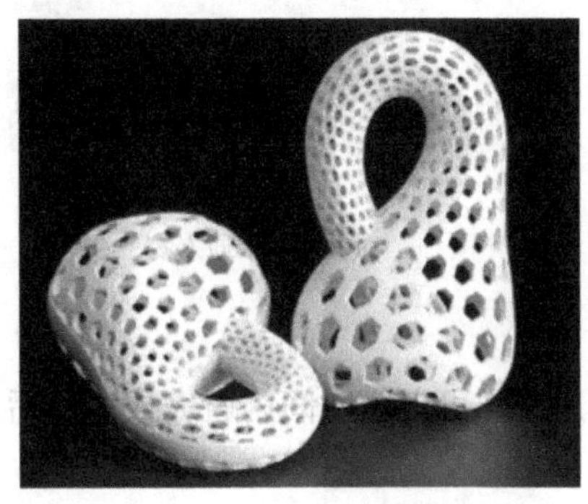

图 4-19 工艺品

此外，为使珍稀艺术品被更多人学习和欣赏，也可采用快速成型制造技术快速、准确地制作复制品，充分展示原作品的艺术价值。图 4-20a 为贝多芬头像的复制品，它是通过三维测量设备获得头像外部的点云数据（图 4-20b），经过点云处理、曲面重构获得三维 CAD 模型后，采用快速成型技术迅速制作出与原品近乎相同的复制品。

a）头像的复制品

b）头像的点云数据

图 4-20 艺术品头像的复制

3D 打印为动漫游戏人物、卡通人物的设计提供了栩栩如生的人物形象，也可以方便打印电影中特殊人物的服装和全身装备，如图 4-21 所示。

在建筑行业，快速成型技术为建筑设计提供了更直观的评价实物模型。如果不是建筑学专业的人，恐怕没有几个人能够在看建筑图纸的时候就在头脑中构想出建筑物的 3D 形状。手工制作建筑模型往往成本很高，而通过 3D 打印技术，根据 CAD 数据可以很容易地在短时间内打印出复杂、耐用的建筑模型，或某个区域的规划图，如图 4-22 所示。如果客户有修

a）动漫卡通人物

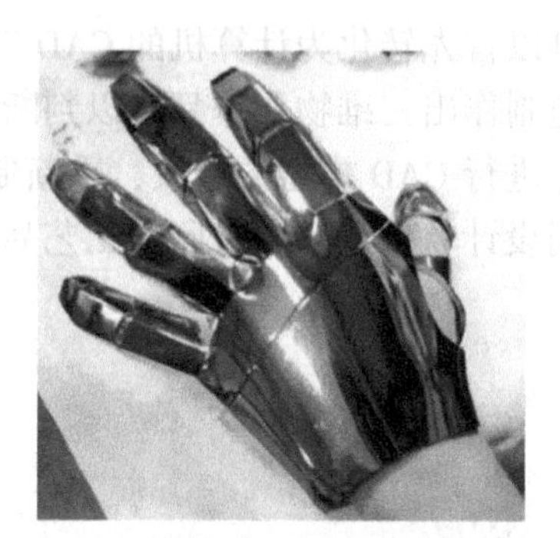

b）电影钢铁侠2中的手部道具

图 4-21　人物及服饰打印

改意见，同样可以短时间内就完成修改后的模型，提高设计阶段的效率。

a）建筑模型

b）区域规划

图 4-22　3D 打印在建筑行业的应用

在生物医学领域，运用 CT 或 MRI 数据，采用 RP 技术快速制作物理模型，加工出内外部三维结构完全仿真的生物模型（图 4-23），可直观察看人体组织结构，为研究人员和外科医生等提供非常有益的帮助。这些技术在很多外科（如颅外科、神经外科、口腔外科、整形外科和头颈外科等）可辅助外科医生诊断病情、确定手术及治疗计划，有效提高了诊断和手术水平。

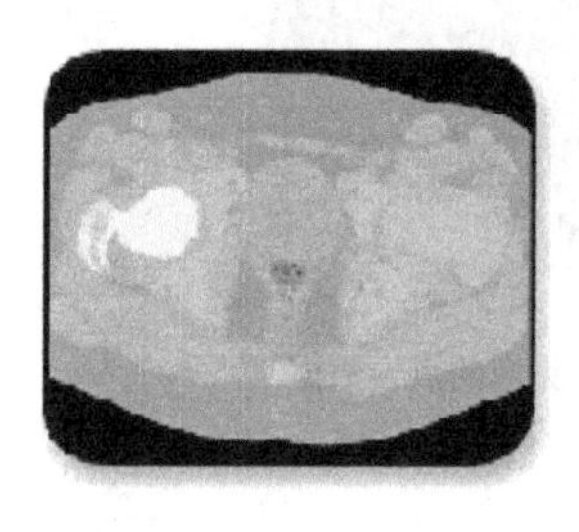

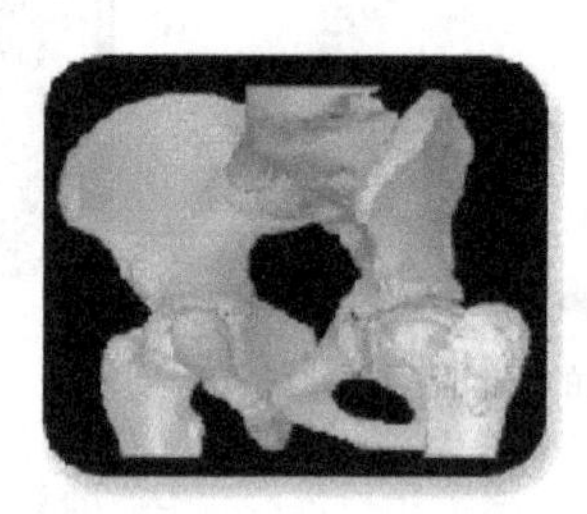

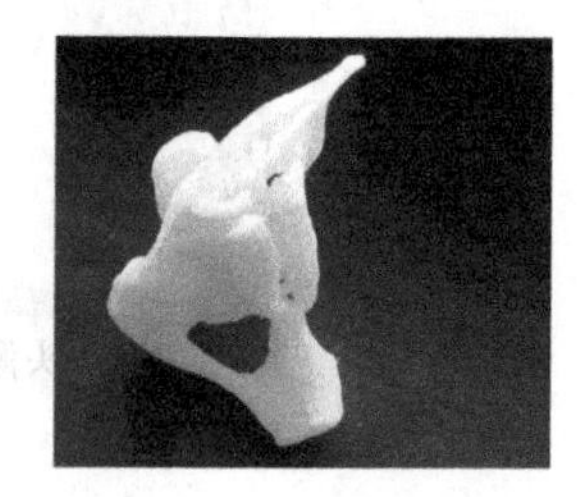

图 4-23　从 CT 数据到骨骼 3D 数据模型到 RP 模型

## 二、结构验证与装配干涉校验

对于有限空间内的复杂系统，其装配检验、干涉检查，尤其可制造性和可装配性的检验都很重要。原型可以用于装配模拟，观察工件之间是如何配合、如何相互影响的。在新产品投产之前，首先用快速成型制造技术制作出全部零件原型，然后进行试安装，验证设计的合理性和安装工艺与装配要求，如果发现有缺陷，便可以迅速、方便地进行纠正。图 4-24 所示所示为吸尘器的外壳样件，图 4-25 所示为空调外壳样件，通过原型的装配模拟可以一次成功地完成设计。

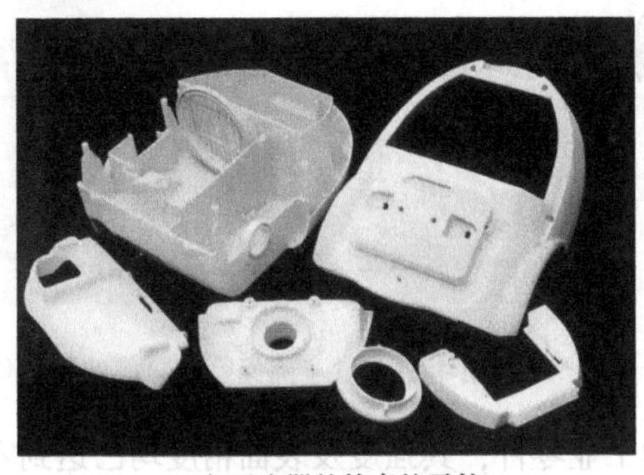

a）吸尘器的外壳的零件

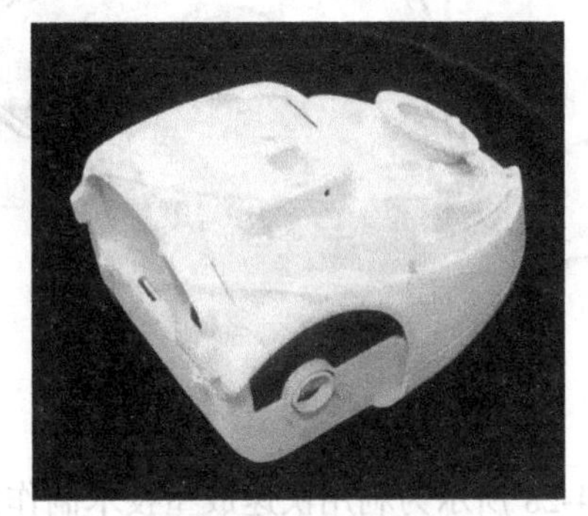

b）装配后吸尘器的外壳

图 4-24　吸尘器外壳样件

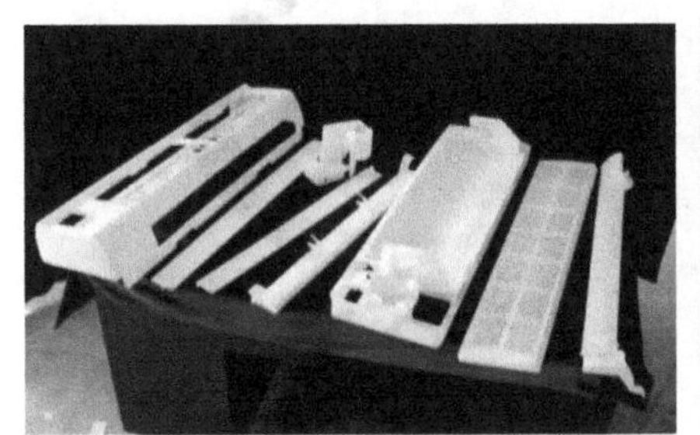

a）空调外壳零件

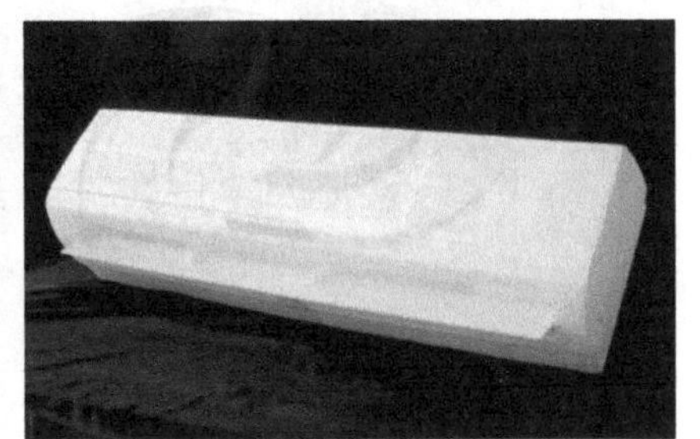

b）组装后的空调外壳

图 4-25　空调外壳样件

## 三、功能性零件的直接制造

应用快速成型制造系统制作的样品不仅可以进行外观设计评价、结构校验，而且还可以直接用作产品零件或作为性能和功能参数试验件进行相应的研究。

目前，在汽车制造行业，国内已有汽车零部件企业通过 3D 打印技术制作缸体、缸盖、变速器齿轮等产品用于研发。美国福特汽车公司已经大量运用快速成型技术，并制造了福特 C-MAX 和福特福星混合动力车中的转子、阻尼器外壳和变速器、福特翼虎复合动力车使用的 EcoBoost 四缸发动机和福特 2011 版探险家的制动片；日本的小岩公司已经使用该技术制造涡轮增压器等。图 4-26 所示为用快速成型制作的君威轿车上的 LED 车灯样件进行光强测试的情况。

图 4-27 所示为上海联泰科技利用快速成型技术为某汽车股份有限公司的新车成功试制的前保险杠总成功能样件。这批样件用于外观验证、冲撞试验以及车辆路试等。使用快速成型方案，6 套前后保险杠的总成功能样件的制造周期仅 40 天，费用约为 60 万元左右；如果使用传统制造方法，制造周期约为 6 个月，制造费用可能高达 500 万左右。

图 4-26　车灯快速成型样件

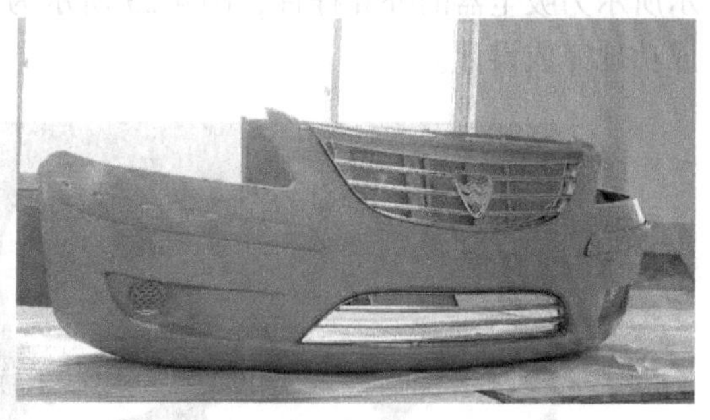

图 4-27　汽车前保险杠总成功能样件

图 4-28 所示为利用快速成型技术制作的工业零件，其强度及表面精度均已达到零件的应用要求，可直接使用。而采用传统加工方法，图 4-28b 所示的零件是无法用切削加工完成的。

a）

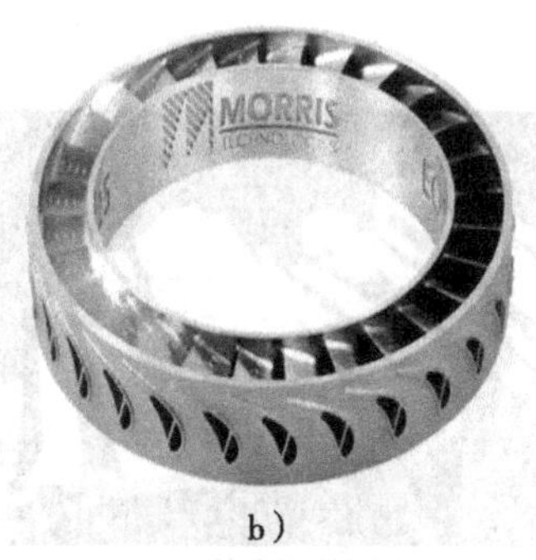



b）

图 4-28　用快速成型技术制作的工业零件

在模具行业，很多传统的模具制造方法，如数控铣削加工、成型磨削、电火花加工、线切割加工、铸造模具、电解加工、电铸加工、压力加工和照相腐蚀等，由于其工艺复杂、加工周期长、费用高而影响了新产品对于市场的响应速度。基于快速原型的快速制模方法很好地弥补了这一缺陷，得到了广泛应用。

快速模具制造技术（Rapid Tooling，RT）是在快速原型方法制造原型的基础上，结合传统的制模方法（如硅胶模、金属喷涂、铸造等制模方法）快速地制造模具的技术，即快速制模是利用快速原型技术直接制作模具原型或母模，然后采用该原型直接或间接实现模具快速制造的一种模具制造技术。应用快速原型技术制造模具，在最终生产模具开模之前，进行新产品试制与小批量生产，可以大大提高产品开发的一次成功率，制造周期一般为传统数控切削方法的 1/5 ~ 1/10，生产成本仅为 1/3 ~ 1/5，这些优点使 RT 技术具有很好的发展前景。

基于快速原型的快速制模分为快速直接制模和快速间接制模。快速直接制模指的是利用不同类型的快速原型工艺（SLA、SLS、LOM 等）直接制造出模具本身，然后进行一些必要的后处理和机加工以获得模具所要求的机械性能、尺寸精度和表面粗糙度；快速间接制模是指利用快速原型制造技术首先制作模芯，然后用此模芯复制硬模具（如铸造模具或采用喷涂金属法获得轮廓形状），或者制作母模复制软模具（如硅胶模）等。快速直接制模在模具精度和性能控制方面比较困难，特殊的后处理设备与工艺使成本提高较大，模具的尺寸也受到较大的限制，目前基于RP的快速制模多采用快速间接制模。

利用快速成型技术直接或间接制造铸造用的蜡模、消失模、模样、模板、型芯或型壳等，然后结合传统铸造工艺，可快捷地制造精密铸件。

图4-29所示为将原型作为消失模，用快速铸造方法生产的汽车发动机进气歧管。

图4-30a所示为利用3DP工艺直接制模，经表面强化处理后制得的200mm水套砂芯，图4-30b所示为涡轮壳浇铸模的砂型、砂芯及低温合金浇注的铸模。

发动机进气歧管铸件

图4-29 汽车发动机进气歧管

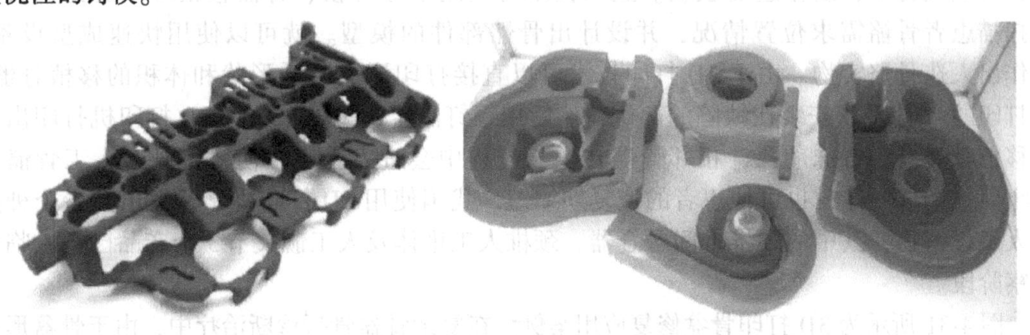

a）水套砂芯

b）涡轮壳的砂型、砂芯及浇注零件

图4-30 砂芯和砂型和浇注零件

航天航空领域需求的许多零部件通常都是单件或小批量，采用传统制造工艺，成本高、周期长。借助快速成型技术制作模型进行试验，直接或间接利用快速成型技术制作产品，具有显著的经济效益。

早在20世纪90年代后期，美国就已经采用“选择性激光熔凝”（SLM）快速成型技术制造了J-2X火箭发动机的排气孔盖。近年来波音公司已经利用快速成型技术制造了大约300种不同的飞机零部件。空客使用快速成型技术制造了A380飞机客舱行李架、“台风”战斗机上的空调系统。近年来提出了“透明飞机”的概念，并计划在2050年左右采用快速成型技术生产制造出整架飞机。

## 四、破损件的修复

通过计算机内存储的大量备件的三维数据模型，快速成型设备可根据模型对受损零件进行快速修复，部分简易零件可现场制造，大大减少备件库存和备件资金占用。尤其对一些特殊环境运行的装备，提高了装备保障效率。

用3D打印取代军舰的“维修车间”，在战斗情况下进行局部修补，这对于维护船舶的战斗力起着至关重要的作用。现在，这项高度灵活的制造技术已经开始在军舰上发挥作用。

在海面上，军事工程师能够快速修复、生产和替换任何必要的部件。这将意味着不再需要运载任何维修零件，而故障几乎不再危及军事任务。2015 年元旦过后，海军某驱逐舰支队一艘战舰在进港停泊时，绞缆绳的传动齿轮锯齿突然断裂，无法快速抛锚。紧急关头，机电部门维修人员快速卸下受损齿轮，用 3D 打印机对齿轮展开抢修，很快使受损齿轮得到修复。

3D 打印技术也会对汽车维修技术、维修方法和汽车备件库存带来影响。当高档轿车的贵重零部件如曲轴、缸体、缸盖出现磨损、裂纹等故障时，技术人员可使用 3D 打印机来修复，延长关键零部件的使用寿命，降低维修成本，甚至直接把损毁的部件、紧缺的零件打印出来，减少备件库存和备件资金占用，使汽车维修更便捷。

在医学领域，3D 打印技术用于个性化定制人工假体和组织器官代替品制作等。目前在颜面部骨骼替代物、髋膝关节、人工椎体与脊柱等方面已有一些成功案例。比如，人体某块骨骼缺失或损坏需要置换，首先可扫描对称的骨骼，形成计算机图形并做对称变换，然后采用快速成型技术制作出相应骨骼。与传统方法相比，该技术不需要先制作模具，可直接打印，制作速度较快。这项技术可应用于牙种植、骨骼移植等。研究人员只需扫描患者骨骼需求位置情况，并设计出骨骼部件的模型。就可以使用快速成型设备，制作出人造骨骼实物。由于 3D 打印技术可以直接打印形成同样形状和体积的移植骨骼，把打印的“骨骼”安装在缺陷的部位，然后用螺钉固定；另外，由于 3D 打印机打印出来的移植骨骼有着特殊的孔，相邻骨骼在生长过程中会进入孔隙，使得真骨与人工骨骼之间牢固地结成一体，也可使患者的恢复期缩短。我国使用 3D 打印机已开发出数十个种类的人工移植物，其中的颈椎椎间融合器、颈椎人工椎体及人工髋关节 3 个产品已进入临床观察阶段。

图 4-31 所示为 3D 打印骨盆修复应用案例。在复杂骨盆骨折诊断治疗中，由于骨盆形态不规则，存在观察困难、操作困难，伤情复杂，复位固定困难等问题，通过影像学数据资料（CT/MRI 数据），进行影像三维重建，使用 3D 打印机打印出骨折骨盆的模型。在模型上将折骨复位、固定，可直观、真实、准确地掌握伤情，为手术提供很好的操作指导，并且预弯钢板可直接用于术中的固定。RP 模型为临床的术前准备具有很大帮助。

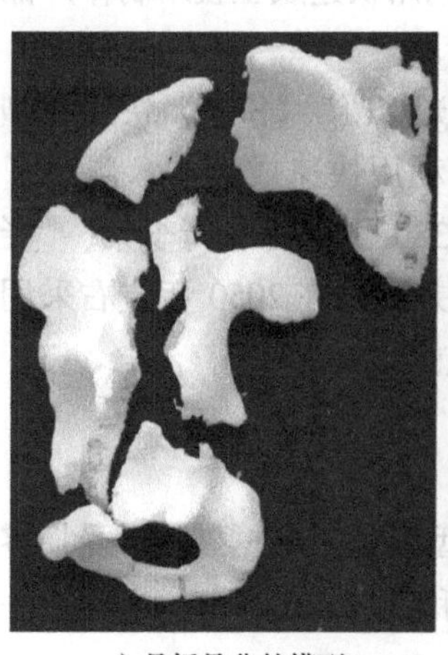

a）骨折骨盆的模型

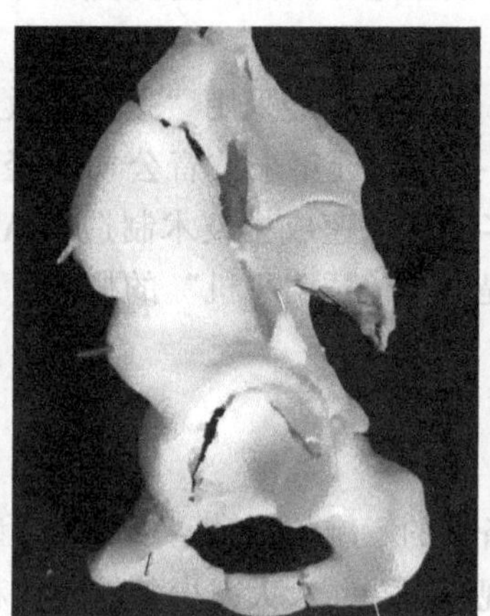

b）复位模型

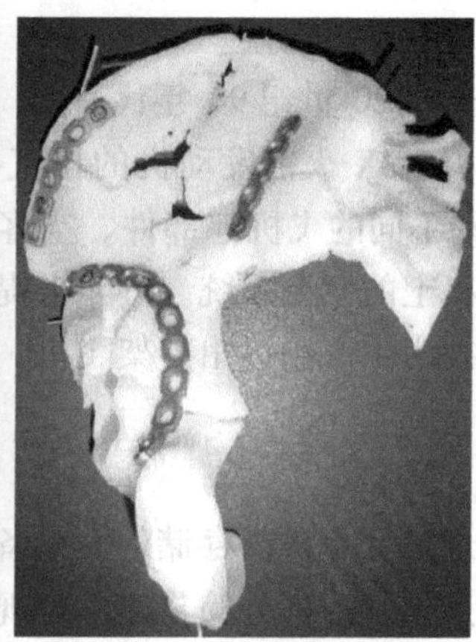

c）手术方案

图 4-31　复杂骨盆骨折诊断治疗术前准备

根据美国维克森林大学再生医学研究所的研究成果，目前已可以打印肾脏、皮肤移植片等人体组织，如图4-32所示，这表明了人类向为受损或病变器官提供可替换组织迈出了坚实一步。

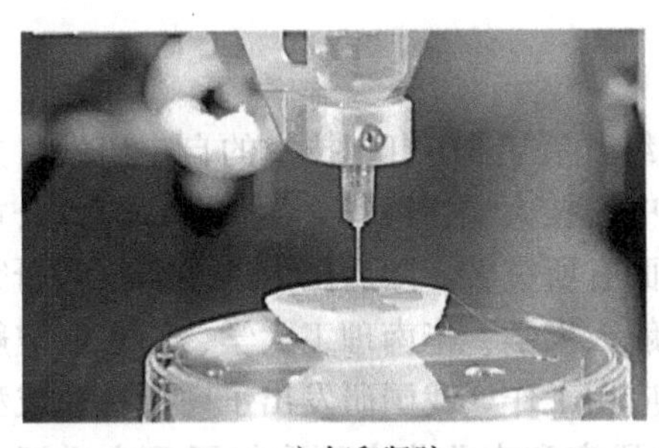

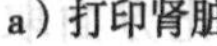
a）打印肾脏

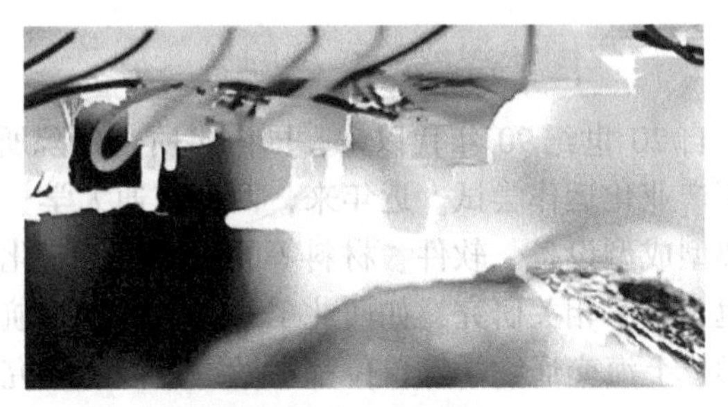
b）直接在伤口打印皮肤

图4-32　3D打印人体器官、组织

总之，快速成型技术的发展是近20年来制造领域的突破性进展，具有无模具快速自由成型、全数字化高柔性、制造近乎无限复杂的几何结构、多材料任意复合制造等技术特征，可用于新产品的开发，个性化制造，传统技术难以应对的极端复杂结构件制造，高性能成型修复与组合制造，最优化设计等，显著提升了产品功能。

## 任务四　了解快速成型技术的发展趋势

### 一、国外快速成型技术的发展现状

经过20多年的发展，快速成型技术不断融入人们的生活，在食品、服装、家具、医疗、建筑、教育等领域大量应用，催生了许多新的产业。快速成型设备已经从制造业设备成为生活中的创造工具。人们可以用快速成型技术制作设计的物品，使得创造越来越容易，人们可以自由地开展创造活动。快速成型技术正在快速改变传统的生产方式和生活方式。欧美等发达国家和新兴经济国家将其作为战略性新兴产业，纷纷制订发展战略，投入资金，加大研发力量和推进产业化。美国已经成为快速成型技术领先的国家，主要的引领要素是低成本3D打印设备的社会化应用和金属零件直接制造技术在工业界的应用。

现在国际上比较先进的3D打印技术是美国的3D System公司和Stratasys公司。3D Systems公司从瑞典Ratos AB的子公司Contex手中收购了Z Corp和Vidar两家公司。Z Corp是麻省理工学院的技术专家们为将持有的3D打印专利技术推向市场而于1997年成立的公司，是多色喷墨3D打印技术的领导者。Vidar公司专门服务于医疗和牙科成像市场，是医用胶片数字化仪的引领者和供应商。通过这次收购，将Z Corp和Vidar产品同众多的3D Systems产品组合，完善了3D Systems的产品能力范围。美国stratasys 3D打印机开发公司是由Stratasys和Objet两个公司合并而成的专门开发3D技术的打印机公司。该公司FDM技术以高可靠性和生产耐用的零件而闻名；PolyJet技术以打造光滑、细致表面而闻名，并且能够在一个零件中结合使用多种材料；SCP技术（Smooth Curvature Printing）则可制作精细的模型，进行失蜡铸造和模具制造。Stratasys公司的经特殊设计的3D打印材料组合堪称业界最全面

的材料组合。它包括近 150 种 PolyJet 光聚合物和 FDM 热塑性塑料。3D 打印技术发展呈现以下几个特点：① 快速成型产业不断壮大；②新材料新器件不断出现；③新市场产品不断涌现；④新标准不断更新。

## 二、我国快速成型技术的发展现状

自 20 世纪 90 年代以来，国内多所高校院所相继开展了 3D 打印技术的自主研发，并进行了产业化运作尝试。近年来，西安交通大学、华中科技大学、清华大学、北京隆源公司等在典型成型设备、软件、材料等的研究和产业化方面有所突破。随后国内许多高校和研究机构也开展了相关研究，如西北工业大学、北京航空航天大学、华南理工大学、南京航空航天大学、上海交通大学等单位都在做探索性的研究和应用工作。我国研发出了一批快速成型制造设备，并在典型成型设备、软件、材料等方面的研究和产业化方面取得了重大进展，到 2000 年初步实现的设备产业化，接近国外产品水平，改变了该类设备早期依靠进口的局面。在政府的支持下，已在全国建立了 20 多个服务中心，设备用户遍布医疗、航空航天、汽车、军工、模具、电子电器、造船等行业，推动了我国制造技术的发展。

近 5 年国内快速成型市场发展不大，主要在工业领域应用，在消费品领域还没有形成快速发展的市场。另外，研发方面投入不足，在产业化技术发展和应用方面落后于美国和欧洲。

我国金属零件直接制造技术也有达到国际领先水平的研究与应用，例如北京航空航天大学、西北工业大学和北京航空制造技术研究所已制造出大尺寸金属零件，并应用在新型飞机研制过程中，显著提高了飞机研制速度。在技术研发方面，我国快速成型设备的部分技术水平与国外先进水平相当，但在关键器件、成型材料、智能化控制和应用范围等方面较国外先进水平落后。在国内，快速成型技术主要应用于模型制作，在高性能终端零部件直接制造方面还具有非常大的提升空间。材料的基础研究、制备工艺以及产业化方面与国外相比存在相当大的差距。部分快速成型工艺设备国内都有研制，但在智能化程度方面与国外先进水平相比还有差距，大部分增材制造设备的核心元器件还主要依靠进口。

经过十几年来的发展，RP 技术已经步入成熟期，从早期的原型制造发展出包含多种功能、多种材料、多种应用的许多工艺，在功能上从完成原型制造向批量定制发展。在应用上主要集中在产品开发领域的设计、测试、装配等的辅助原型制造上。直接金属成型和功能性工程塑料熔融挤压成型的出现，使 RP 技术真正具有了最终产品的制造功能。RP 的概念逐渐从快速原型转变为快速制造（rapid manufacturing）。由于 RP 工艺能制造复杂结构和同时处理多种材料，因此在特殊材料的成型和材料梯度与结构梯度成型方面具有强大的优势，被广泛应用于生物医学领域和微细加工领域等特殊成型场合，高度的个性化成型水平和工艺柔性得到充分发挥。

## 三、快速成型技术的发展趋势

快速成型技术代表着生产模式和先进制造技术发展的趋势，产品生产将逐步从大规模制造向定制化制造发展，满足社会多样化需求。快速成型的优势在于制造周期短，适合单件个性化需求，大型薄壁件制造，钛合金等难加工、易热成型零件制造，结构复杂零件制造等，在航空航天、医疗等领域，产品开发阶段，计算机外设发展和创新教育上具有广阔的发展空间。

相对传统制造技术，快速成型技术，还面临许多新挑战和新问题。受技术装备、新型材料、设计软件、质量安全和公共环境等方面的制约和影响，目前仅适用于少批量、小尺寸、高精度、造型复杂的零部件和元器件的加工制造，还难以代替传统制造业大规模、大批量的加工制造。还存在制造成本高（10～100元/g），制造效率低（例如金属材料成型为100～3000g/h），制造精度不能令人满意，其工艺与装备研发尚不充分，未能进入大规模工业应用等问题。

目前快速成型主要应用于产品研发，是传统大批量制造技术的一个补充，呈现以下发展趋势：

（1）向日常消费品制造方向发展　三维打印是国外近年来的发展热点。三维打印机作为计算机一个外部输出设备而应用，它可以直接将计算机中的三维图形输出为三维的彩色物体，在科学教育、工业造型、产品创意、工艺美术等有着广泛的应用前景和巨大的商业价值。其发展方向是提高精度、降低成本、使用高性能材料等。

（2）向功能零件制造发展　采用激光或电子束直接熔化金属粉，逐层堆积金属，形成金属直接成型技术。该技术可以直接制造复杂结构的金属功能零件，制件的力学性能可以达到锻件的性能指标。其发展方向是进一步提高精度和性能，同时向陶瓷零件的增材制造技术和复合材料的增材制造技术发展。

（3）向智能化设备发展　目前快速成型设备在软件功能和后处理方面还有许多问题需要优化。例如，成型过程中需要加支撑，软件智能化和自动化需要进一步提高；制造过程，工艺参数与材料的匹配性需要智能化；加工完成后的粉料或支撑需要去除等。这些问题直接影响设备的使用和推广，设备智能化是走向普及的保证。

（4）向组织与结构一体化制造发展　实现从微观组织到宏观结构的可控制造。例如，在制造复合材料时，将复合材料组织设计制造与外形结构设计制造同步完成，实现从微观到宏观的同步制造，实现结构体的“设计—材料—制造”一体化。支持生物组织制造、复合材料等的复杂结构零件的制造，给制造技术带来革命性发展。

当前已经处于第二代3D打印机时代。第一代3D打印机主要是满足设计的任何产品都能够打印出立体物品的要求，而且形象逼真，但是功能性不强。第二代3D打印机则能够打印所需要的功能性产品，包括金属的、生物的产品，也包括一些大型的结构件产品和柔性产品。未来第三代3D打印机的智能化、信息化水平更高，与机器人、智能材料等其他先进技术的结合将更为紧密，还可能衍生出很多模块化的功能。

## 小结

快速成型通过增材方式进行制造。专用软件将数字化的三维模型切成薄层或截面，快速成型设备用特殊的工艺方法将其层层粘结叠加成三维实体，最后进行实体的后处理，得到零件的形状。快速成型将一个物理实体复杂的三维加工离散成一系列二维层片的加工，不需要使用传统机械加工的夹具和工模具，大大降低了加工难度，并且成型过程与成型的物理实体的形状和结构的复杂程度无关。快速成型已成为产品快速制造的强有力手段，在产品制造、航空航天、汽车摩托车、家电、生物医学等领域得到了广泛应用。目前，快速成型正向更快的制造速度、更高的制造精度、更高的可靠性及智能化方向发展，成型材料向多样性方向发展（尤其是功能材料、金属材料），成型零件向大型制造与微型制造发展。

## 思考题

4-1　什么是快速成型技术？它与传统的机械加工有何区别？

4-2　快速成型有什么特点？

4-3　快速成型分为哪三个阶段？各阶段的主要内容包括哪些？

4-4　按制造工艺原理分，快速成型可分为哪几类？各有何特点？

4-5　简述快速成型技术的应用。

## 课外任务

4-6　上网查阅资料，以具体案例说明快速成型技术在新产品或设备开发上的应用，并完成项目报告。

4-7　上网搜索观看“《开讲啦》20180616 中国工程院院士、西安交通大学教授卢秉恒：3D 打印，让你的想象变为现实”，学习老一辈科学家以国家所需、人民所想为引领的国之大者风范和专注一事、科技报国、敢为人先的工匠精神。

## 拓展任务

4-8　了解金属增材制造（二维码4-3），思考以下问题：1）金属增材制造的热源有哪些？2）金属增材制造所采用的成形材料有哪几种形式？3）哪种金属增材制造工艺适用于直接制造？

4-3

# 项目五　原型的制作

**【学习目标】**

通过本项目的学习，了解快速成型数据处理的流程及其文件转换格式，以及快速成型前处理的内容及操作方法等。通过三种典型成型工艺的原型制作，进一步了解快速成型的工作过程及技术特点，深刻理解成型方向和分层工艺参数对成型质量、成本和效率的影响。并通过任务五的学习，了解利用硅橡胶模具进行产品快速开发的方法和工艺。

| 能力要求 | 知识要点 |
|---|---|
| 掌握快速成型的数据处理流程 | 快速成型的数据来源及处理流程 |
| 能正确进行模型数据文件的转换 | STL文件 |
| 会选择并设置合理的成型方向 | 成型方向、支撑对成型的影响，模型的变换 |
| 能正确设置打印工艺参数、打印机的打印参数 | 打印工艺参数、打印机的打印参数含义及其对打印的影响 |
| 了解成型件的后处理方法 | 成型件后处理方法及步骤 |

## 任务一　快速成型的数据处理

快速成型是从利用CAD系统、逆向工程等软件将模型转化为STL数据格式开始，然后利用分层软件对STL文件进行处理生成各层面扫描信息（层面扫描信息也可以直接来自CT或MRI数据或CAD模型直接分层得到的数据），再传送到RP设备。最后快速成型设备根据所接受的信息运动，完成成型件的制作，其数据处理流程如图5-1所示。

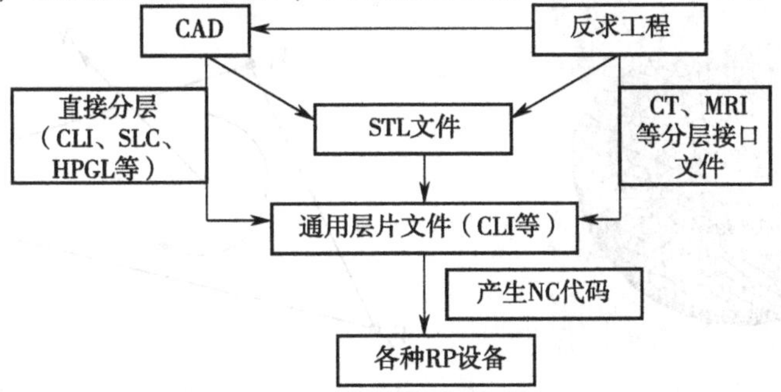


图5-1　快速成型的数据处理过程

快速成型过程分前处理、分层叠加成型和后处理三个阶段，从数据的获取，至生成层面信息文件都属于前处理内容，主要包括模型的检验与修复、模型摆放及成型方向的确定、模型的切片分层等操作，前处理一般流程如图5-2所示。

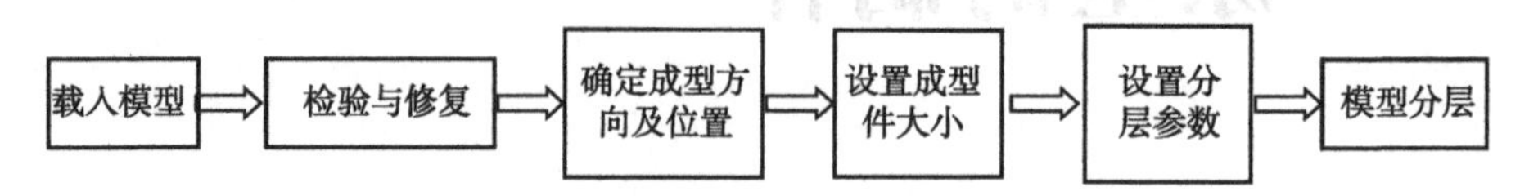


图5-2　快速成型前处理的流程

## 一、快速成型的数据来源

快速成型的三维模型数据来源主要有以下几方面：

（1）正向设计的三维CAD模型数据　这是一种最重要也是应用最广泛的数据来源。目前产品的设计已经广泛地直接采用计算机辅助设计软件来构造产品三维模型，直接在三维造型软件平台上进行。这些软件主要有：UG、Pro/E、Cimatron、CATIA、SolidWorks等。

（2）逆向工程数据　这种数据来源于通过逆向工程对已有零件进行数字化后的数据。利用逆向测量设备采集零件表面点的数据，并根据测量数据运用逆向设计软件或逆向和正向设计软件的结合重构出实物的CAD模型。

（3）医学/体素数据　通过人体断层扫描（CT）和核磁共振（MRI）获得的层面数据，通过专用的医学三维图像处理软件（例如Mimics软件），将CT或MRI数据转换成三维CAD或快速成型所需的模型文件。

## 二、STL文件

STL文件格式是快速成型系统用得最多的数据转换形式，已成为快速成型领域的“准”工业标准，几乎所有类型的快速成型制造系统都接受STL数据格式。从目前来看，STL是三维模型离散分层处理前广泛使用的数据格式文件，CLI则是三维模型分层处理后与RP设备间广泛采用的数据格式文件。

### 1. STL文件格式

STL文件就是对CAD实体模型或曲面模型进行表面三角形网格化，用小三角形面片去逼近自由曲面。它是若干空间小三角形面片的集合，如图5-3所示，每个三角形面片由三角形的三个顶点和指向模型外部的三角形面片的法线矢量组成，如图5-4所示。

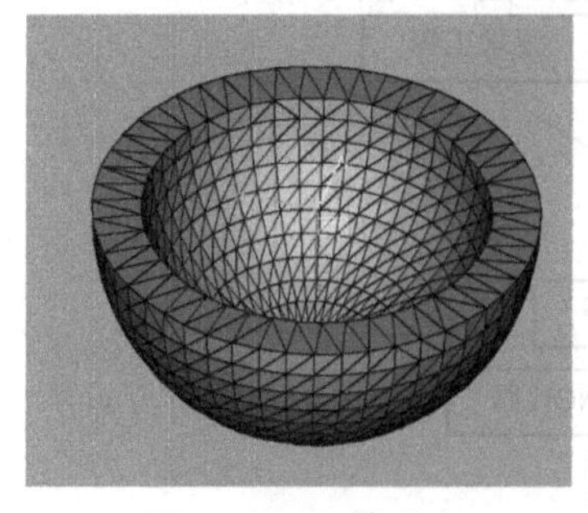

图5-3　STL模型

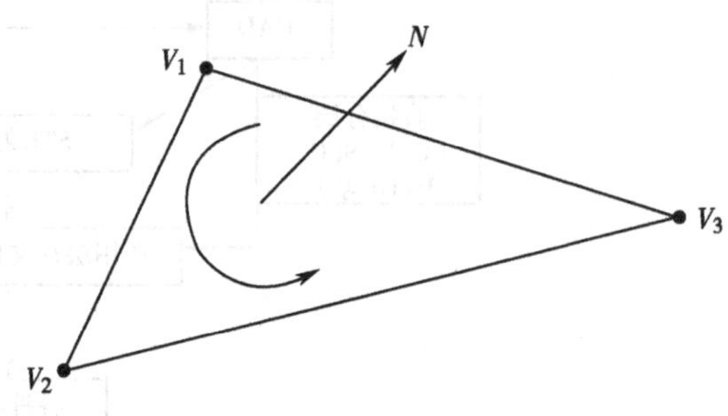


图5-4　三角形面片

STL 文件有二进制（BINARY）与文本（ASCⅡ）文件两种格式。ASCII 文件的特点是能被人工识别并修改，但由于该格式的文件占用空间太大（约是二进制格式文件存储空间的 6 倍），主要用来调试程序。

（1）STL 的 ASCⅡ文件格式如下：

```
Solid <name>
  Facet normal Ni Nj Nk
    Outer loop
      Vertex V1x V1y V1z
      Vertex V2x V2y V2z
      Vertex V3x V3y V3z
    End loop
  End facet
……
End solid <name>
```

从上述格式可以看出，每个面片采用四个数据项表示每一个三角形面片，即三角形面片的三个顶点坐标（$V_1$ $V_2$ $V_3$）和三角形面片的外法线矢量（$N_i$ $N_j$ $N_k$）。

（2）STL 的 BINARY 文件格式。BINARY 文件用 84B 的头文件和 50B 的后述文件来描述一个三角形面片。

| #of bytes | description | |
|---|---|---|
| 80 | 有关文件、作者姓名和注释信息 | |
| 4 | 三角形面片的数目 | |
| | facet 1 | //面片 1 |
| 4 | float normal $x$ | //面片 1 $X$ 方向法线矢量 |
| 4 | float normal $y$ | //面片 1 $Y$ 方向法线矢量 |
| 4 | float normal $z$ | //面片 1 $Z$ 方向法线矢量 |
| 4 | float vertex1 $x$ | //面片 1 第一个顶点 $X$ 坐标 |
| 4 | float vertex1 $y$ | //面片 1 第一个顶点 $Y$ 坐标 |
| 4 | float vertex1 $z$ | //面片 1 第一个顶点 $Z$ 坐标 |
| 4 | float vertex2 $x$ | //面片 1 第二个顶点 $X$ 坐标 |
| 4 | float vertex2 $y$ | //面片 1 第二个顶点 $Y$ 坐标 |
| 4 | float vertex2 $z$ | //面片 1 第二个顶点 $Z$ 坐标 |
| 4 | float vertex3 $x$ | //面片 1 第三个顶点 $X$ 坐标 |
| 4 | float vertex3 $y$ | //面片 1 第三个顶点 $Y$ 坐标 |
| 4 | float vertex3 $z$ | //面片 1 第三个顶点 $Z$ 坐标 |
| 2 | 未用（构成 50 个 B） | |
| | facet 2 | |
| | …… | |

上述的面目录一般是以三角形面片法线矢量的三坐标开始的。该法线矢量指向面的外侧并且是一个单位长，顺序是 $x$、$y$、$z$，法线矢量的方向符合右手法则。

**2. STL文件的规范**

STL文件能正确描述三维模型，必须遵守一定的规范：

（1）取向原则 每个小三角形平面的法线矢量必须由内部指向外部，小三角形三个顶点排列的顺序同法线矢量，符合右手法则，如图5-5所示。

（2）共顶点规则 相邻的两个三角形只能共享两个顶点，即一个顶点不能落在相邻的任何一个三角形的边上，如图5-5所示。

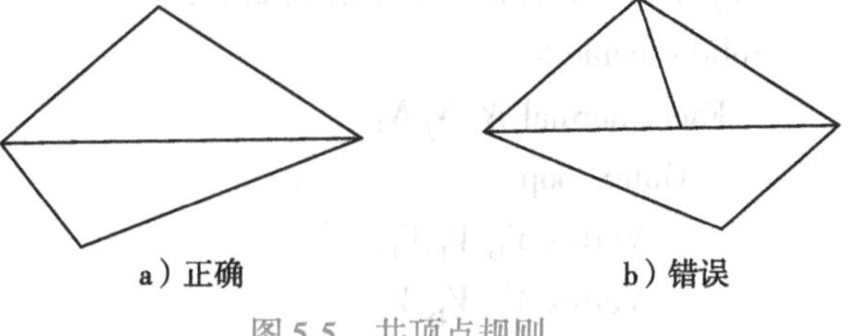


图5-5 共顶点规则

（3）取值原则 STL文件的所有顶点坐标必须是正的，即STL模型必须落在第一象限。若为零或负数，则是错误的。目前几乎所有的CAD/CAM软件都允许在任意的空间生成STL文件，但在导出STL文件时系统会出现错误提示信息，问是否继续，单击是，即可继续。

（4）充满原则 在三维模型的表面上必须布满小三角形平面，不能有裂缝和孔洞，内外表面之间的厚度不能为0，并且外表面不能从其本身穿过。

**3. STL文件的精度**

STL文件是三维实体模型经过三角网格化处理之后得到的数据文件，它是将实体表面离散化为大量的三角形面片，依靠这些三角形面片来逼近理想的三维实体模型。不同的CAD/CAM系统输出STL格式文件的精度控制参数是不一致的，但最终反映STL文件逼近CAD模型的精度通常由曲面到三角形面片的距离误差或是曲面到三角形边的弦高差控制（图5-6）。误差越小，所需的三角形面片数量越多，三角形面片形成的三维实体就越趋近于理想实体的形状，但STL文件越大，随之带来的是分层处理的时间显著增加，有时截面的轮廓会产生许多小直线段，不利于轮廓的扫描运动，导致表面不光滑且成型效率降低。所以，从CAD软件输出STL文件时，选取的精度指标和控制参数应根据CAD模型的复杂程度以及快速成型精度要求的高低进行综合考虑。

（1）Pro/E Wildfire 5.0中STL文件的输出 选择“文件”菜单栏，然后选择“保存副本”选项，如图5-7所示，打开保存副本对话框，如图5-8所示。选择文件类型（*.stl），

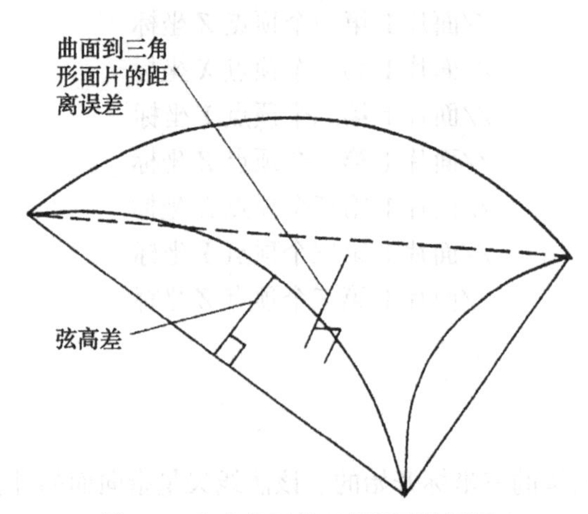


图5-6 自由曲面的三角形面片逼近

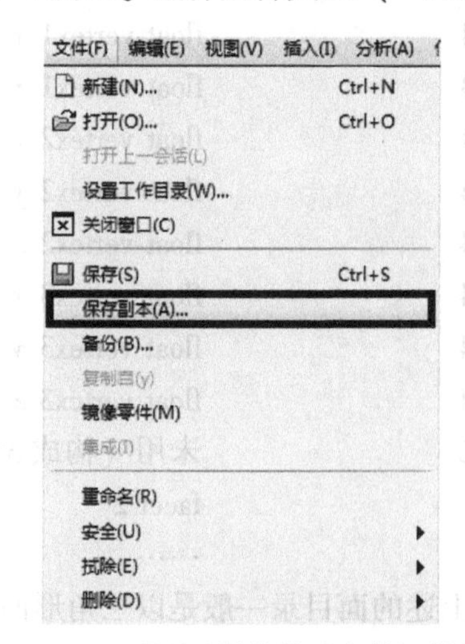


图5-7 Pro/ENGINEER软件的“文件”部分菜单

输入新文件名称，单击确定，弹出“导出 STL”文件设置对话框，如图 5-9 所示，设置输出格式（二进制、ASCII）；坐标点允许负值，如果不勾选此项，系统将会出现错误信息提示，问是否继续；偏差控制（弦高、角度控制）中，弦高决定三角面片的大小，角度控制标识三角形面片与逼近的曲面平面夹角的余弦，也可以选择默认值。

▸文件夹树
模型名称 KEY. PRT
新名称
类型 零件 (*.prt)
零件 (*.prt)
IGES (*.igs)
SET (*.set)
VDA (*.vda)
中性 (*.neu)
STEP (*.stp)
PATRAN (*.ntr)
Cosmos (*.ntr)
STL (*.stl)
创始人 (*.iv)
Wavefront (*.obj)
渲染 (*.slp)

图 5-8 保存副本部分对话框

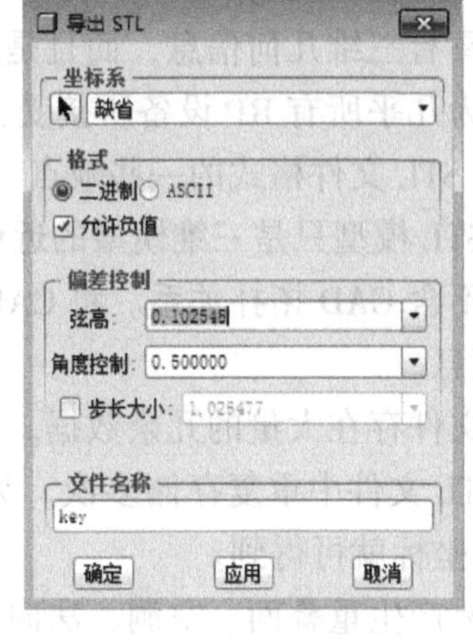


图 5-9 “导出 STL”文件设置对话框

（2）UG NX 8.0 软件中 STL 文件的输出 单击“文件”菜单栏下的“导出”命令，选择“STL”格式，如图 5-10 所示，弹出 STL 文件设置对话框，如图 5-11 所示，先设置输出类型（二进制、文本）、三角公差、相邻公差等，单击 确定 按钮。系统会提示输入 STL 头文件信息，头文件信息可以不添加，直接单击确定，即可完成。

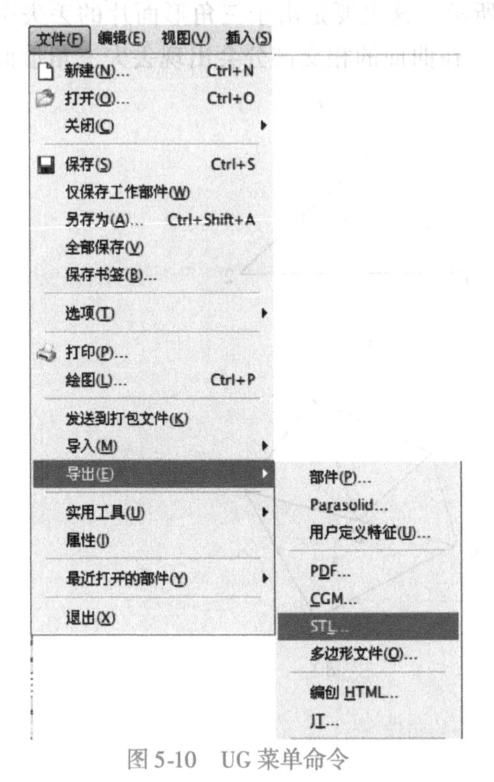


图 5-10 UG 菜单命令

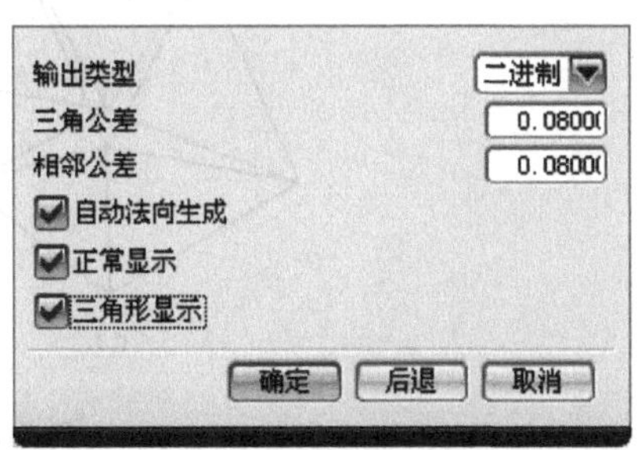


图 5-11 STL 文件设置对话框

4. STL文件的特点

（1）STL文件格式的主要优点

1）数据格式简单，分层处理方便，与具体的CAD系统无关。

2）对原CAD模型的近似度高。原则上，只要三角形面片的数目足够多，STL文件就可以满足任意精度要求。

3）具有三维几何信息，而且是用面片表示，可直接作为有限元分析的网格。

4）为几乎所有RP设备所接受，已成为大家默认的RP数据转换标准。

（2）STL文件格式的一些缺点

1）STL模型只是三维模型的近似描述，造成了一定的精度损失。

2）不含CAD拓扑关系。将CAD模型转换为STL模型后，丢失了零件材料、特征公差等属性信息。

3）文件存在大量的冗余数据。因为每个顶点分别属于不同的三角形面片，所以同一个顶点在STL文件中重复存储多次。另外三角形面片的法线矢量也是一个不必要的信息，由三个顶点坐标就可得到。

4）易产生重叠面、空洞、法向量和交叉面等错误及缺陷。

5. STL模型的检验与修复

快速成型工艺对STL文件的正确性和合理性有较高的要求，主要是要保证STL模型无裂缝、空洞、悬面、重叠面和交叉面，如果不纠正这些错误，会造成分层后出现不封闭的环和歧义现象。

在快速成型制造中，常见的STL文件错误有以下几种：

1）间隙（或称裂纹，空洞），如图5-12a所示。这主要是由于三角形面片的丢失引起的。当CAD模型表面有较大曲率的曲面相交时，在曲面的相交部分会出现丢失三角形面片

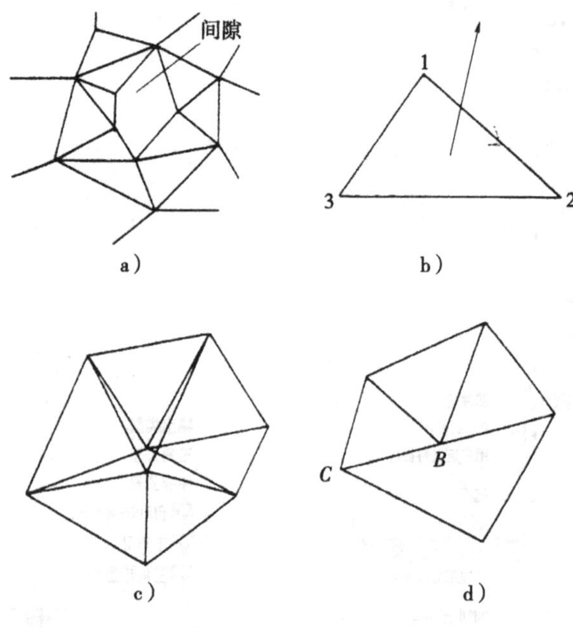


图5-12　STL文件的错误

而造成空洞。

2）法线矢量错误，如图5-12b所示。这是由于进行STL格式转换时，因未按正确的顺序（右手法则）排列构成三角形的顶点而导致计算所得法线矢量的方向没有指向外部。

3）顶点错误，如图5-5b所示。三角形的顶点落在另一三角形的某条边上，使得两个三角形共用一条边，违背了STL文件的共顶点原则。

4）重叠和分离错误，如图5-12c所示。重叠和分离错误主要是由三角形顶点计算时的舍入误差造成的。在STL文件中，顶点坐标是单精度浮点型，如果圆整误差范围较大，就会导致面片重叠或分离。

5）面片退化，如图5-12d所示。面片退化是指小三角形面片的三条边共线。这种错误常常发生在曲率剧烈变化的两相交曲面的相交线附近，这主要是由于CAD软件的三角网格化算法不完善造成的。

6）拓扑信息的紊乱。这主要是由某些细微特征在三角形网格化圆整时造成的。如图5-13a所示，直线*AB*同时属于四个三角形面片；如图5-13b所示，顶点位于某个三角形面片内，如图5-13c所示，面片重叠，这些都是STL文件不允许的，对于这些情况，STL文件必须重建。

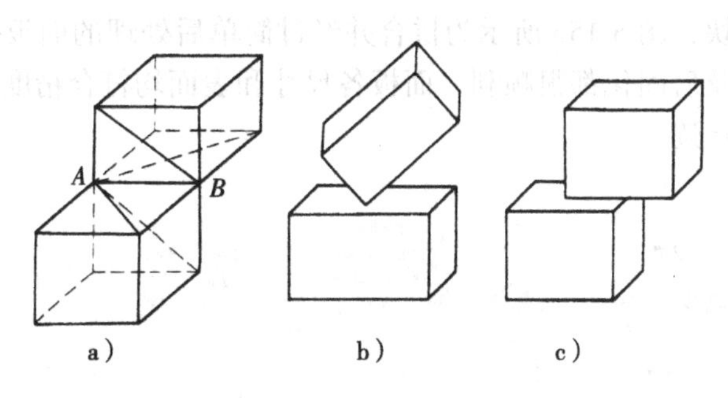


图5-13　拓扑信息的紊乱

STL文件出现的许多问题往往来源于CAD模型中存在的一些问题，对于一些较大的问题（如大空洞、多面片缺失、较大的体自交），最好返回CAD系统处理。一些较小的问题，快速成型数据处理软件提供了自动修复的功能，不需要回到CAD系统重新输出，这样可节省时间，提高工作效率。

为保证有效进行快速原型的制作，对STL文件进行浏览和编辑处理是十分必要的。目前，已有多种用于观察和修改STL格式文件的专用软件，如美国Imageware公司开发的Rapid Prototyping Module软件、芬兰DeskArtesoy开发的Rapid Editor软件、比利时Materialise N. V.（Belgium）开发的Magics RP软件。在众多的STL文件浏览与编辑软件中，Magics RP软件提供了强大的编辑、修复功能，能较完善处理STL文件。

## 三、零件的分割与摆放

### 1. 零件分割

当零件的结构复杂，成型支撑无法去除或大型零件的尺寸超出成型机工作范围时，需要对零件进行分割。根据零件的几何特征和组合特点，结合成型机的工作范围，确定分割的子块数目，整体上进行分块布局。每块制作完成后，再将各部分粘合还原成整体原型。

图5-14a所示为汽车接角密封条的CAD模型，采用FDM成型设备进行原型制作时，原型件的内部支撑很难取出，密封件原型的内表面无法进行后处理打磨，所以在制作前要进行模型的分割，分割后的模型图如图5-14b所示。

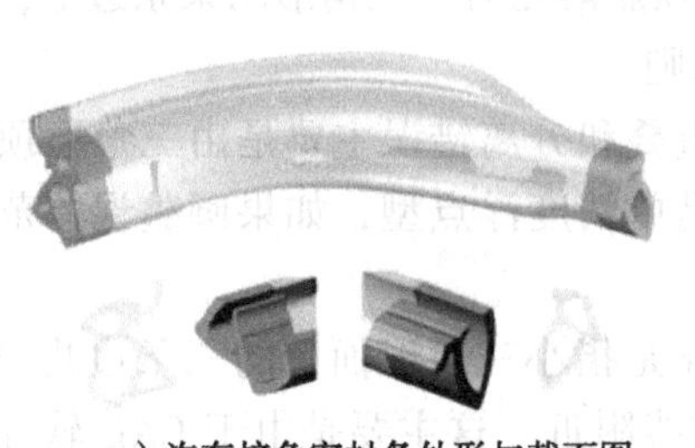

a）汽车接角密封条外形与截面图

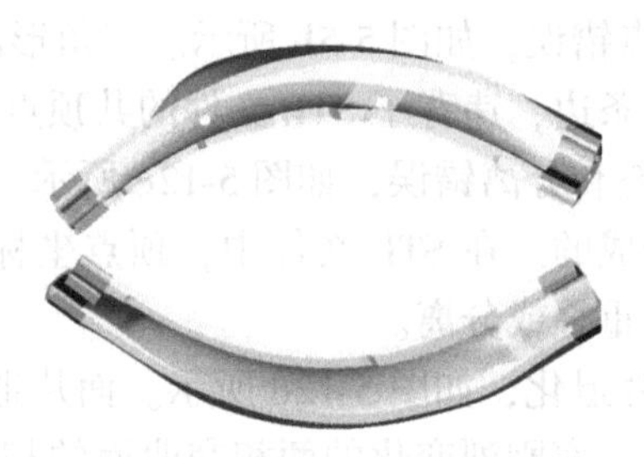

b）分割后的模型图

图5-14　三维模型的分割

图5-15a所示为电视机前面板的CAD模型，外廓尺寸为788mm×589mm×252 mm。根据成型机的工作空间要求，将该零件分割成4块，该零件基本无较大的曲面，而且零件为蜂窝状结构，制作时不易变形，所以分割时主要考虑尺寸的均匀及拼合的方便。图5-15b所示为制作完毕后的各子块，图5-15c所示为拼合并经过简单后处理的面板整体模型。各子块模型变形量很小，拼合及后固化都很顺利，面板各尺寸和表面均符合精度要求，而且表面光顺性很好，无明显拼接痕迹。

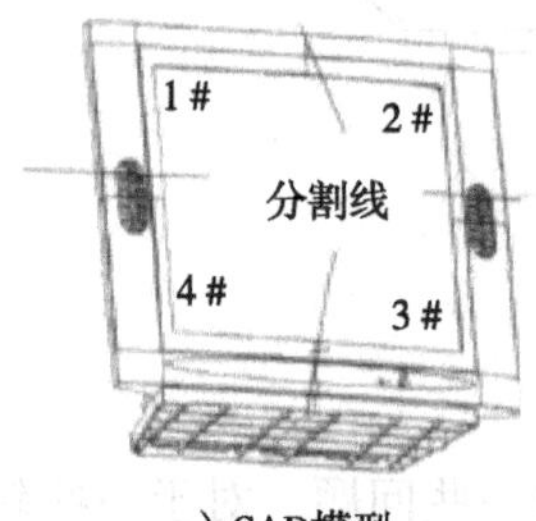


a）CAD模型

b）分块制造

c）拼合结果

图5-15　电视机前面板的制作

**2. 成型方向的选择**

在快速成型制造中，模型的摆放决定了成型方向，即成型时每层的叠加方向，它是影响原型制作精度、制作时间、制作成本、原型强度以及制作过程中所需支撑多少的重要因素。从缩短原型制造时间和提高制造效率来看，应选择尺寸最小的方向作为叠加方向；为了提高原型制作质量，以及提高某些关键尺寸和形状的精度，需要将较大的尺寸方向作为叠加方向（零件中孔的轴线平行加工方向的数量最大化）；为了减少支撑，以节省材料及方便后处理，使悬臂结构的数量最少，也经常采用倾斜摆放。

图5-16所示为手机面板的两种成型方式。按图5-16a所示方向制造出来的原型精度较高，成型时间短；但手机面板台阶误差很大，表面质量很低，如图5-16c所示，台阶效应非常明显。按图5-16b所示方向制造出来的原型表面质量较高，但面板上的孔及卡槽的精度不足，并且成型时间长。

根据原型的精度要求、成型设备的加工空间，合理安排原型的摆放位置和成型方向，以

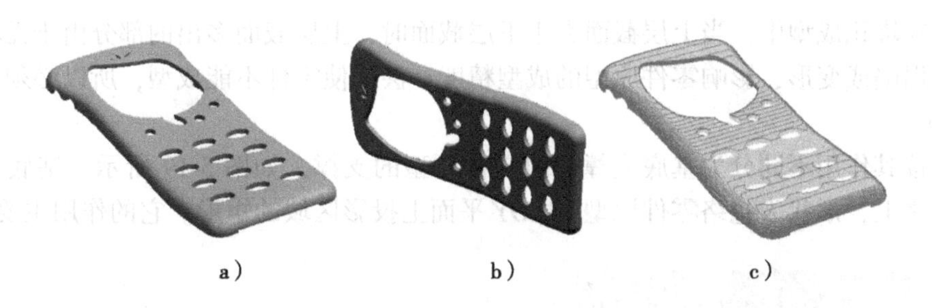

图 5-16 手机面板成型方向

使成型空间得到最大的利用，提高成型效率。必要时需要将一个原型分解成多个，分别成型；也可将多个 STL 模型文件调入合并为一个 STL 模型文件一起成型。

一个零件的制作时间 $T$ 是各层制作时间 $T_i$ 的总和，而每层的制作时间包括扫描时间 $t_{si}$ 和辅助时间 $t_{ai}$，即 $T=\sum_{i=1}^{N}T_i=\sum_{i=1}^{N}t_{si}+\sum_{i=1}^{N}t_{ai}$。

每层的扫描时间 $t_{si}$ 由轮廓扫描时间 $t_{ctri}$、实体扫描时间 $t_{sld\,i}$ 和支撑扫描时间 $t_{spti}$ 这三部分组成，即 $t_{si}=t_{ctri}+t_{sldi}+t_{spti}$。

由于制作单个零件和多个零件所需的辅助时间基本是相近的，可以通过每次制作多个零件来减少每个零件的辅助时间，从而提高制作效率。如果需要制作的零件较多，需要多次制作才能完成，这种情况下需要先将零件进行分批组合，然后再对每个组合进行二维布局优化，尽量缩短每层轮廓扫描的路径，提高成型效率。

对于同一个零件而言，减小零件堆积方向的高度尺寸，从而减少零件的分层数目，进而减少零件制作的辅助时间。而实际上，堆积方向与制作时间之间的关系并不是减小零件堆积方向的高度尺寸就能减少制作时间的，高度方向尺寸的减小可能导致零件制作过程中为保证零件制作成功的支撑数量的增加，从而增加了支撑的制作时间，增加了材料的损耗和后处理工作的难度。因此，较优的成型方向是在满足零件表面的前提下，成型高度尽量小，表面形成的支撑尽量少。

## 四、支撑的设置

快速成型能加工任意复杂形状的零件，但由于层层叠加的特点决定了其在成型过程中必须具有支撑。支撑相当于传统加工中的夹具，起固定零件的作用。支撑对原型的制作起着至关重要的作用，它可以防止零件在加工过程中因收缩变形而导致的制作失败。它可以保持原型在制作过程中的稳定性，并保证原型相对于加工系统的精确定位。快速原型支撑结构设计的优劣，直接影响原型件的加工时间、加工精度甚至制作的成败。分层实体制造中切碎的纸、三维喷涂粘结成型中未粘结的粉末、选择性激光烧结中未烧结的粉末，就是模型的支撑，能对模型起固定及定位作用。对于光固化成型，虽然未固化的液体能支撑模型，但不能固定模型的成型位置，所以必须设置部分支撑防止模型在成型过程中漂浮（图 5-17）。熔融堆积成型喷头挤出熔融态的材料、喷墨式三维打印喷出液态的光

图 5-17 光固化成型件及其支撑

敏树脂，在堆积成型中，当上层截面大于下层截面时，上层截面多出的部分由于无材料的支撑将发生塌陷或变形，影响零件原型的成型精度，甚至使零件不能成型，所以必须设置支撑（图5-18）。

支撑按其作用不同分为基底支撑和对零件原型的支撑，如图5-19所示。基底支撑是加于工作台之上，形状为包络零件原型在*XOY*平面上投影区域的矩形。它的作用主要有：

图5-18　FDM成型的支撑结构

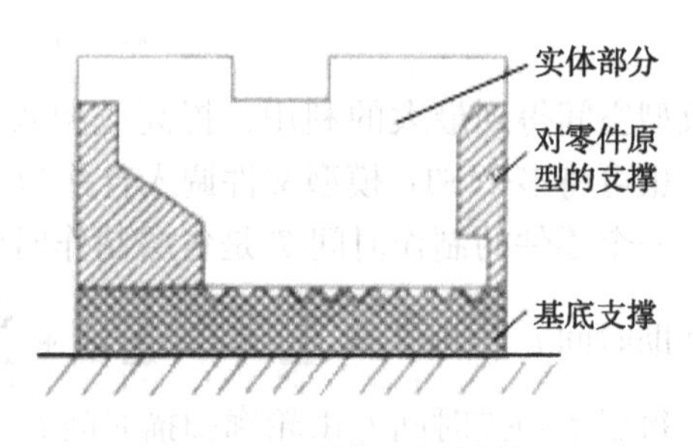


图5-19　零件的支撑结构

1）便于零件从工作台上取出。

2）保证预成型的零件原型处于水平位置，消除工作台的平面度误差所引起的原型误差。

3）有利于减小或消除翘曲变形。因为翘曲变形主要发生在堆积的最初几层，随着堆积层数的增加，新堆积层引起翘曲变形的程度逐渐减小，直至消失。

添加支撑总的来说有两种方法，即在CAD系统中手工添加支撑结构与软件自动生成支撑结构。一般快速成型系统软件在分层参数中根据设置的支撑角度自动生成支撑。零件的成型方向决定了使用多少支撑材料和移除支撑材料的难易程度。一般情况下，从模型外部移除支撑比从内部移除要简单些。如图5-20a所示零件，*A*面向下（图5-20b）打印比*A*面向上（图5-20c）打印需要使用更多的支撑材料，成型时间长，内部支撑难去除，但零件外表面质量比较好。

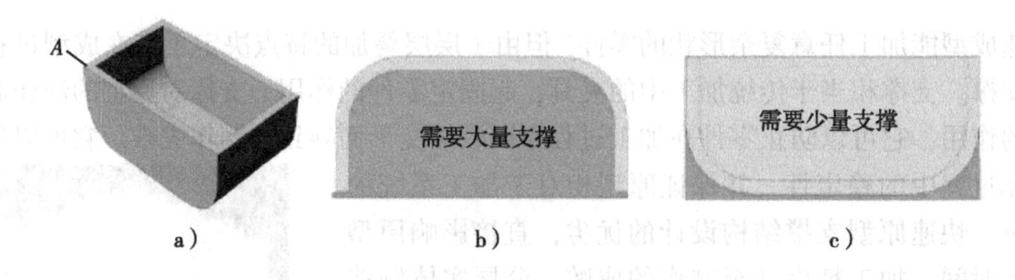


图5-20　零件支撑的添加

支撑的添加需考虑如下因素：

1）支撑的强度和稳定性。支撑是为原型提供支撑和定位的辅助结构，良好的支撑必须保证足够的强度和稳定性，使得自身和它上面的原型不会变形或偏移，真正起到对原型的支撑作用。如果支撑强度不足，如薄壁形或点状的支撑，由于其截面积很小，自身很容易变形，就不能很好地起到支撑作用，从而影响零件原型的精度和质量。

2）支撑的加工时间。支撑的加工必然要消耗一定的时间，在满足支撑作用的情况下，加工时间越短越好，即支撑结构应尽可能少，同时还可以节约成型材料。在满足强度的条件下，支撑的扫描间距可以加大。现在很多成型机可对实体和支撑结构采用不同的材料成型，在成型参数的设置上，支撑材料的密度小于实体材料的密度，所以很容易从实体材料上移除支撑材料，不仅可以节省加工时间，而且便于支撑材料的去除。

3）支撑的可去除性。当原型制造完毕后，需要将支撑与原型分开。若原型与支撑粘结过牢，不但不易去除而且会降低原型的表面质量，甚至在去除时破坏原型。支撑与原型结合部分越小，越容易被去除，所以结合部位的粘结在保证足够支撑强度的情况下，应尽可能小。外部支撑比内部支撑去除方便，在选择成型方向时，尽量减少内部支撑。有些成型工艺可以采用水溶性支撑材料，造型完毕好，将原型置于水中，支撑可以自我溶化，非常容易去除。

## 五、三维模型的分层处理

确定了成型方向和支撑后，按照设定的分层高度进行分层，得到在该高度上的零件轮廓。由快速成型的工艺过程可知：在成型过程中，实际上是以各层截面图形为底，高度为分层厚度的一个个柱形体依次叠加，形成一个三维实体，如图 5-21 所示。其中图 5-21a 所示为经表面三角网格化后的三维实体模型，图 5-21b 和图 5-21c 所示分别为分层处理前后，沿垂直平面的剖面图形。

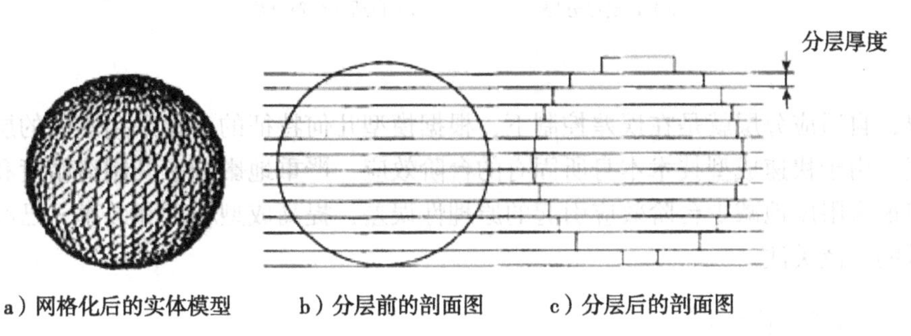


图 5-21　切片示意图

从图 5-21c 中可以看出，这种叠层制造原理不可避免会导致在加工件的表面出现所谓的“阶梯效应”，当面片的法线矢量与成型方向的夹角越小，“阶梯效应”越明显。叠层制造系统的原理误差，是影响加工件表面质量的一个重要因素。对壳体零件，台阶效应会带来局部体积缺损，影响零件的结构强度，如图 5-22 所示。

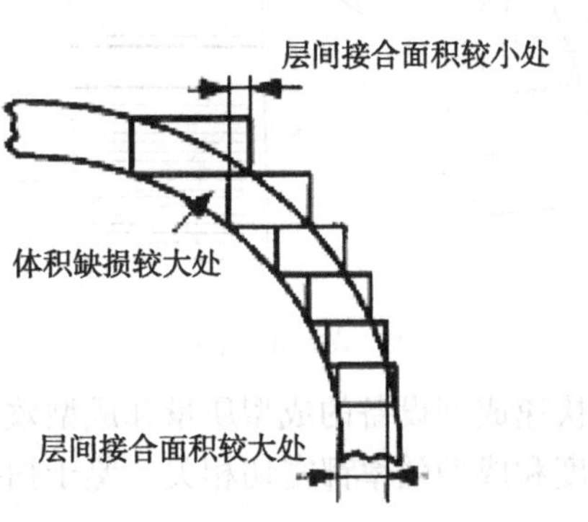


图 5-22　台阶效应对成型零件的影响

零件的三维模型必须经过分层处理才能将数据输入到RP设备，分层处理的效率、速度以及所得到的截面轮廓的精度对快速成型制造来说是相当重要的。对于同一个原型件，分层厚度越大，所需加工的层数越少，成型时间就越短，但是“叠层制造”系统原理误差带来的表面质量就越差；分层厚度越小，误差越小，表面质量就越好，但层厚过小会增加分层的数量，增加成型时间，并且数据处理量的增大也增加了数据处理时间。可见加工效率与成型件表面质量是一对矛盾。在目前快速成型系统中普遍采用的等分层厚度的分层处理方法中，这一矛盾难于得到解决。

为了解决等分层厚度切片处理方法中存在的问题，有关学者进行了自适应分层方法的研究，如图5-23b所示，即在分层方向上，根据零件轮廓的表面形状，自动地改变分层厚度，以满足零件表面精度的要求。这样，当零件表面倾斜度较大时选取较小的分层厚度，以提高原型的成型精度；反之则选取较大的分层厚度，以提高加工效率。

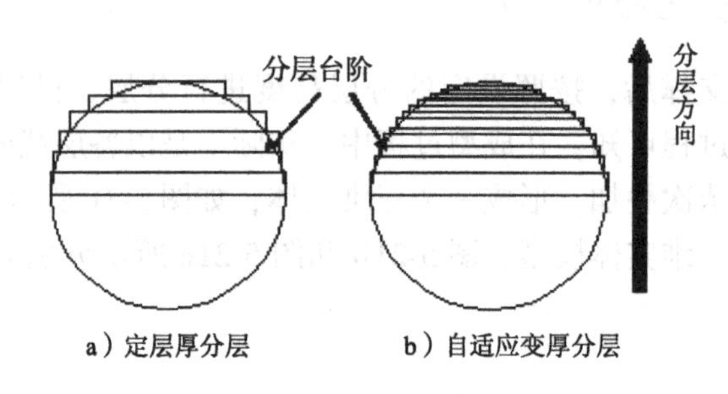


图5-23　两种分层方法

所以，自适应分层就是在误差控制下，根据模型几何特征的变化采用不同的层厚对模型进行分层。由于快速成型技术本身所固有的台阶效应，严重地影响了其制造精度和表面粗糙度，如何最大限度地减少台阶效应引起的原理性误差，提高成型精度和效率，已经受到快速成型领域的广泛关注。

## 六、层片扫描路径

零件三维模型分层后得到的只是模型的截面轮廓，每层片截面的扫描路径包括轮廓扫描和填充扫描，如图5-24所示。

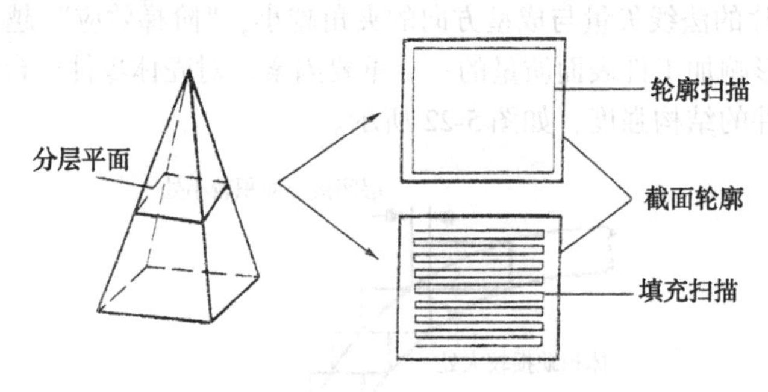


图5-24　截面轮廓的加工路径

层片扫描路径对于提高快速成型设备的成型质量和成型效率具有重要意义。不同形式的扫描路径与制件的精度、强度和成型效率都密切相关。鉴于扫描路径在快速成型技术中的重要性，扫描路径的优化一直是研究热点。国内外学者提出了多种层片扫描路径的生成算法，包括数控加工和数控雕刻中二维刀具轨迹的生成算法的研究，同样也适合快速成型技术中扫描路径的生成。目前，在快速成型中成功应用的扫描方式有往复直线法（图5-25a）、环形扫描法（图5-25b）和分形曲线法（图5-25c）等。每一种扫描路径都存在优点和缺点，拥有不同的适应范围和对象。

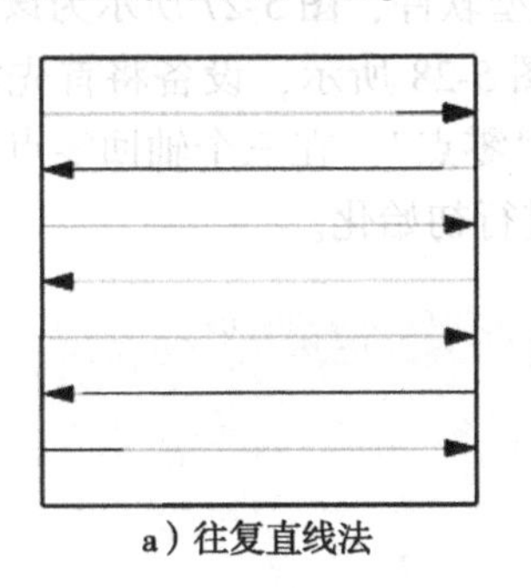
a）往复直线法

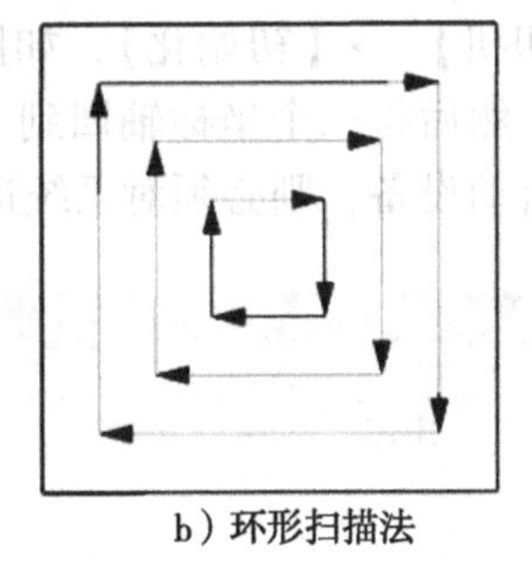
b）环形扫描法

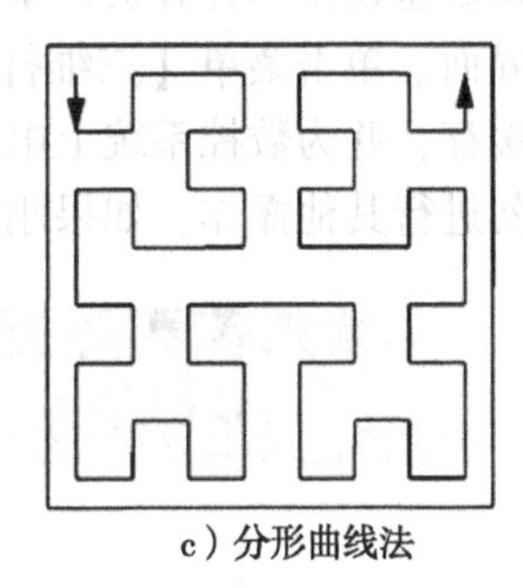
c）分形曲线法

图5-25　常用的扫描路径

优质的快速成型的扫描轨迹应该具有以下特点：①保证制件的成型精度和表面质量，减小层间应力，尽量减轻翘曲变形；②尽量保持扫描路径的连续性，减少空行程，提高成型效率；③可以优化机构的运行状态，减少振动和噪声，延长增材制造设备的寿命。

## 任务二　基于熔融沉积制造工艺制作储蓄罐

5-1

**【任务要求】** 根据项目三重构的卡通龙储蓄罐，用UP！3D打印机完成卡通龙储蓄罐的制作。

**【任务分析】** 熔融沉积制造工艺，是将热塑性丝状材料送至热熔喷头，并在喷头中加热熔化成半液态，然后被挤压出来，层层堆积而成。底面翘曲是常见的质量问题之一，且相对于其他成型工艺，表面的成型质量比较差，需要设计支撑结构，支撑的去除一般采用剥离的方式。因此，应使储蓄罐底面平行于工作台，使成型方向垂直于底面，以防止翘曲；并且在外表面上不要设计支撑结构或者尽可能减少支撑的数量。

### 一、UP！3D打印机简介

UP！系列打印机是北京太尔时代科技有限公司最新推出的便携式桌面3D打印设备（图5-26），产品提供了自动调整打印平台的高度、自动调整打印平台的水平等全新功能，为用户提供了更加方便的3D打印体验。其主要技术参数如下：

1）成型平台：140mm×140mm×135mm。
2）支撑：根据设定的支撑角度自动生成。
3）成型层厚：0.15～0.40mm。
4）打印速度：10～100cm$^3$/h。
5）成型材料：ABS/PLA。

图5-26　UP！Plus 2打印机

6）系统运行环境：Windows/MAC。

## 二、储蓄罐的快速成型

### Step 1　开机，系统初始化

启动成型设备和计算机，单击桌面的，打开快速成型软件，图5-27所示为该软件的主操作界面。单击菜单【三维打印机】→【初始化】，如图5-28所示，设备将首先清空系统内部缓存，并为数控系统上电，然后将三个坐标轴回到“零点”。在三个轴回零点的过程中，请勿进行其他操作。如果刚启动设备，则必须对系统进行初始化。

图5-27　UP！快速成型软件主操作界面

### Step 2　成型平台预热

在打印大尺寸模型时，有时会出现边缘翘起的情况，这是由于平台表面预热不均造成的。在进行大尺寸模型打印之前，预热是必不可少的。单击菜单【三维打印】→【平台预热15分钟】（图5-28），打印机平台开始加热。

> **提示**：这一步先做，可节省在打印时再做平台预热的等待时间。

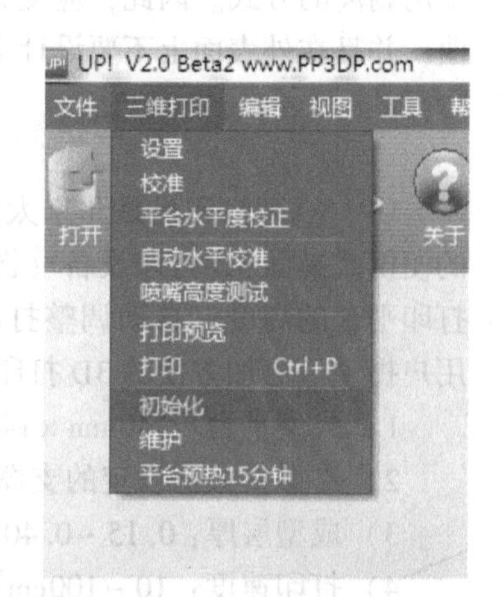


图5-28　“三维打印”下拉菜单

### Step 3　载入模型

单击菜单【文件】→【打开】或者单击工具按钮，选择要打印储蓄罐的STL模型money-box. stl，载入模型如图5-29所示。

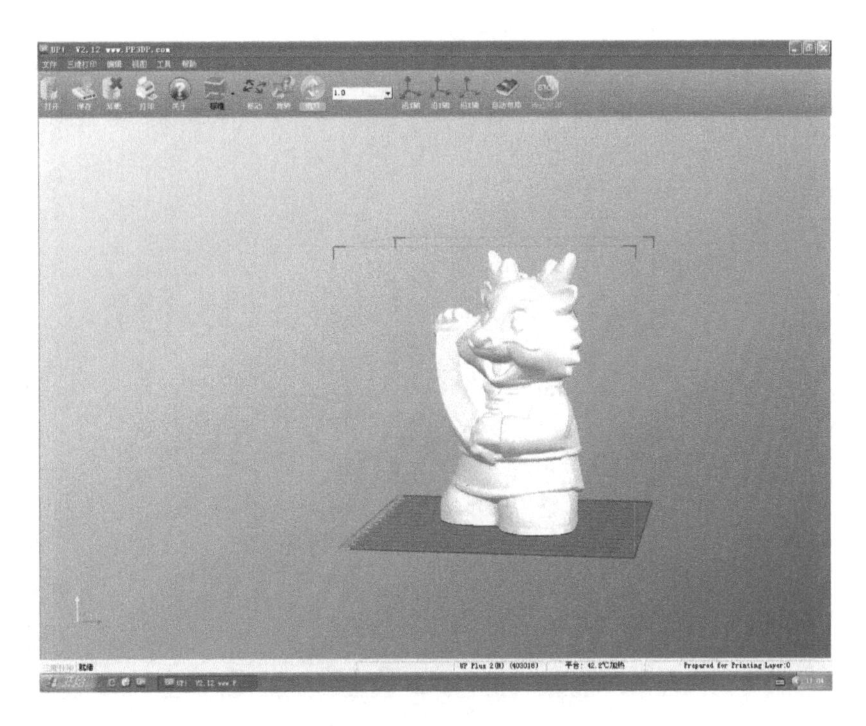

图 5-29 载入模型

将光标移到模型上并单击鼠标左键，模型的详细资料介绍会悬浮显示出来。用户可以打开多个模型并同时打印它们。

如果模型载入错了，将光标移至模型上，单击鼠标左键选中模型，然后在工具栏中选择卸载；或者在模型上单击鼠标右键，会出现一个下拉菜单，选择卸载模型或者卸载所有模型。

**提示：** 多个模型同时打印比一个个模型分别打印所需的时间少，特别当模型的截面比较小时，多个模型打印表面质量会好些。

### Step 4 模型的检验与修复

为了准确打印模型，模型的所有面都要朝向外。UP！软件会用不同颜色来标明一个模型是否正确。当打开一个模型时，模型的默认颜色通常是灰色或粉色。如果模型有法向的错误，则模型错误的部分会以红色显示。UP！软件具有修复模型错误表面的功能。在修改菜单项下有一个修复选项，选择模型的错误表面，单击修复选项即可。

### Step 5 确定模型成型的方向、摆放位置

单击菜单【文件】→【自动布局】或者单击工具条的 自动布局 按钮，软件根据原来模型的坐标方位呈现在成型空间中间，离工作台面有一定高度（在系统参数集里设定）。如果成型方向、摆放位置、成型件的大小不合理，则执行编辑菜单下的选项或工具条的缩放、平移、旋转等命令，对模型进行调整。因卡通龙储蓄罐模型 $Z$ 方向的最大尺寸超过了成型空间的，所以将该模型缩小 20%，调整后最终成型件的成型方向及摆放位置如图 5-30 所示。从成型时间来讲，如果把模型横放（图示绕 $X$ 轴或 $Y$ 轴旋转 90°），成型高度小，成型时间会稍短些，但外表面质量不好。

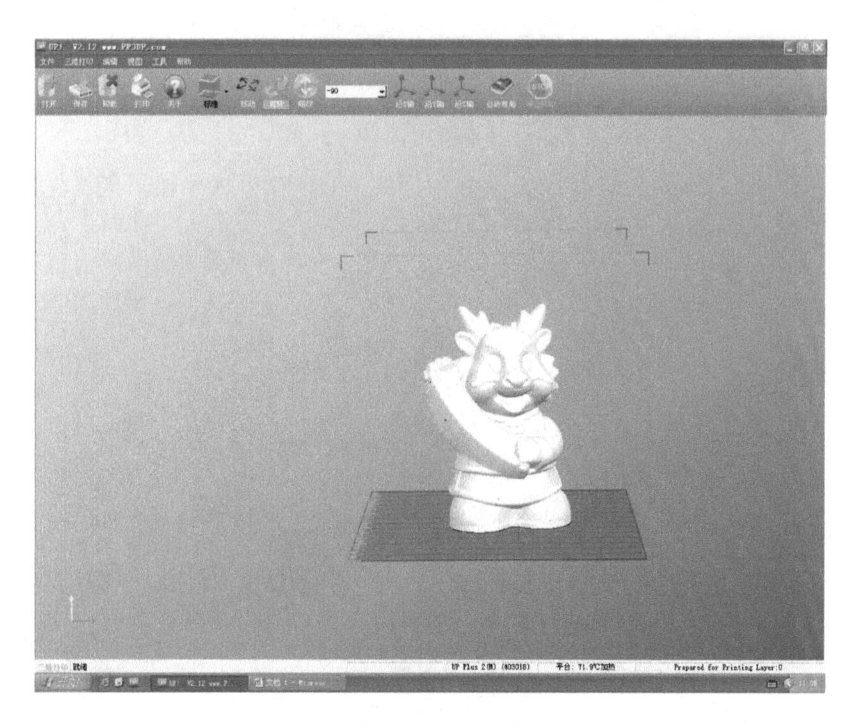

图 5-30　缩小比例后的模型

> **提示**：请尽量将模型放置在平台的中央。当平台上不止一个模型时，建议使用自动布局功能。当多个模型同时打印时，每个模型之间的距离至少要保持在12mm以上。

### Step 6　设置模型打印的分层参数

分层参数包括层厚参数、路径参数及支撑参数等。在该成型软件中，单击菜单【三维打印】→【设置】，弹出“设置”对话框，设置层片厚度、填充间隔、支撑参数等，如图5-31所示。在这里设置层片厚度为0.2mm，因为是壳体，实体内部填充选择最致密的，支撑角度为45°。

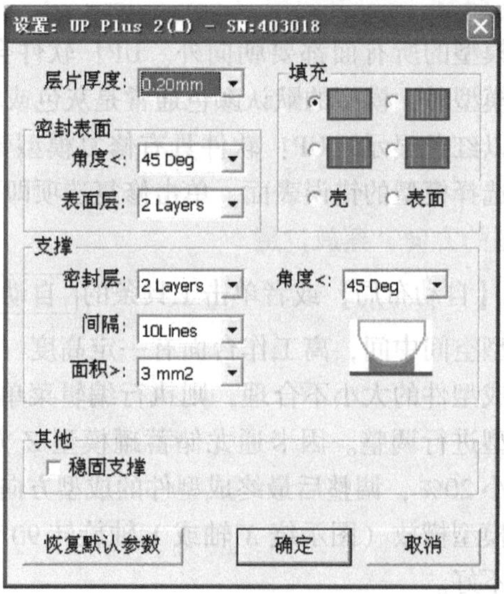

设置：UP Plus 2(■) - SN:403018
层片厚度：0.20mm
填充
密封表面
角度<：45 Deg
表面层：2 Layers
壳　表面
支撑
密封层：2 Layers
角度<：45 Deg
间隔：10Lines
面积>：3 mm2
其他
稳固支撑
恢复默认参数　确定　取消

图 5-31　“设置”对话框

分层参数说明如下：

(1) 层片厚度　设定打印层厚，根据模型的不同，每层厚度设定为0.15～0.4mm。

(2) 填充设置

1) 填充方式：为了缩短成型时间、减少成型材料，当模型为实心或壁厚较大时，内部一般用网格状的填充，不同的成型设备设置填充的方式不同。根据壁厚不同，对填充网格空隙（填充间隔）进行设置。在UP Plus 2成型软件中，有四种方式（图5-32），分别是坚固、松散、中空、大洞。

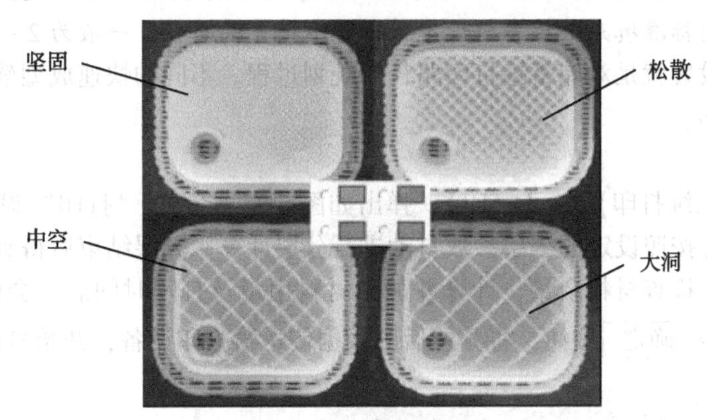


图5-32　填充四种方式

2) 壳：有助于提升中空模型的打印效率。如仅需打印模型作为概览，则可选择该模式。模型在打印过程中将不会产生内部填充。

3) 表面：仅打印模型的一层表面层，并且模型上部与下部将不会封口。如仅需打印模型轮廓且不封口，则可选择该模式。该模式一定程度上可以提高模型表面质量。

(3) 密封表面　为了使原型表面质量较高，避免表面的材料陷入填充网格的空隙内，当表面与水平面的夹角小于一定角度时，表面层需采用标准填充，如图5-33所示。该参数设定进行标准填充的层数一般为2～4层。

(4) 支撑

1) 角度：设定需要支撑的表面的最大角度（表面与水平面的夹角），如图5-34所示，

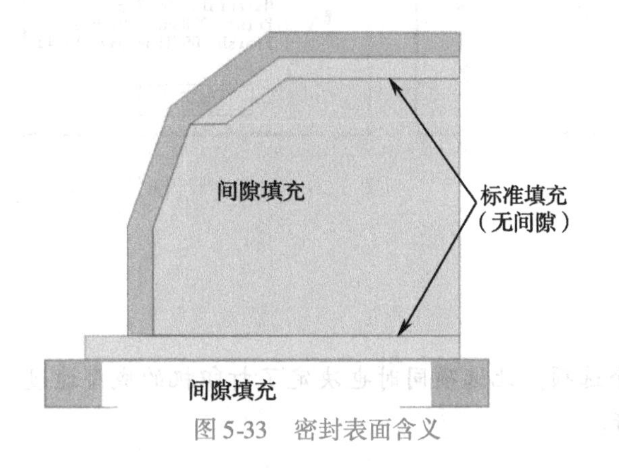


图5-33　密封表面含义

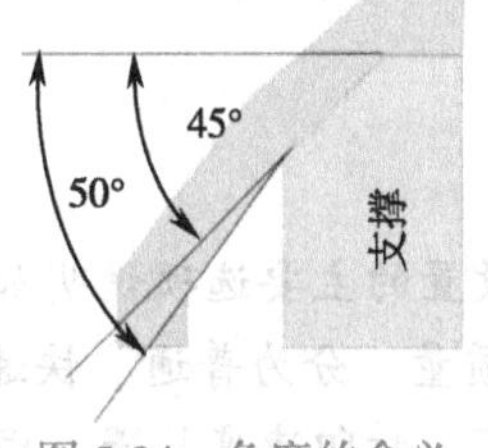


图5-34　角度的含义

5 PROJECT

当表面与水平面的夹角小于该值（45°）时，必须添加支撑。支撑角度越大，需要的表面支撑越多；支撑角度越小，需要的表面支撑越少，但如果支撑角度过小，则会造成支撑不稳定，原型表面下塌。

2）间隔：距离原型较远的支撑部分，可采用孔隙填充的方式，减少支撑材料的使用，提高造型速度。间隔大小用行宽的倍数表示。

3）面积：需要添加支撑的表面的最小面积，小于该面积的支撑表面可以不进行支撑。

4）密封层：为避免模型主材料凹陷入支撑网格内，在靠近模型被支撑的部分要做数层密封层，具体层数可在支撑密封层选项内进行选择（可选范围为2～6层，系统默认为3层），支撑间隔取值越大，密封层数取值相应越大。靠近原型的支撑部分，为使原型表面质量较高，需要采用标准填充，该参数设定进行标准填充的层数，一般为2～4层。

分层参数的设置就是对储蓄罐打印路径的规划过程。不同的快速成型软件，分层参数设置的方法有所不同。

**Step 7　模型分层、打印**

单击菜单【三维打印】→【打印】，弹出如图5-35所示的“打印”设置对话框，可设置打印参数。软件按照设定的分层参数自动进行分层计算，分层结束后得到一个由层片累加起来的模型文件，检查材料余量、计算并显示材料用量及打印时间后，会弹出如图5-36所示的对话框，单击 确定 按钮，将分层后的数据传送给打印设备，开始打印。

图5-35　“打印”设置对话框

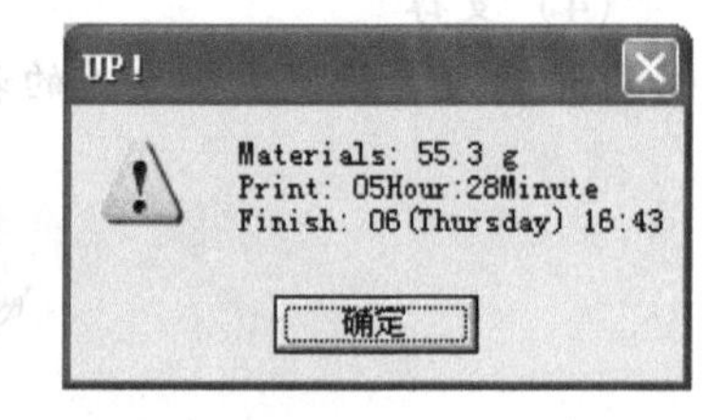


图5-36　材料用量及时间对话框

相关知识

打印设置的主要选项说明如下：

（1）质量　分为普通、快速、精细三个选项。此选项同时也决定了打印机的成型速度。通常情况下，打印速度越慢，成型质量越好。

提示：对于模型较高的部分，以最快的速度打印会因为打印时的颤动影响模型的成型质量。对于表面积大的模型，由于表面有多个部分，打印的速度设置成“精细”也容易出现问题，打印时间越长，模型的角落部分越容易翘曲。所以应根据模型的具体情况设置质量选项。

（2）非实体模型　当所要打印的模型为非完全实体，如存在不完全面时，可选择此项。

（3）无基底　如果选择此项，在打印模型前将不会产生基底支撑。基底支撑可以提升模型底部平面的打印质量。

提示：开始打印后，可以将计算机与打印机断开。打印任务会被存储至打印机内，进行脱机打印。材料用量及打印时间也可以通过菜单【三维打印】→【打印预览】来获得。

**Step 8　移除模型**

将扣在打印平台周围的弹簧顺时针别在平台底部，将打印平台轻轻撤出，如图5-37所示。在模型下面慢慢滑动铲刀，来回撬松模型，取下模型。

**Step 9　模型的后处理**

FDM工艺成型的模型后处理比较简单，主要是去除支撑，打磨表面，形成符合要求的原型件。储蓄罐的原型如图5-38所示。

图5-37　打印结果

图5-38　去除支撑后的原型

提示：

（1）FDM成型件常见的质量问题是模型底面的翘曲，特别是打印大型件时。防止此现象发生的最好办法就是：确保打印平台在水平面上；喷嘴的高度设置准确；打印平台预热完全。

（2）层厚是影响表面质量的重要因素。当打印截面较小的零件时，最好多个零件一起打印，使每一层充分固化后再堆积另外一层，这样可防止表面材料堆积，有助于提高表面质量。

## 任务三 基于喷墨式三维打印工艺制作车灯灯罩

5-2

【任务要求】根据项目三重构的灯罩模型，用 Objet 30 Pro 3D 打印机完成车灯灯罩的制作。

【任务分析】喷墨式三维打印设备是喷射细小光敏树脂液滴并立即使用紫外线将其固化，薄层聚集在成型平台上，形成精确的 3D 模型或原型。由于是液态的光敏树脂直接喷射到成型平台上，模型内部和支撑是没有间隙的实体，材料用量比较多，成型时间比较长。

### 一、Objet 30 Pro 3D 打印机简介

Objet 30 Pro 3D 打印机是 2012 年 5 月以色列 Objet 公司作为 3D 打印领域快速成型和加工制造产品领域的创新产品推出的，具有高端快速成型机的精度和灵活性，而体积又与桌面 3D 打印机一样小巧，如图 5-39 所示。它基于 PolyJet 技术，能够提供八种不同的 3D 打印材料，包括透明、耐高温和类聚丙烯材料；同时具有业界最高的打印分辨率，可以实现光滑表面、微小移动部件和极薄壁厚的打印。该打印机能够轻松快速地就地创作特种性质的逼真模型，如图 5-40 所示。

图 5-39 Objet 30 Pro 3D 打印机

图 5-40 Objet 30 Pro 3D 打印机打印的模型

Objet 30 Pro 3D 打印机可以使用如下特种材料进行打印。不同材料的性能如下：

1）透明材料（VeroClear），一种刚性、几近无色的材料，具有较高的尺寸稳定性，适合常规用途、细节完善的建模以及透明热塑性材料（如 PMMA）的模拟。

2）耐高温材料（RGD525），用于高级功能测试、热空气和水流测试以及静态应用。

3）类聚丙烯材料（RGD450 和 RDG430），坚固耐用，可制造具有活动铰链、灵活闭合装置和卡扣部件的光滑原型。

打印成型过程中使用两种不同的材料：一种是用于制作模型实体的模型材料；另一种为

易水解的支撑材料（FullCure 705），用于制作实体中某些悬空、空腔位置的支撑部分。这部分材料通过水冲洗即可与实体分离，后处理十分简易、便捷。

打印件的主要技术参数包括以下几个。

实际构建尺寸：294mm × 192mm × 148.6 mm（11.57in × 7.55in × 5.85in）；

层厚度：28μm（0.0011in）；16μm（0.0006in）（对于 VeroClear 材料）；

构建分辨率：*X* 轴方向：600 dpi；*Y* 轴方向：600 dpi；*Z* 轴方向：900 dpi；

Objet 三维打印系统可以设置为单站式系统或多站式系统，如图 5-41 所示。当连接到本地计算机网络时，该系统可为多个用户提供服务。

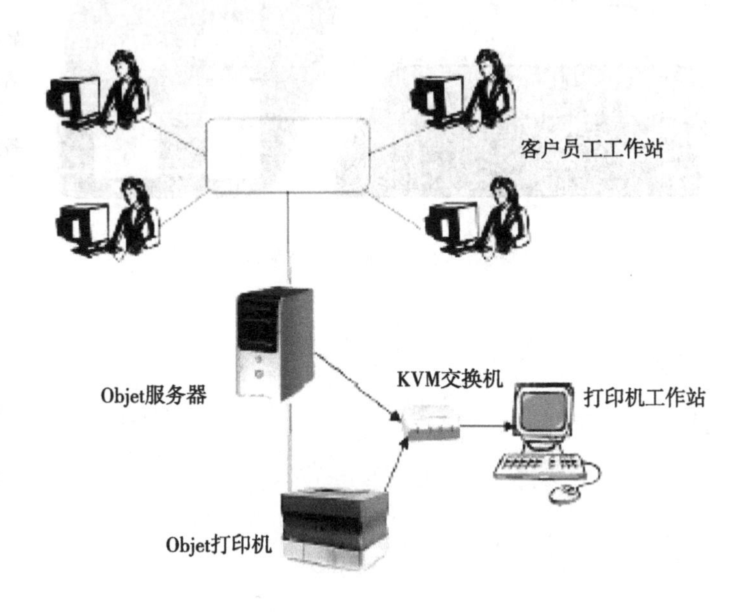


图 5-41 Objet 30 Pro 3D 打印机工作配置

## 二、车灯灯罩的快速成型

### Step 1 打开打印软件 Objet

在打印机的主控界面下，双击桌面上的图标，打开 Objet 软件，打印机指示界面如图 5-42 所示。

### Step 2 打开前处理软件 Objet Studio

通过交换机或双击 Scroll Lock 按钮切换到服务器，双击桌面 Objet Studio 软件启动图标，或者在开始菜单中选择 Objet Studio，打开应用程序，如图 5-43 所示。

Objet Studio 界面包含下列两个选项卡：

1）成型平台设置：用于排列模型并使模型准备好进行打印。

2）作业管理器：用于监控和管理打印作业。

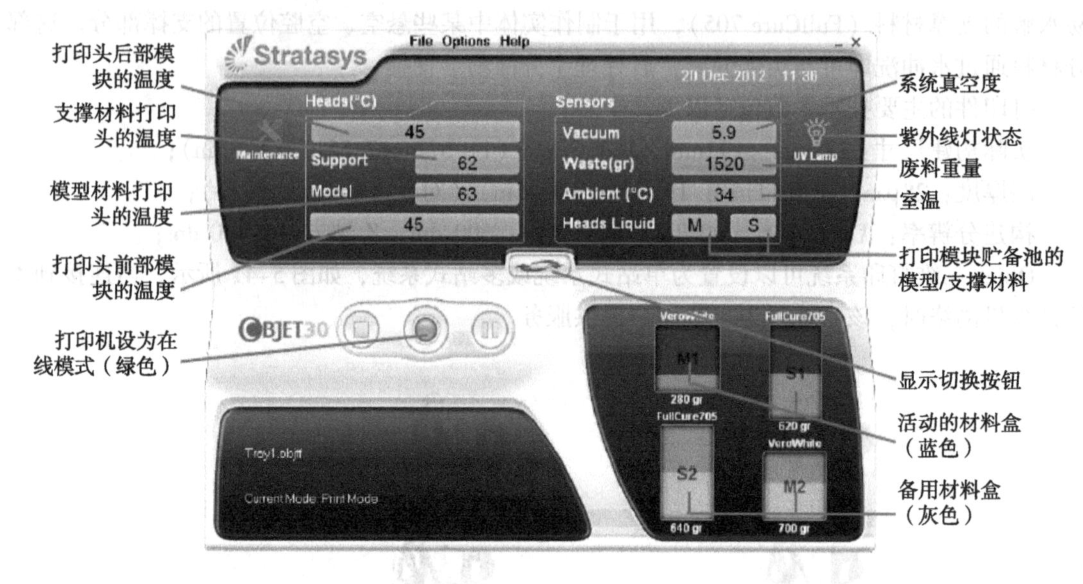


图5-42　打印机指示界面

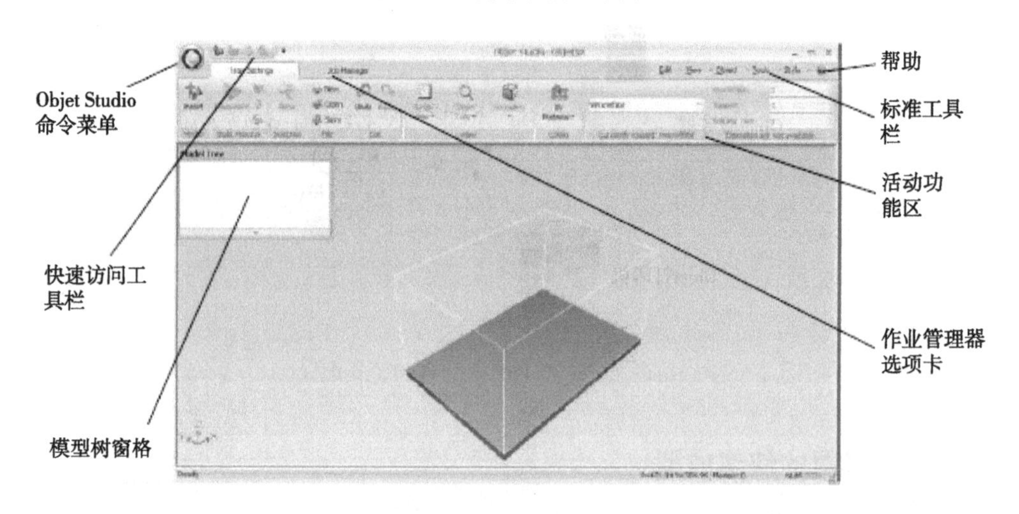


图5-43　Objet Studio界面

**Step 3　调入模型**

Objet三维打印系统可打印大多数三维CAD工具和其他专用的三维应用程序设计的三维模型。Objet系统接受STL文件和SLC两种类型的模型文件。STL文件前面已做过讲述，在此不再赘述。SLC文件是将模型储存为一系列切片的ASCII（文本）文件，不能改变SLC文件模型的方向，只能控制其大小及在成型平台的位置。Objet Studio可打开一个或多个模型文件，并将对象置于成型平台上。

打开插入对话框。选择所需文件，如果勾选预览复选项，所选文件会在对话框中显示，如图5-44所示。根据需求选择设置单位、份数；如果勾选自动定向复选项，在成型平台上自动定向对象以高效建立模型。单击 Insert 按钮，Objet Studio软件会将模型置于成型平台上以及模型树中，如图5-45所示。

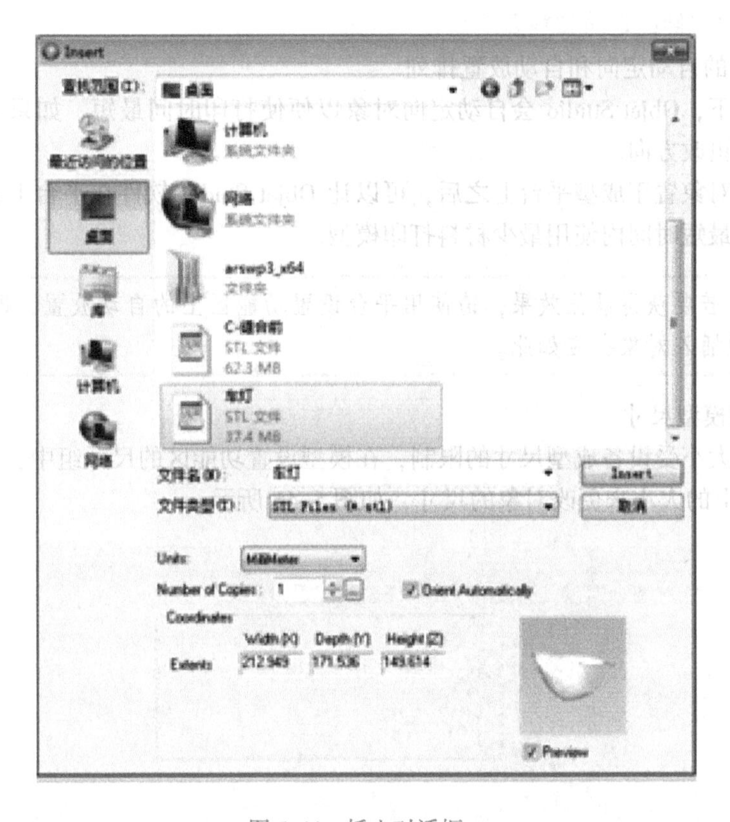


图 5-44 插入对话框

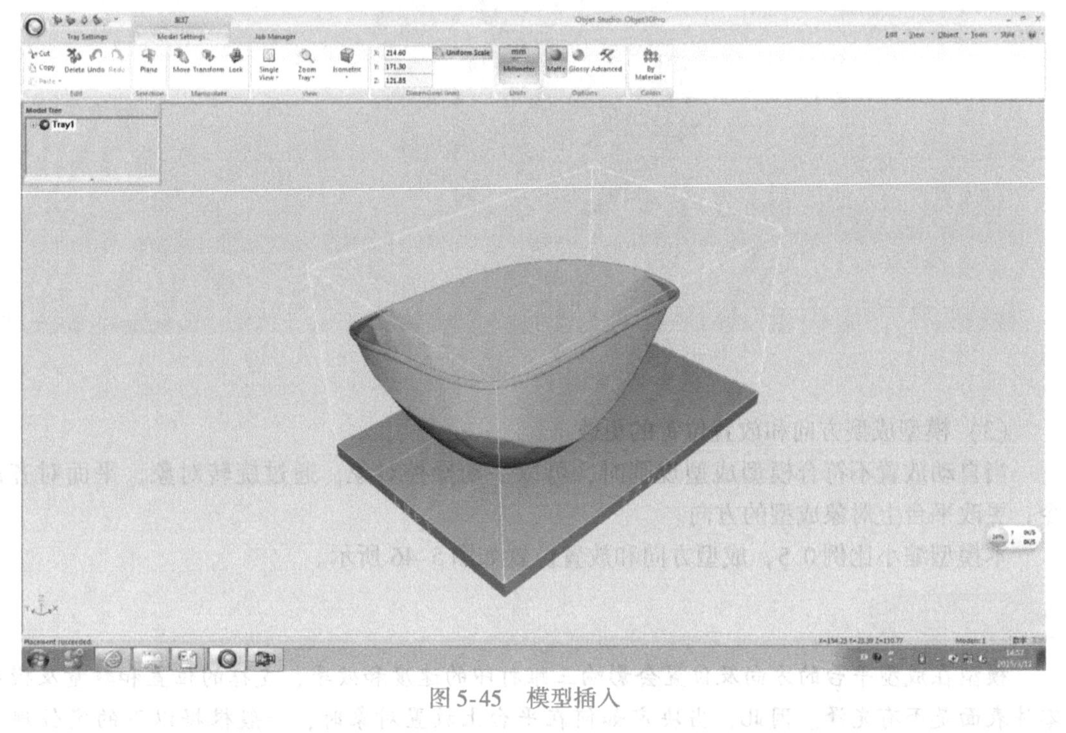


图 5-45 模型插入

5

PROJECT

Step 4　成型件的定向和放置

(1) 模型的自动定向和自动放置排列

默认情况下，Objet Studio 会自动定向对象以便使打印时间最短，如果对打印效果不满意，可以手动更改方向。

在将多个对象置于成型平台上之后，可以让 Objet Studio 软件在平台上自动排列这些对象，以保证在最短时间内使用最少材料打印模型。

> **提示**：若要获得最佳效果，请使用平台设置功能区上的自动放置，即使是使用自动定向选项插入对象也应如此。

(2) 设置模型尺寸

成型件的大小受设备成型尺寸的限制，在模型设置功能区的尺寸组中，通过修改对象在 $X$、$Y$ 和 $Z$ 轴上的大小来更改对象的尺寸，如图 5-46 所示。

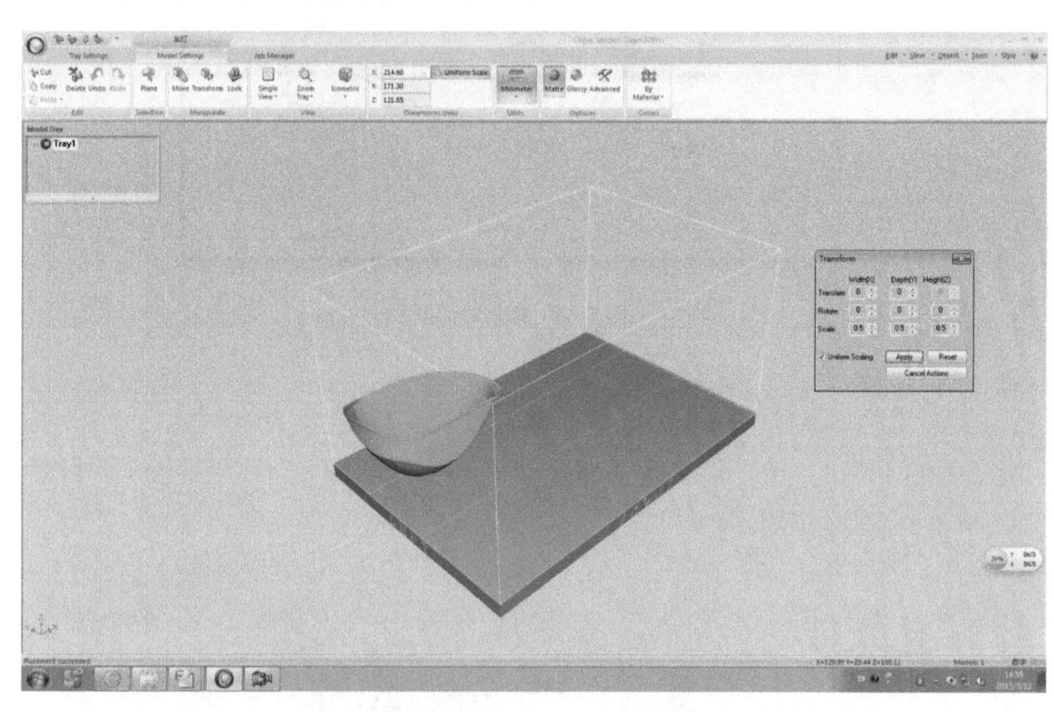

图 5-46　模型设置功能区上的尺寸

(3) 模型成型方向和放置位置的更改

当自动放置不符合模型成型规则时，可以手动操控对象，通过旋转对象、平面对齐命令，更改平台上对象成型的方向。

本模型缩小比例 0.5，成型方向和放置位置如图 5-46 所示。

相关知识

模型在成型平台的方向及位置会影响三维打印的速度和效率、支撑的位置和数量及模型零件表面是否有光泽。因此，当决定如何在平台上放置对象时，一般根据以下的定位规则考虑：

(1) X—Y—Z 规则　由于打印头沿 X 轴向前或向后移动，与沿 Y 轴和 Z 轴相比，沿 X 轴的打印时间相对较短。建议沿 X 轴放置对象的最长尺寸。

由于模型以 28μm（或 16μm）层厚建于 Z 轴，沿 Z 方向尺寸越大，层数越多，要打印较高的对象就会很耗时。建议沿 Z 轴放置对象最短的尺寸。

由于打印头沿 Y 轴约 2 in（5cm）长，如果模型的 Y 轴方向小于该值，一次通过即可完成打印。建议沿 Y 轴放置对象中等长度的尺寸。

(2) 左高规则　由于打印头沿 X 轴从左到右移动，右边高的部分需要打印头进行不必要的扫描，从左开始再到达右边。相反，如果上方高的部分置于平台左边，则当下方部分完成打印后，打印头只需扫描并打印上方部分。因此，尽可能将模型较高的一边置于左边。

(3) 凹面向上规则　表层的凹面（如凹陷、钻孔等）应尽量面朝上放置，这样可减少使用支撑的数量。

(4) 精细表面规则　模型含有精致细节的一侧应尽可能面朝上放置，这样可获得光滑表面。

(5) 避免支撑材料规则　对于管材或容器，虽然倒置打印模型会更快（Z 方向尺寸短），但直立打印模型较有利，这样支撑材料就不会充满凹陷位置。

**Step 5　设置相关的工艺参数**

(1) 设置成型表面风格　打印的模型可以是哑光或光泽表面。若是哑光表面，则打印机用一小层支撑材料围绕模型，使模型整个外表面都一样，但支撑材料使用量会增加，成型时间长，表面支撑需要去除。本例选择光泽表面。选择模型，在快捷菜单中选择光泽表面。

(2) 选择支撑强度　如果在打印模型时需要改变所使用支撑材料的强度，选择平台上的模型，在模型工具栏上单击图标 ，或用右键单击，从菜单中选择高级属性。“高级属性”对话框如图 5-47 所示，通过设置“网格风格”，选择适合所选模型的支撑强度。网格风格包括以下几项：

1) 标准：用于需要一般支撑的模型（大多数模型）。

2) 重：用于需要大量支撑的大型模型。

3) 轻：用于只需少许支撑的精致模型（此设置有利于轻松移除支撑材料）。

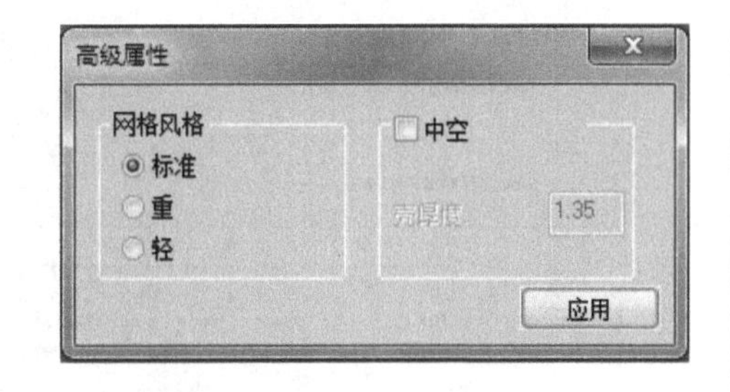


图 5-47　“高级属性”对话框

(3) 用支撑材料填充模型　如果模型是实心的，在打印时会被模型材料完全填充。通常（特别是对于大型对象）这是不必要的。模型可以使用相对便宜的支撑材料填充。当指定模型用于熔模铸造时，也建议用支撑材料填充，这是由于在制作铸件时该材料能更快地烧掉。

如果打印具有模型材料外壳和中心填充支撑材料的模型，在图 5-47 所示“高级属性”对话框中，勾选“中空”，设置外壳厚度，外壳的厚度应不小于 0.5mm。

**Step 6　平台上打印模型验证**

在向打印机发送作业进行生产前，检查模型是否有效并且能否打印。在平台设置功能区的成型流程组中，单击图标 ，或在工具菜单中选择放置验证。平台上有问题的模型的颜色将根据预设的代码而更改。验证结果会出现在屏幕底部栏上。

Step 7　打印估计

在发送模型至打印机前，Objet Studio 软件可以根据模型数量及其复杂度计算打印模型所需要的时间和材料资源。

Step 8　模型分层，并将其传送至三维打印机

单击工具条上的图标 ，首先检查在模型的定向、放置、工艺参数设置后文件有没有保存，如果没有，立即打开保存 SLC 文件对话框；其次用 Objet Studio 软件检查平台上的对象定位是否有问题，如果有问题，受影响的对象将显示特殊的颜色并发出警告，然后确认是否继续打印；再打开作业管理器屏幕，如图 5-48 所示，监控在打印前、打印过程中和打印后平台的进度。

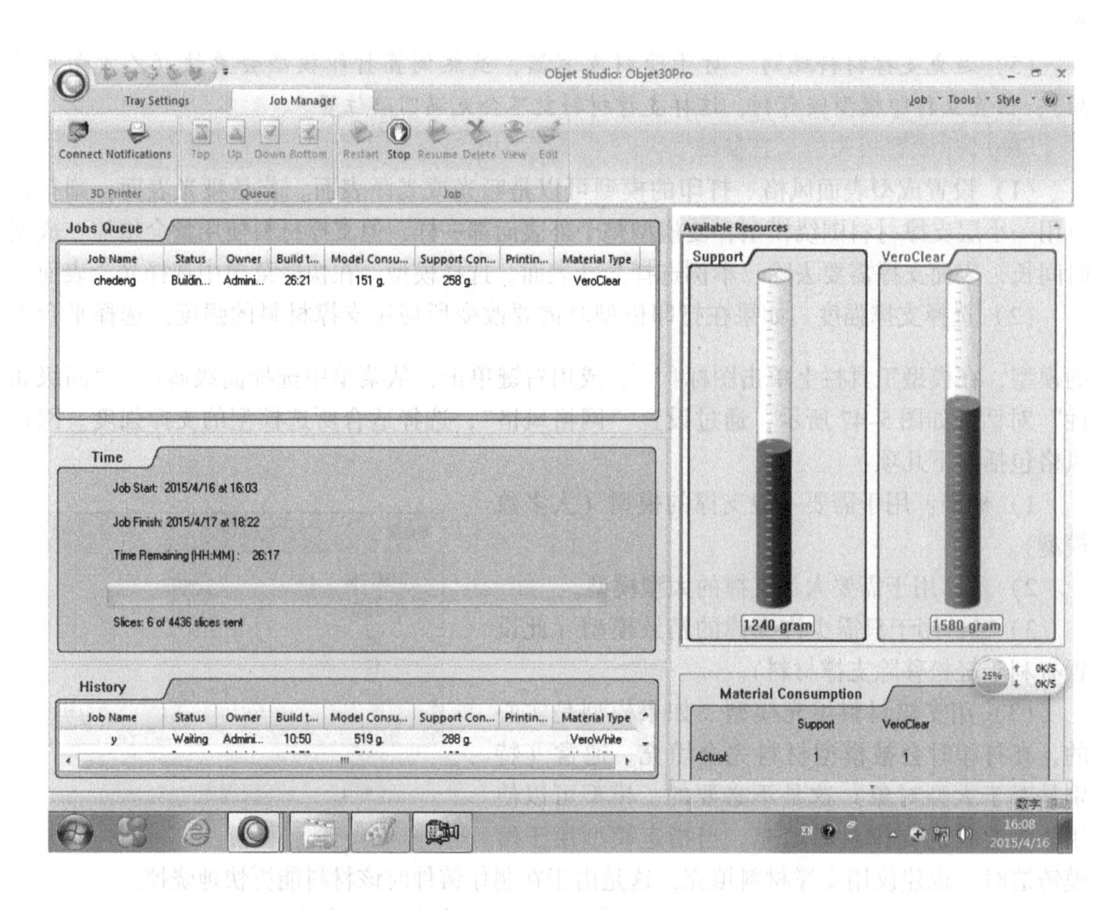


图 5-48　作业管理器

Step 9　模型的打印

通过交换机或双击 Scroll Lock 按钮切换到打印机主控界面，准备打印，确保打印机成

型平台是干净的并且是空的。要加载充足的模型材料和支撑材料，打印机指示界面如图 5-42 所示，单击打印设置按钮，将打印机切换至在线模式，按钮的颜色由红色变为绿色，打印模块加热，紫外线灯点亮预热开始打印。

开始打印后，Objet Studio 软件每次发送七个切片至打印机，为 Objet Studio 软件系统和打印机之间的标准缓冲。在打印每个切片时，会将另一个切片发送至打印机。单击打印机界面（图 5-42）中的显示切换按钮，打印机界面显示监控打印过程状态指示器，如图 5-49 所示。只要材料盒里有足够的模型材料和支撑材料，打印将自动进行，直到完成作业，如图 5-50 所示。

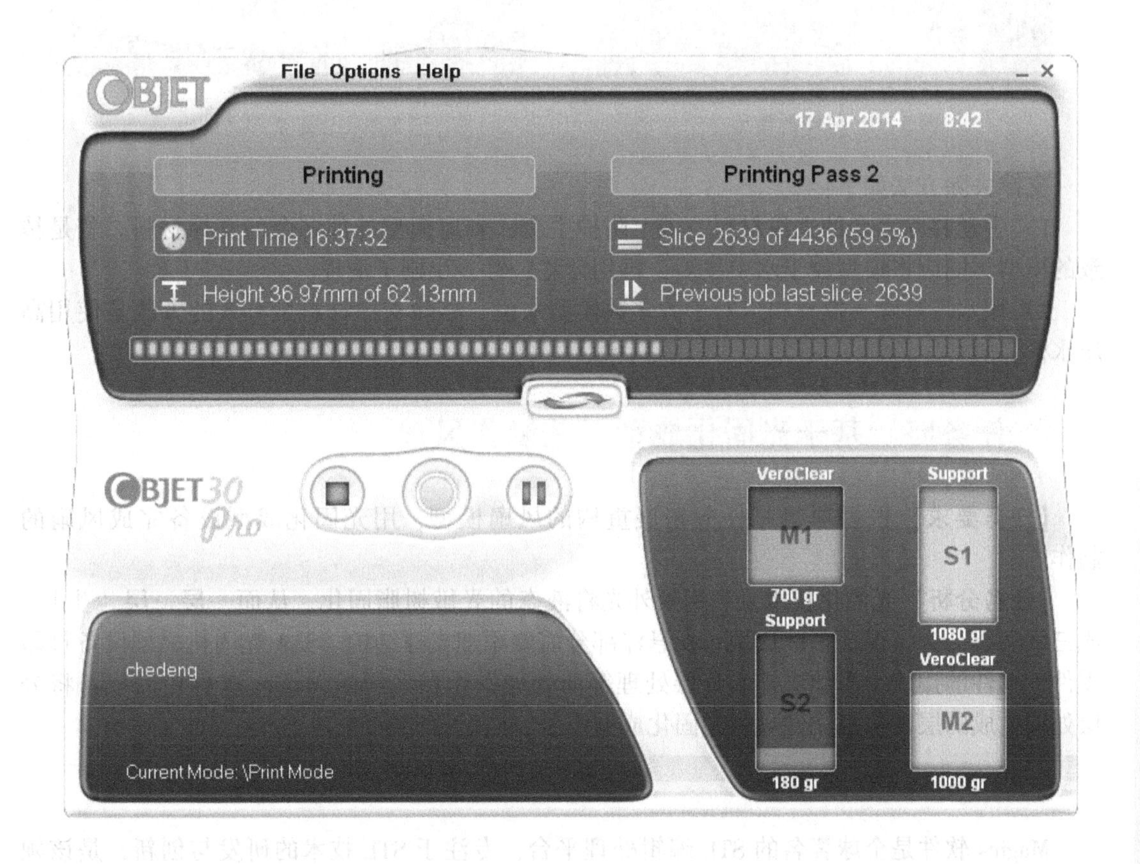


图 5-49　打印过程状态指示器

> **提示：**打印期间，服务器计算机必须保持开启，并且必须与 Objet 打印机通信。如果打印大型工件，在打印过程中注意添加材料。

**Step 10　模型的移除及后处理**

1）模型在成型平台上冷却至少 10min。

2）用刮刀或刮铲将模型从平台卸下，注意不要撬动或弄弯模型。

3）去除支撑，去除支撑后的模型如图 5-51 所示。

图 5-50　打印的模型

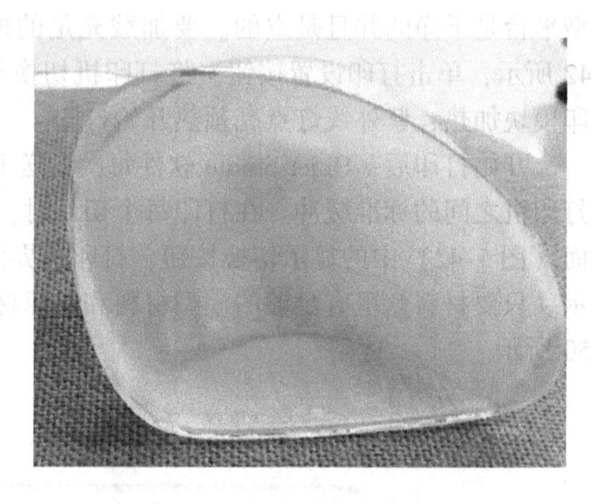

图 5-51　去除支撑后的模型

支撑去除方法如下：

1）手动移除多余的支撑材料。戴上防护手套，剥离模型外部多余的支撑材料。若是精致的模型，则应将模型放于水中浸渍，再用牙签、针、小刷子清理。

2）用水压移除支撑材料。对于大多数模型来说，移除支撑材料最有效的方法是使用高压水枪。

## 任务四　基于光固化成型工艺制作风扇

**【任务要求】** 根据项目三任务拓展重构的风扇模型，用光固化成型设备完成风扇的制作。

**【任务分析】** 光固化技术是利用紫外光将液态的光敏树脂固化，从而一层一层“生长”成三维实体。为了保证正确成型，在悬浮部分需要添加支撑结构。SLA 光固化成型设备打印零件，零件的摆放、添加支撑、分层处理等前处理操作在专用的 Magics 软件中完成；将分层处理生成的层面信息文件导入光固化成型设备，然后打印零件。

### 一、Magics 软件简介

Magics 软件是全球著名的 STL 编辑处理平台，专注于 STL 技术的研发与创新，是该领域的领导者，有着一整套的基于 STL 的解决方案，它对所有常见和不常见的快速成型问题都提供一个基于用户的解决方案，与主流的 CAD 软件兼容。Magics RP 可控制快速原型建构过程，对于 STL 文件的处理方便、迅捷、准确，从而提高 RP 加工的效率和质量。Magics RP 软件具有如下功能：

1）三维模型的可视化。在 Magics RP 中可方便清楚地观看 STL 零件中的任何细节，并能测量、标注等。

2）STL 文件错误自动检查和修复。

3）RP 工作的准备功能。Magics RP 能够接受 Pro/E、UG、CATIA、STL、DXF、VDA 或 IGES、STEP 等格式文件，还有 ASC 点云文件，SLC 层文件等，并将其转化成 STL 文件，直接进行编辑。

4）快速成型功能。能够将多个零件快速而方便地放在加工平台上，并从库中调用各种不同 RP 加工机器的参数，放置零件。底部平面功能能够在几秒钟将零件转为所希望的成型角度。

5）分层功能。可将 STL 文件切片，能够输出不同的文件格式（SLC、CLI、SSL），并能够快速简便的执行切片校验。

6）STL 操作。直接对 STL 文件进行修改和设计操作，包括移动、旋转、镜像、阵列、拉伸、偏移、分割、抽壳等功能。

7）支撑设计模块。能够在很短的时间内自动设计支撑，还可以手动确定保留、去除或者修改支撑。

## 二、SL300 光固化打印机简介

SLA 光固化三维打印机是技术最成熟、应用最广泛的快速成型设备之一。目前生产光固化成型设备的公司很多。在国外，美国 3D Systems 公司的产品在国际市场上所占比例最大；在国内，主要有西安交通大学恒通智能机器有限公司、上海联泰科技有限公司、中瑞机电科技有限公司。这里以中瑞机电科技有限公司的 SL300 打印机（图 5-52）为例，讲述风扇 3D 打印的流程。

图 5-52 SL300 光固化打印机

该设备打印速度快，成型精度高，操作易上手，自动程度高，可快速构建具有优良的表面粗糙度、特征分辨率、有边缘定义和公差的零件。

该设备主要技术参数如下：

光学扫描：光波（直径）为 0.10～0.15mm，零件扫描速度为 5.0m/s，光速跳跨速度为 10m/s。

工作台：垂直分辨率为 0.0002mm，重复定位精度为 0.01mm。

成型范围：300mm×300mm×200mm。

层厚：标准构建样式为 0.1mm，快速构建样式为 0.125mm，精确构建样式为 0.075mm。

## 三、风扇的快速成型

### Step 1 载入模型

打开 Magics 软件，通过菜单栏的文件输入命令或单击工具栏中的图标，载入风扇模型，如图 5-53 所示。

### Step 2 模型的自动修复

单击工具栏中的图标，弹出对 STL 文件的错误进行诊断的对话框。自动诊断后，显示对 STL 模型诊断分析的结果，可以选择自动修复。

### Step 3 模型摆放

通过机械平台菜单栏下的自动放置命令，或单击工具栏机械平台标签下的图标，弹出自动放置对话框，将风扇零件整齐排放在平台上，如图 5-54 所示。该成型方向比较合理，所以不需要对其摆放方位进行编辑。

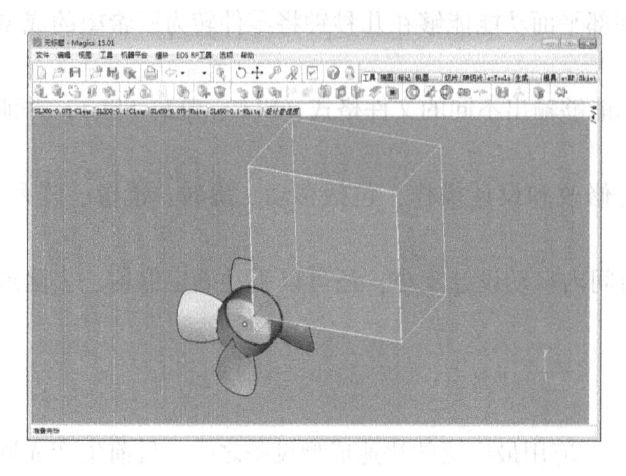

图 5-53　加载零件

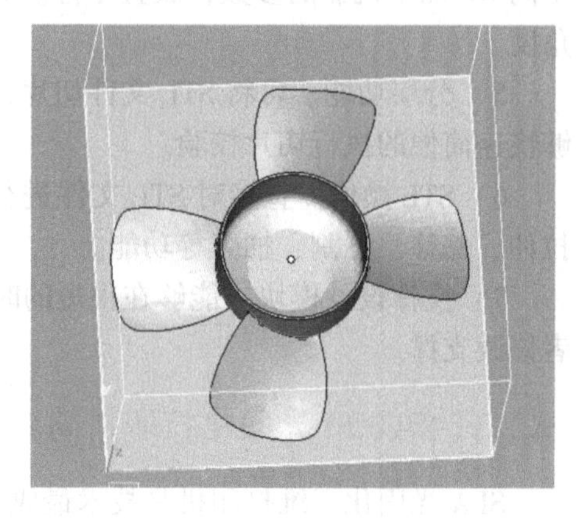

图 5-54　模型自动放置

**Step 4　生成并修改支撑**

这里采用首先用 Magics 软件自动生成支撑，然后手动修改支撑的方案。

1）生成支撑。选中风扇零件，单击“生成支撑”工具栏里的图标，稍等片刻，软件自动生成支撑（图 5-55），并进入支撑编辑模式。

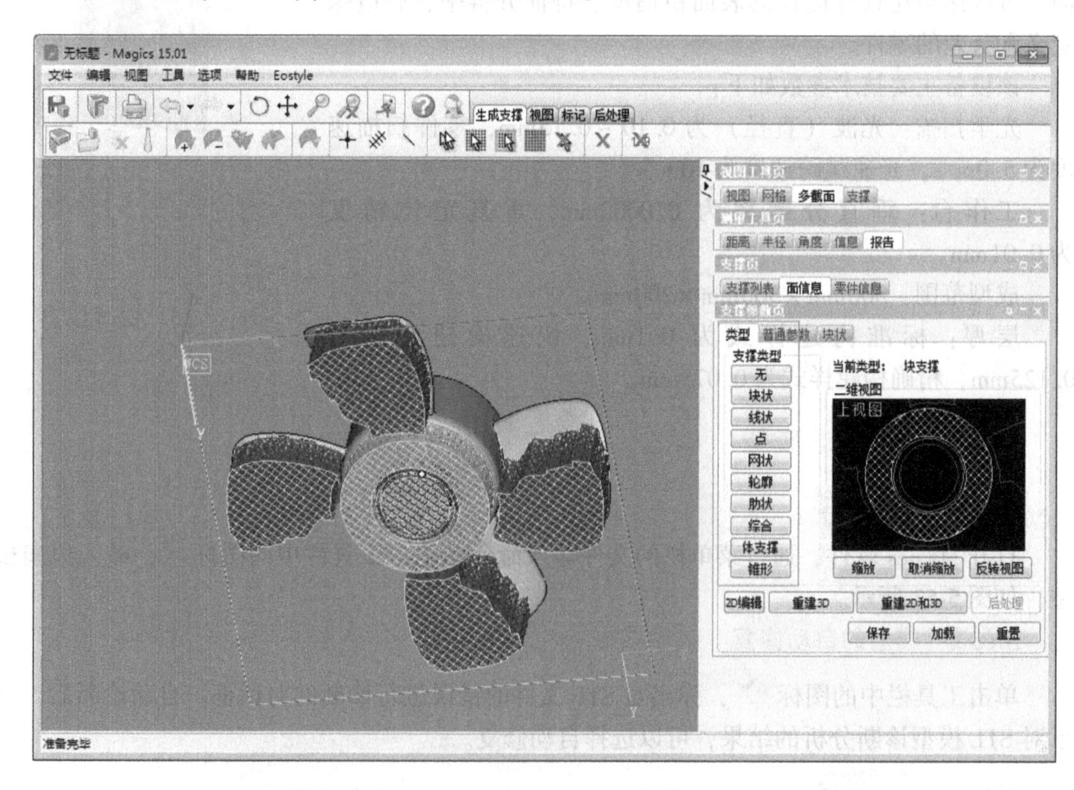


图 5-55　自动生成的风扇支撑结构

2）修改支撑。当软件自动施加支撑后，需要逐个进行校验，人工确定保留、去除或者修改。单击“支撑类型”下面的 2D 编辑 按钮，弹出支撑二维编辑窗口（图 5-56），对不同的支撑进行合理的修改、添加或减少，修改后的支撑如图 5-57 所示。

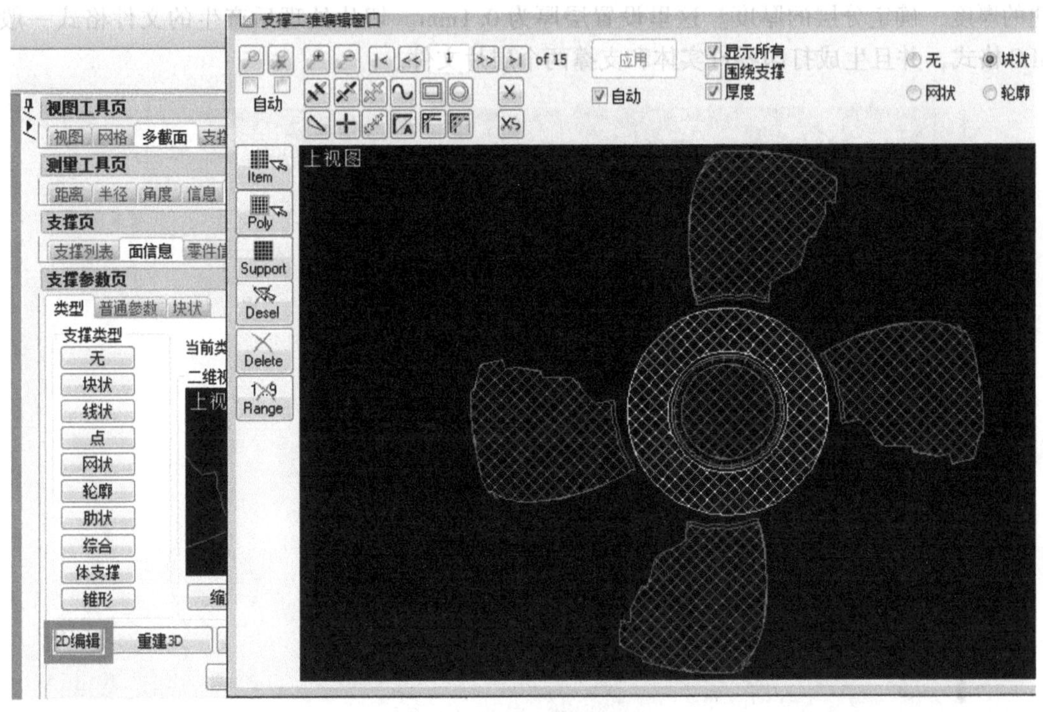


图 5-56 支撑二维编辑窗口

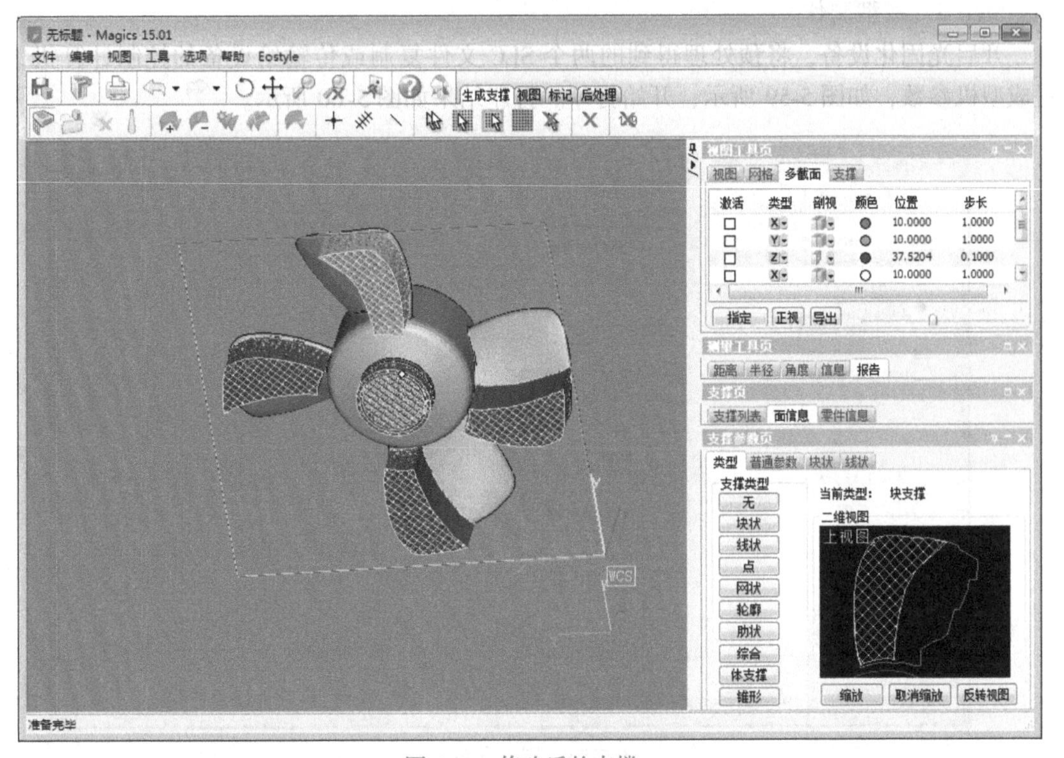


图 5-57 修改后的支撑

**Step 5　分层处理**

单击图标  ，打开分层参数设置对话框，如图5-58所示。根据快速成型设备每层构建的厚度，确定分层的厚度。这里设置层厚为0.1mm。切片处理后产生的文件格式一般为SLC格式，并且生成打印零件实体和支撑两个层片文件。

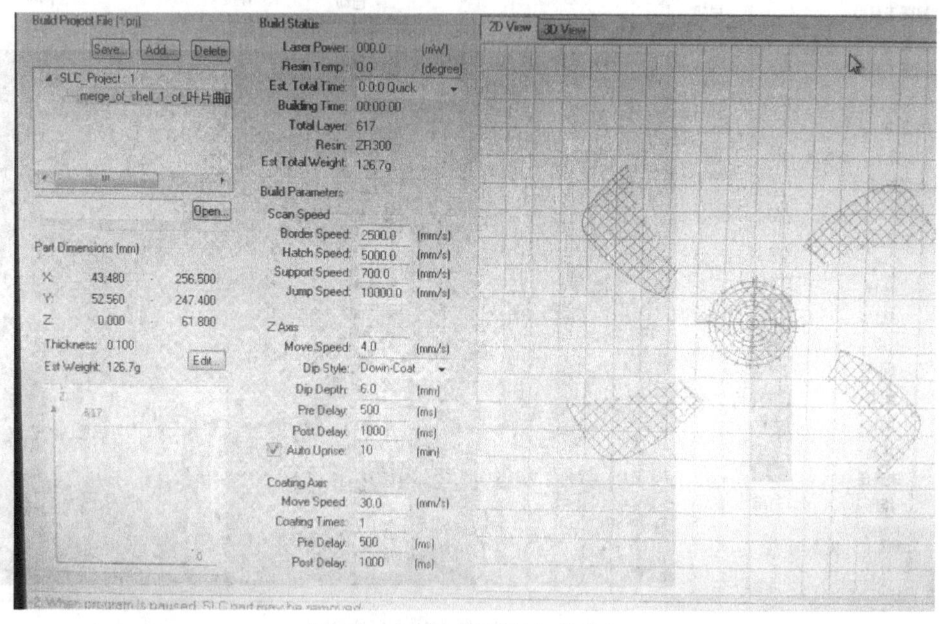


图5-58　分层参数设置对话框

**Step 6　成型制作**

开启光固化设备，将预处理得到的两个SLC文件复制或传输给设备的控制计算机，设置成型机参数，如图5-59所示，开始打印。打印结果如图5-60所示。

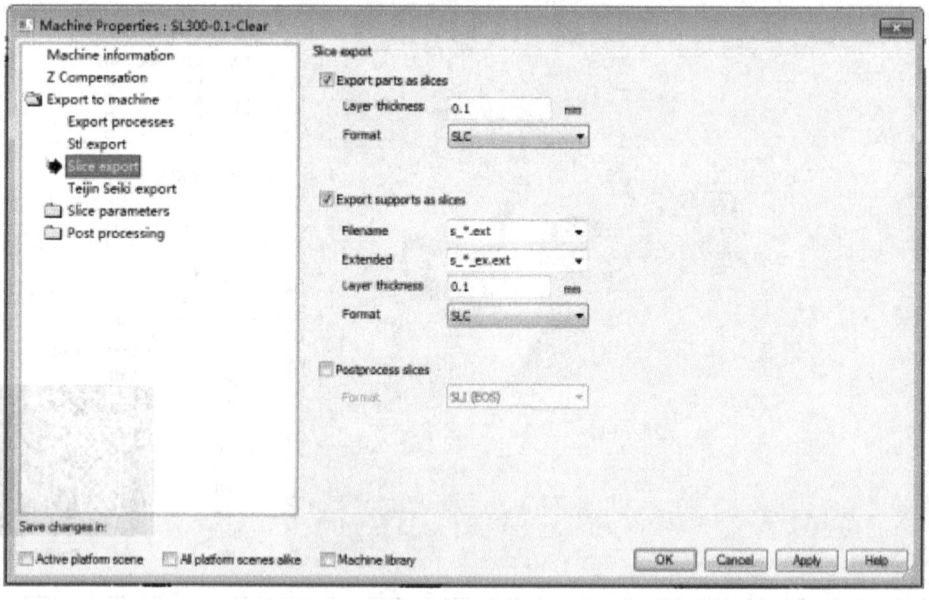

图5-59　打印参数设置

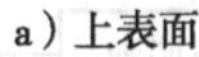

a）上表面

b）下表面

图 5-60 成型后的风扇零件

**Step 7 后处理**

1）清洗零件。打印完成的零件需用浓度高于 85% 的无水乙醇进行清洗，去除粘附在零件上的树脂。清洗干净后可用压缩空气进一步净化零件表面。不要长时间将零件浸泡在无水乙醇中，以免破坏零件。

2）二次固化。将清洗干净的零件放入固化箱中进行二次固化。根据零件大小确认固化的时间，一般固化时间为 10 ~ 15min。

3）喷砂打磨。根据需求，对零件进行手工或机器处理，进一步提高表面质量及尺寸精度。可采用 600 ~ 800 目的砂纸蘸水对零件表面进行打磨处理。

经过清洗和二次固化后的风扇零件如图 5-61 所示。

a）上表面

b）下表面

图 5-61 后处理后的风扇零件

## 任务五 硅橡胶模具产品的快速制造

基于快速原型制造技术的硅橡胶模具（Silicon Rubber Mold）的制作是间接快速制模中非常重要的一种方法。近年来，随着工业产品开发速度的不断加快，用树脂制作工业模型的需求也不断增加。通常在大批量生产工业塑料产品之前，需要先做出产品的样件来评估产品的外观形状以及进行功能性安装实验等，以决定产品的最终设计。由于硅橡胶具有良好的复印性、强度和极低的收缩率，采用硅橡胶制作的模具，不需要表面处理，成型方便，生产时基本可以做到无切削加工，制造周期短，使用寿命通常为20～30成型件，满足小批量生产和试制新产品的需求，因此，硅橡胶模具技术已经广泛应用于汽车（如灯罩、仪表板、内饰件）、机械零部件、家用电器（如电冰箱、洗衣机、微波炉）、电子产品（如电话、手机、音响、视听设备、计算机部件）、文化用品、玩具、医疗（如假肢）等行业。硅橡胶可用作试制小批量生产用注塑模、精铸蜡模和其他间接快速模具制造技术的中间过渡模。

## 一、基于快速原型的硅橡胶模具制作

硅橡胶模具是基于原型，采用快速翻制工艺制作模具，其制作流程如图5-62所示。

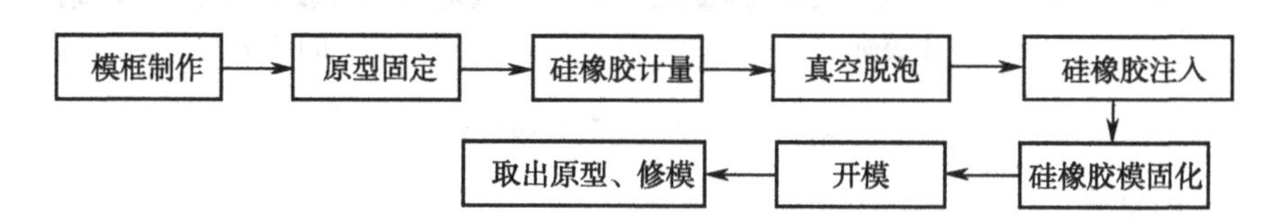


图5-62　硅橡胶模具制作流程

（1）模框制作　模框的材料可选用表面光滑的高密度板或树脂板等制造。根据原型的几何尺寸和硅橡胶模具的使用要求，选择硅橡胶模型框尺寸，要求型框四壁、底面距模型边缘20mm左右。选择合适的模框尺寸，可以节省硅橡胶，降低制模成本，又利于硅橡胶浇注，降低从硅橡胶模具中取出产品的难度。

（2）原型固定　由于硅橡胶模具是整体一次浇注成型的，为了便于使用刀具切割分型面分模，在固定原型前，先要在原型选定的分型面边缘上，用彩色笔画上分型标记线，或粘贴薄的彩色胶带作为分型线标记，以备后期分模使用。为了防止悬空的原型在浇注和抽真空时移位，需要将原型固定在模框中，通常采用细绳悬挂法或借助于浇口棒将原型悬空，如图5-63所示。

（3）硅橡胶计量，真空脱泡，硅橡胶注入　根据模框大小和原型的高度，计算硅橡胶的重量，按比例分别称量硅橡胶、固化剂，在容器中混合搅拌均匀后，放入真空注型机中抽真空，并保持真空10min，进行脱泡处理。将抽真空后的硅橡胶缓慢（以减少空气的混入）倒入制作的模框内，将其再次放入真空注型机中，抽真空15～30min，以排除混入其中的空气。

（4）硅橡胶模固化　从真空注型机中取出浇注好的硅橡胶模后，在室温下固化24 h（25℃）或更长时间（低于25℃），或在室温25℃左右放置1～2h，让硅橡胶模中残留的空气所形成的气泡有充分时间逸出，然后在55℃烘箱中保温8h左右，使硅橡胶充分固化。不同品种的胶料固化时间有所差异。

（5）开模取出原型、修模　硅橡胶模完全固化后，拆除围框，沿分型线的标记用手术刀片对硅橡胶模分割，取出原型，得到硅橡胶模具的上、下模。在用刀剖开模具时，用开模钳协助开模，刀片的行走路线是刀尖走直线，刀尾走曲线，使硅橡胶模的分模面形状不规则，以确保上、下模合模时定位准确，避免因合模错位引起误差。如果发现模具有少量缺陷，可以用新配的硅橡胶修补，并经过同样的固化处理即可。对形状复杂（倒钩、斜面很多）、两半模无法满足脱模条件的情况，开模时可以将硅橡胶模具剖开成数块。

图5-63所示为一个覆盖件的硅橡胶模具制作过程。由于硅橡胶具有良好的复印性，原

型表面一定要打磨光滑，否则表面的台阶效应会复印在硅橡胶模具上，从而复印在产品表面。

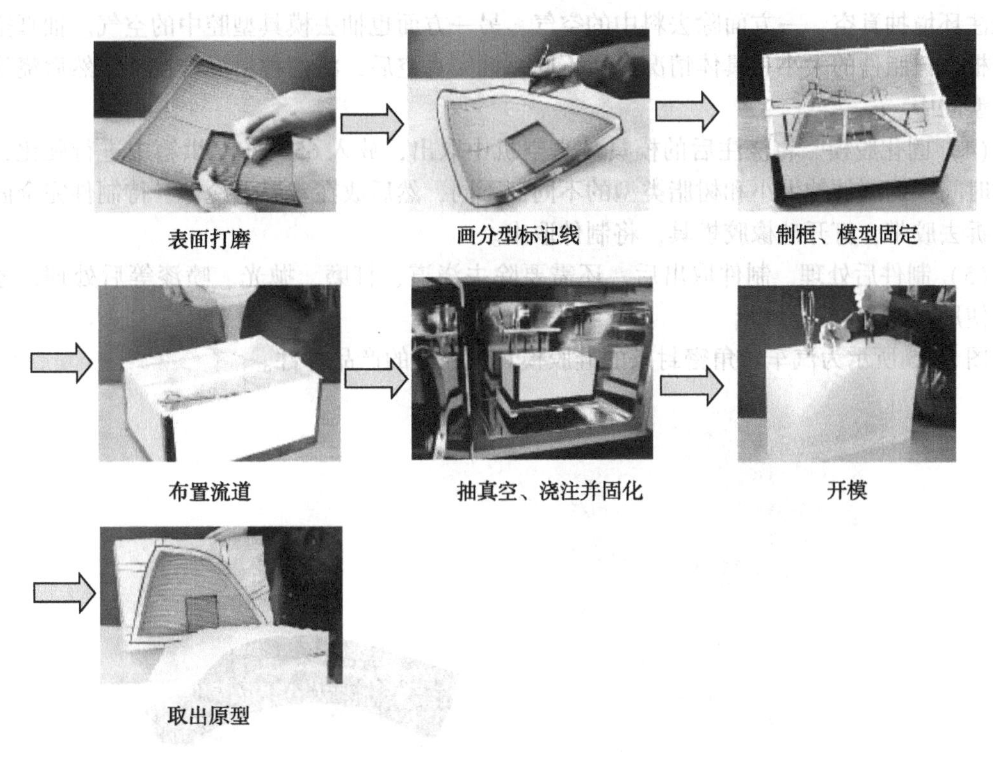


图 5-63 覆盖件的硅橡胶模具的制作

## 二、硅橡胶模具产品的浇注

对于批量不大的注塑件，可采用硅橡胶模具通过树脂材料的真空注型生产。硅橡胶模具浇注树脂件可达 50 件以上。采用硅橡胶模具进行树脂材料产品浇注的工艺流程如图 5-64 所示。

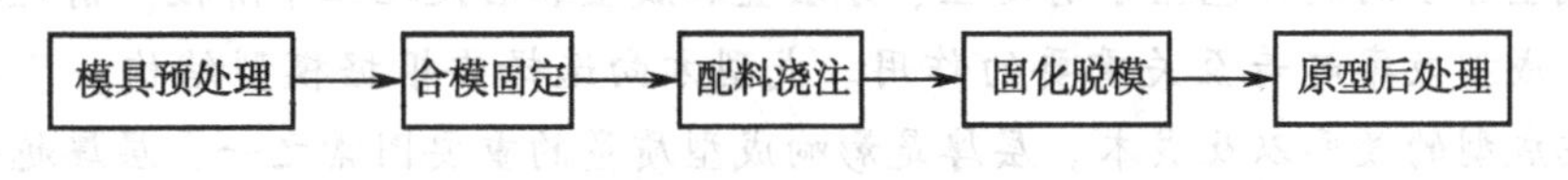


图 5-64 硅橡胶模产品浇注流程

（1）模具预处理 产品浇注前需要对硅橡胶模进行预处理，主要包括浇道、浇口、排气孔。浇道开在模具型腔的最高处，并在一些树脂不易充满的死角处，开出气孔。对于比较大的模具，分流道也可开 2 ~ 3 个，以避免塑料件出现缺料现象。对于一模多腔，要注意流道的位置和截面尺寸，保证所有型腔都能注满。浇口一般开在零件的内表面，以免影响塑料件的外观质量。预处理完成后，将硅橡胶模具放入恒温箱中进行预热，使硅橡胶模具膨胀，以减小浇注产品的误差。

（2）合模固定 为了便于脱模，在合模前在硅橡胶模具的内部喷上脱模剂。将硅橡胶模具上、下模合模，并用胶带固定。合模应准确，模具不能错位。胶带固定要松紧适宜、均匀，固定得太紧，模具会变形，固定得太松，飞边过大，会影响产品的尺寸精度。

（3）配料浇注　硅橡胶模具在制作的树脂件由*A*料（树脂）与*B*料（硬化剂）组成，料的总体积是产品的体积再加20%的损耗。为了提高树脂件的致密程度和充填能力，需要将浇注环境抽真空，一方面除去料中的空气，另一方面也抽去模具型腔中的空气。抽真空的时间根据树脂件的大小和具体情况有所不同，抽完真空后，将两种料混合搅拌，然后浇注到模具型腔中。

（4）固化脱模　将浇注后的模具从真空机中取出，放入65～70℃烘箱中进行硬化，硬化的时间根据制件的大小和树脂类型的不同而不同，然后放在室温下冷却，待制件完全固化后，拆去胶带，打开硅橡胶模具，将制件取出。

（5）制件后处理　制件取出后，还需要除去浇道、打磨、抛光、喷漆等后处理，才能交付使用。

图5-65所示为汽车转角密封条的硅胶模具及浇注的产品样件。

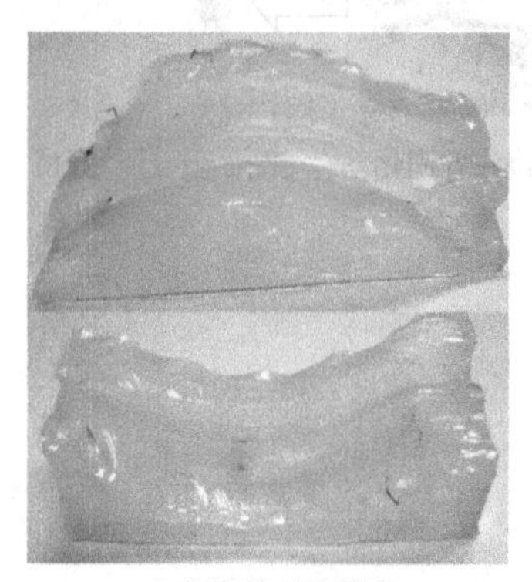

a）浇注的硅胶模具

b）密封件样件

图5-65　用硅橡胶模具浇注的汽车转角密封条

## 小结

快速成型原型的制作包括了前处理、分层叠加成型和后处理三个阶段。前处理对原型的成型质量、成型效率起着至关重要的作用。成型方向选择要根据模型结构、尺寸、精度要求，并考虑成型的效率以及成本。层厚是影响成型质量的重要因素之一，层厚越小，表面质量好，成型时间长。

快速成型设备种类很多。不同的成型机理、成型材料，成型质量、成型效率、成型成本差异很大。FDM其工艺特点是直接采用工程材料ABS、PC等材料进行制作，材料价格较便宜，缺点是表面光洁度较差，如果是单喷头的，在成型方向选择时考虑支撑的多少、以及支撑是否容易移除等因素。SLA其工艺特点是成型精度高、表面质量好，形成的支撑比较少，材料的价格适中，制作的成本和精度比较令人满意。基于PolyJet技术的喷墨式三维打印设备由于层厚为0.028mm及0.016mm，可以打印超高精细度的样件，适用于小型精细零件的快速成型，可用的材料种类也比较多，但形成的支撑比较多，打印时间长，材料较昂贵。

不同的成型工艺，后处理方法也不同。根据采用的成型工艺进行相应的后处理，如二次光固化、抛光及表面强化硬化处理。

## 思考题

5-1　快速成型数据来源主要有哪几种？

5-2　STL 文件是什么类型模型的文件格式？它有哪些特点？

5-3　在选择成型方向时，需要综合考虑哪些因素？

5-4　在 FDM 成型工艺中，分析分层参数和支撑角度对成型质量和成型效率的影响。

5-5　硅橡胶模具的制作流程是什么？

## 课外任务

5-6　将项目三中课外任务 3-16 所获得的 STL 文件，在快速成型设备上打印，完成实验（实训）报告，并分析从样件到原型制造的误差。

5-7　在三维的正向设计软件中，创新（或创意）设计一作品，用快速成型设备制作原型，验证外观和结构。

## 拓展任务

5-8　以奇迹三维（Miracle）FDM 3D 打印机为例，学习分层切片软件的使用（二维码 5-3）、3D 打印机的使用（二维码 5-4～5-7）及维护保养（二维码 5-8、5-9）。

5-9　FDM 工艺的后处理方法及步骤（二维码 5-10）。

# 参考文献


[1] 陈雪芳，孙春华. 逆向工程与快速成型技术应用 [M]. 北京：机械工业出版社，2009.
[2] 王霄，刘慧霞. 逆向工程技术及其应用 [M]. 北京：化学工业出版社，2004.
[3] 成思源，谢韶旺. Geomagic Studio 逆向工程技术及应用 [M]. 北京：清华大学出版社，2010.
[4] 金涛，童水光. 逆向工程技术 [M]. 北京：机械工业出版社，2003.
[5] 王广春，赵国强. 快速成型与快速模具制造技术及其应用 [M]. 北京：机械工业出版社，2013.
[6] 徐人平. 快速原型技术与快速设计开发 [M]. 北京：化学工业出版社，2008.
[7] 卢秉恒，李涤尘. 增材制造（3D 打印）技术发展 [J]. 机械制造与自动化，2013，42（4）：1－4.
[8] 刘铭，张坤，樊振中. 3D 打印技术在航空制造领域的应用进展 [J]. 装备制造技术，2013（12）：232－235.
[9] 吴复尧，刘黎明，等. 3D 打印技术在国外航空航天领域的发展动态 [J]. 飞航导弹，2013（12）：10－15.
[10] 郭朝邦，胡丽荣，等. 3D 打印技术及其军事应用发展动态 [J]. 战术导弹技术，2013（6）：1－4.
[11] 连芩，刘亚雄，等. 生物制造技术及发展 [J]. 中国工程科学，2013，15（1）：45－50.
[12] 谷祖威. 打印技术对汽车零部件制造业的影响 [J]. MC 现代零部件，2013（9）：70－71.
[13] 颜永年，等. 基于快速原型的组织工程支架成形技术 [J]. 机械工程学报，20104（5）：93－98.
[14] 刘鑫. 逆向工程技术应用教程 [M]. 北京：清华大学出版社，2013.
[15] 马伟，张海英，雷贤卿，等. CATIA V5 R16 曲面造型及逆向设计 [M]. 北京：科学出版社，2009.
[16] Medellin-Castillo H I, Torres J E P. Rapid prototyping and manufacturing：a review of current technologies [C]. ASME International Mechanical Engineering Congress and Exposition，Lake Buena Vista，FL，United States：American Society of Mechanical Engineers（ASME），2009：609－621.
[17] Gibson I，Rosen D W，Stucker B. Additive manufacturing technologies [M]. Springer，2010.
[18] Geomagic Studio 2012 online help，2013.
[19] 北京太尔时代科技有限公司，UP！3D 打印机用户使用手册（V3.0 版）.
[20] 中瑞机电科技有限公司，SL 系列 3D 打印机使用手册（V3.0 版）.
[21] Stratasys. 公司，Objet30 三维打印系统用户指南.
[22] 中国柯尼卡美能达公司，三维数据扫描软件 RANGE VIEWER 用户向导.
[23] 形创. 中国公司，三维扫描、测量解决方案，2012.
[24] Stratasys 公司. http：//www. stratasys. com. cn/.
[25] 上海联泰科技有限公司. http：//www. union-tek. com.
[26] 苏州西博三维科技有限公司. http：//www. 3dthink. cn/index. asp.
[27] 上海数造机电科技有限公司. http：//digitalmanu. cn. gongchang. com/.
[28] 上海美唐机电科技有限公司. http：//www. metang. cn.
[29] 北京赛育达科教有限公司，增材制造模型设计职业技能等级证书标准（2020 年 1.0 版）.
[30] 黄卫东，激光立体成形 [M]. 西安：西北工业大学，2007.